Amazon Web
Services Guide
＋Hands-on

JN112062

AWS
コンテナ設計・構築
［本格］入門

株式会社野村総合研究所　**新井雅也、馬勝淳史** 著
NRIネットコム株式会社　**佐々木拓郎** 監修

SB Creative

本書に関するお問い合わせ

この度は小社書籍をご購入いただき誠にありがとうございます。小社では本書の内容に関するご質問を受け付けております。本書を読み進めていただきます中でご不明な箇所がございましたらお問い合わせください。なお、お問い合わせに関しましては下記のガイドラインを設けております。恐れ入りますが、ご質問の際は最初に下記ガイドラインをご確認ください。

ご質問の前に

小社 Web サイトで「正誤表」をご確認ください。最新の正誤情報をサポートページに掲載しております。

- 本書サポートページ URL
  https://isbn2.sbcr.jp/07654/

ご質問の際の注意点

- ご質問はメール、または郵便など、必ず文書にてお願いいたします。お電話では承っておりません。
- ご質問は本書の記述に関することのみとさせていただいております。従いまして、○○ページの○○行目というように記述箇所をはっきりお書き添えください。記述箇所が明記されていない場合、ご質問を承れないことがございます。
- 小社出版物の著作権は著者に帰属いたします。従いまして、ご質問に関する回答も基本的に著者に確認の上回答いたしております。これに伴い返信は数日ないしそれ以上かかる場合がございます。あらかじめご了承ください。

ご質問送付先

ご質問については下記のいずれかの方法をご利用ください。

▶ Web ページより

上記のサポートページ内にある「この商品に関する問い合わせはこちら」をクリックすると、メールフォームが開きます。要綱に従って質問内容を記入の上、送信ボタンを押してください。

▶ 郵送

郵送の場合は下記までお願いいたします。
〒 106-0032　東京都港区六本木 2-4-5
SB クリエイティブ　読者サポート係

はじめに

昨今ではスマートフォンアプリケーションの利用が当たり前となり、私たちの生活を支える存在となっています。

1時間後の雨雲の情報を確認したり、コンビニエンスストアでのキャッシュレス決済、電車の乗り換えルートの検索、ネイティブスピーカーとの英会話レッスンは代表的なアプリケーションの一部です。他にも、国境を超えた人たちとのオンラインゲーム対戦、SNSを利用したコミュニティ活動、グルメ情報や料理レシピの検索等、その種類や分野は多岐にわたります。

また、アプリケーションに対する評価や問い合わせ等から、利用者のフィードバックを手軽に受け取ることも可能となっています。ユーザーのニーズに合わせた改善や新しいビジネスアイデアを素早く提供し、サービスとしての価値を継続的に高めることで、利用者の満足度とサービス提供者側のビジネス発展に繋がります。

継続的にビジネスを発展させるためには、**テクノロジーを駆使して失敗に対する影響を最小限にしつつ、スピーディに利用者価値を提供していくことが重要**です。これを実現するキーテクノロジーの1つがパブリッククラウドとコンテナ技術です。

本書は、**代表的なパブリッククラウドであるAmazon Web Services（AWS）とコンテナ技術にスポットライトを当てた書籍**となります。

●本書のゴールと位置づけ

本書は、**AWSを中心としたコンテナ活用における設計ポイントやハンズオン内容を紹介します。特にハンズオンに関しては、単なるドキュメントベースの手順ではなく、プロダクション環境での稼働や実運用を見越した工夫や考え方を体験できる流れ**となっています。AWS上でコンテナ技術をどう上手に活用していくか、といった点に注力した内容となっているため、コンテナ自体の仕組みや技術詳細には深く踏み込みません。

ところで、コンテナ技術と聞くと、オープンソースのオーケストレータであるKubernetesを思い浮かべる読者の皆さまも多いのではないでしょうか。実際のところ、Kubernetesに関連したコミュニティ活動は世界中で非常に盛

んであり、多くの書籍やWebメディアでも取り上げられています。それらはどれも素晴らしい知見に富んだ内容ばかりです。Kubernetesに関してはいろいろなところで述べられているので、ぜひそちらをご参照ください。

一方でKubernetesは開発が活発がゆえに、バージョンアップも頻繁で小規模な組織では追随していくことも大変です。そこで本書では、Kubernetesに劣らず有用で小規模から大規模のシステムでも適用しやすい、**AWS固有のサービスであるAmazon ECSやAWS Fargateを中心トピックとして扱っ**ています。

AWSは利用可能なサービス数が非常に多く、その数は本書執筆時点で200を優に超えています。AWSのWebコンソールのメニューベースのみで197を数え、メニューに載っていないサービスも多数あります。その中で、Amazon ECSやAWS Fargateはその他の各種AWSサービスとの相性がよく、上手に組み合わせることでその真価を発揮します。これらのサービスは、現在のアプリケーション開発や運用を大きく前進させる可能性があると筆者は確信しています。

以上の点から、**AWSサービスとコンテナをどう有機的に活用していくか、**という点を重視して執筆しました。

あらためて、本書のゴールは**クラウドネイティブなAWSマネージドサービスを多数活用しつつ、読者の皆さまがプロダクションレディな環境を構築できるスキル獲得のお手伝いすることです。**

Amazon ECSとAWS Fargateを中心とし、コンテナアプリケーションのシンプルな運用を目指しつつも、Well-Architectedフレームワークを考慮しながらワークロードを設計・構築することに主眼を置いています。そのため、サービスメッシュや分散トレーシングといった大規模なマイクロサービスを前提としたシステムまでは触れていません。

著者一同、本書が読者の皆さまのAWS×コンテナに対するチャレンジの一助を担える存在となれば幸いです。

●本書の構成

本書は全5章から構成されています。コンテナ技術の概要から、設計・構築・運用といった一連の流れについて、ハンズオンを交えながら触れていきます。

第1章では、Dockerを中心としたコンテナの概要について紹介します。コ

ンテナを活用するメリットやユースケースを考察するとともに、コンテナの導入に向けて考えておくべきことを述べています。

　第2章では、コンテナに関するAWSの各種サービスを紹介します。Amazon ECSやAWS Fargateに関するサービスの説明に加えて、これらサービスごとのメリットやデメリット、連携が可能な他のAWSサービスについて触れます。

　第3章では、AWS上でコンテナを利用する際のアーキテクチャ設計について検討します。本書のメイントピックであり、AWS Well-Architectedフレームワークの方針に沿って最適なコンテナ設計を考えていきます。セキュリティ設計や信頼性に関する設計等だけではなく、検討したアーキテクチャに対する分析や考察も述べていきます。

　第4章では、第3章で検討した設計ポイントを基にハンズオン形式でアーキテクチャを構築していきます。基本的なコンテナ関連のAWSサービス利用に重点を置き、AWS上でアプリケーションを稼働させることを目指します。

　第5章では、第4章ハンズオンの実践編と位置づけ、運用、セキュリティ、最適なパフォーマンスに必要なアーキテクチャを構築していきます。CI/CDに必要なAWS Codeシリーズを始め、スケーリング戦略の実装方法等を紹介します。また、ロギングに関する実装やDevSecOpsによる継続的なセキュリティ準拠等もテーマとして扱います。

●想定読者

　本書では、次のような読者の方々を想定しています。

- これからAWSを活用してコンテナを学習しようとしている方
- オンプレミスからクラウドネイティブなアプリケーションへの移行を検討されている方
- Lift & Shiftに向けて、コンテナを活用しようとしている方
- プロダクション運用を念頭に置いたコンテナ設計を体系的に学習したい方
- 自ら手を動かしながらAWSサービスを学びたい方

●本書を最大限活用していただくために

　本書はコンテナに必要な設計ポイントを紹介するだけでなく、**ハンズオン**

を通して「AWS上でプロダクション環境を想定したプラットフォームを構築する力を身につけること」を目指して執筆しています。

　読者の皆さまには、AWSアカウントを用意いただき、本書を併読しつつ、ぜひ実際に手を動かしながら進めてみてください。完走後にはきっとAWS×コンテナに対する新しい景色が広がっていることでしょう。

　また、本書内には**たくさんのコラム**を散りばめています。初めてAWSでコンテナ技術に触れる読者の方のみならず、ある程度の利用経験がある方にとっても、知識の幅を広げる点でもきっと役立つはずです。ワンランク上のアーキテクトやエンジニアを目指して、ぜひこちらにも目を通してみてください。

◉本書執筆の前提

　本書は2022年4月時点の情報に基づき執筆しています。

　記載されているAWSサービスの利用料金（円）は「1USD＝130円」換算で計算しています。

　料金やハンズオンの手順は全てアジアパシフィック（東京）リージョンの内容に基づいています。

◉本書で扱うAWSサービスについて

　AWSの各種サービス名について、便宜上、次のように表現しています。適宜読み替えてください。

正式名称	本書内の記載
Amazon API Gateway	API Gateway
Amazon Aurora	Aurora
Amazon CloudFormation	CloudFormation
Amazon CloudFront	CloudFront
Amazon CloudWatch	CloudWatch
Amazon Elastic File System	EFS
Amazon Elastic Compute Cloud	EC2
Amazon Elastic Container Registry	ECR
Amazon Elastic Container Service	ECS
Amazon Elastic Kubernetes Service	EKS
Amazon EventBridge	EventBridge
Amazon GuardDuty	GuardDuty
Amazon Kinesis Data Firehose	Firehose

Amazon OpenSearch Service	OpenSearch Service
Amazon Redshift	Redshift
Amazon Simple Storage Service	S3
Amazon Simple Notification Service	SNS
Amazon Virtual Private Cloud	VPC
AWS App Mesh	App Mesh
AWS App Runner	App Runner
AWS Auto Scaling	Auto Scaling
AWS Chatbot	Chatbot
AWS Cloud Development Kit	CDK
AWS Cloud Map	Cloud Map
AWS Cloud9	Cloud9
AWS CloudTrail	CloudTrail
AWS CodeBuild	CodeBuild
AWS CodeCommit	CodeCommit
AWS CodeDeploy	CodeDeploy
AWS CodePipeline	CodePipeline
AWS Device Farm	Device Farm
AWS Elastic Beanstalk	Elastic Beanstalk
AWS Fargate	Fargate
AWS FireLens	FireLens
AWS Identity and Access Management	IAM
AWS Key Management Service	KMS
AWS Lambda	Lambda
AWS Management Console	Management Console/マネジメントコンソール
AWS Organizations	Organizations
AWS PrivateLink	PrivateLink
AWS Serverless Application Model	SAM
AWS Secrets Manager	Secrets Manager
AWS Security Hub	Security Hub
AWS Step Functions	Step Functions
AWS Systems Manager	Systems Manager/SSM
AWS Systems Manager Parameter Store	Parameter Store/パラメータストア
AWS Systems Manager Session Manager	Session Manager/セッションマネージャ
AWS Trusted Advisor	Trusted Advisor
AWS WAF	WAF
AWS Well-Architected Framework	Well-Architectedフレームワーク
AWS X-Ray	X-Ray
Application Load Balancer	ALB
Classic Load Balancer	CLB
Elastic Load Balancing	ELB
Network Load Balancer	NLB

Contents

Chapter 03 ▸▸ コンテナを利用したAWSアーキテクチャ

Chapter 04 ▶▶ コンテナを構築する（基礎編）

Chapter 05 ▸▸ コンテナを構築する（実践編）

コンテナの概要

1章では、本書の基本技術であるコンテナとオーケストレータの概要について学習します。

コンテナ技術の中心的存在であるDockerの主要コマンドやオーケストレータの役割を理解し、2章以降でのAWSにおけるコンテナサービスへの理解や設計・構築を行うための基本的な知識を獲得しましょう。また、コンテナ技術を身につけるために意識すべき開発のあり方やマインドセットについても触れます。

1-1 コンテナという技術

　まずはじめに、サーバー仮想化技術と比較しながら、コンテナ技術の概要について述べていきます。

▷ サーバー仮想化とコンテナ

　「コンテナ」とは、他のプロセスとは隔離された状態でOS上にソフトウェアを実行する技術です。

　ここで、「隔離」という点がポイントです。コンテナ上で実行されたソフトウェアは単に1つのプロセスとして稼働しているにも関わらず、**コンテナ内のソフトウェアから見ると独立したOS環境を占有している**ように見えます[*1-1]。

　コンテナとよく比較される技術が「サーバー仮想化」です。サーバー仮想化とは、ハイパーバイザー[*1-2]を用いてCPUやメモリ、ストレージ等のハードウェアリソースをエミュレートすることで、複数のOSを同一のハードウェア上で実行する仕組みです。

　この仮想的に作られたハードウェアリソースは、「仮想マシン」と呼ばれます。また、仮想マシン上で稼働するOSは「ゲストOS」と呼ばれます。

　ゲストOSは1つのサーバーとして扱われ、ミドルウェアや各種ライブラリをインストールした状態で複数のアプリケーションを稼働することが一般的です。サーバー仮想化では、**ゲストOSごとにカーネルを占有する仕組み**となります。

　一方、コンテナ技術は、**OSとカーネルは共有し、プロセスを分離する仕組み**です。コンテナのプロセスごとにプロセッサやメモリ等のコンピューティングリソースが割り当てられ、アプリケーション稼働に必要なライブラリやミドルウェア等の依存関係が全て含まれます。

　コンピューターリソースを仮想的に扱う点ではどちらも同じですが、分離する層とそれに伴う占有リソースが異なります。

[*1-1]　実際のところ、ホストOSから見たコンテナのプロセスIDと、コンテナ内から見える自身のプロセスIDは異なって見えます。

[*1-2]　物理マシン上に仮想的なコンピューター（仮想マシン）を作成し、その実行制御を担うソフトウェアを指します。

▼図1-1-1　サーバー仮想化技術とコンテナ技術の違い

▷ コンテナ利用のメリット

　サーバー仮想化とコンテナ、この2つの構造の違いがもたらすコンテナ利用の
メリットについて触れていきましょう。

● 環境依存からの解放

　コンテナには、アプリケーションの稼働に必要となるランタイムやライブラリ
を1つのパッケージとして全て含めることができます。そうすることで、**アプリ
ケーションの依存関係を全てコンテナ内で完結**できます。

　読者の皆さまの中には、そのOSにインストールされているライブラリのバー
ジョン等を気にしながらアプリケーションを扱った経験があるのではないでしょ
うか。

　開発環境やステージング環境、プロダクション環境等、複数の環境を運用して
いるケースでは、時間の経過とともにライブラリのバージョンが環境間で少しず
つずれていくこともしばしばあります。

　一方、コンテナ利用におけるアプリケーションでは、**依存関係を含めたパッ
ケージがリリース単位**となります。リリース時は環境ごとにどのパッケージを対
象とするか意識する必要がなくなります。そして、一度ビルドしたイメージはコ
ンテナのランタイム上で同様に動作することから、ライブラリに関する環境依存
の考慮から解放されます。

●環境構築やテストに要する時間の削減

コンテナ利用の1つの大きなメリットが、**優れた再現性とポータビリティ**です。

コンテナではパッケージ化されたものをアプリケーションの起動単位として扱います。全ての依存関係がコンテナ内で完結するために、ローカル環境はもちろんのこと、オンプレミスやパブリッククラウド上で同じように動作させることができます。この特性による恩恵から、**アプリケーションのリリースやマイグレーションに関するワークフローがシンプルかつ構築が容易**になります。

また、ステージング環境でテスト済みのコンテナイメージをプロダクション環境向けに再利用することで、ライブラリ差異による環境ごとのテストに必要な時間を削減でき、アプリケーションの開発やデプロイの効率を高めることができるでしょう。

●リソース効率

サーバー仮想化では、仮想マシンレベルでリソースを分離し、ゲストOSの上でアプリケーションが稼働します。つまり、アプリケーションだけでなく、ゲストOS自体を動かすためのコンピューティングリソースが必要です。

一方コンテナでは、プロセスレベルで分離されてアプリケーションが稼働します。つまり、OSから見ると単に1つのプロセスが稼働している扱いになります。サーバー仮想化と比較すると、**コンテナではゲストOSやハードウェアのエミュレートが不要となるため、アプリケーションを動かすために必要となるコンピューティングリソースの消費は少なくなります。**

また、コンテナはOS単位ではなく**プロセス単位で稼働するため、アプリケーションの起動も高速**です。迅速なコンテナ起動がアプリケーションの高速なデプロイに繋がり、効率的な開発に寄与します。

以上、コンテナ利用のメリットをまとめると次のようになります。

▼図1-1-2　コンテナ利用のメリット

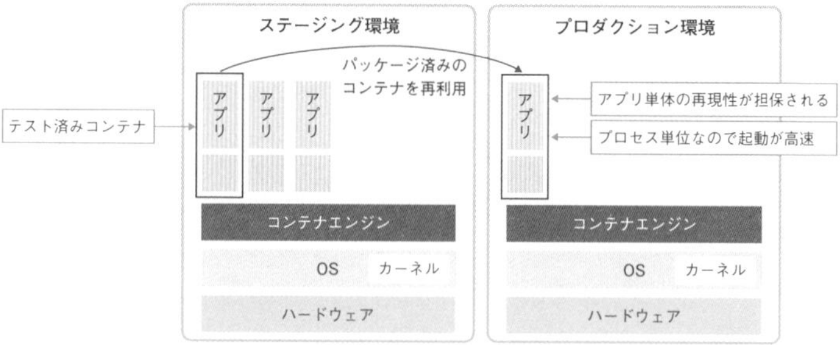

1-2 Dockerとは

コンテナを用いたアプリケーションの開発・実行において、代表的なプラットフォームであるDockerの概要を学びます。

▷ Dockerの概要

Docker[*1-3]はdotCloud社（現Docker社）によって開発されたコンテナのライフサイクルを管理するためのプラットフォームです。Dockerを利用することで、アプリケーションをコンテナイメージとしてビルドしたり、イメージの取得や保存、コンテナの起動等をシンプルに行えます。

Docker社が提唱した「Build, Ship, Run」のスローガンを基にコンテナワークフローをシンプルに実現できる点が特長です。

▼図1-2-1 「Build, Ship, Run」に基づくコンテナワークフロー

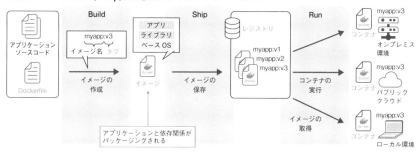

ここで簡単にDockerに関する基本的な用語を押さえておきましょう[*1-4]。

◉ Dockerfile

イメージを構築するためのテキストファイルです。

このファイル上にコマンドを記述することで、アプリケーションに必要なライ

---

*1-3 https://www.docker.com/

*1-4 https://docs.docker.com/glossary/

ブラリをインストールしたり、コンテナ上に環境変数を指定します。

○イメージ

コンテナを実行するために必要なビルド済みパッケージを指します。

○タグ

イメージに割り当てるラベルです。主にイメージのバージョン管理用途で利用されます。

○レジストリ

イメージを保管するためのサービスを指します。Dockerレジストリを基点としてさまざまなプラットフォームにイメージを配布したり、利用者間でイメージを共有できます。

Dockerレジストリは複数のリポジトリから構成されますが、インターネット上に公開される「パブリックリポジトリ」と特定の組織やチーム間のみアクセス可能な「プライベートリポジトリ」に大きく分けられます。

○コンテナ

イメージから生成された実行主体です。アプリケーションと関連する依存関係を含めた形で実行されます。

▶ 押さえておくべきDockerの基本操作

本書の4章以降では、AWSにてコンテナを扱う際にいくつか基本的なDockerのコマンドを利用します。ここで最低限押さえておくべきDockerのコマンドを紹介します*1-5。

---

*1-5　ここでは本書にて扱うDockerコマンドのみ記載しています。その他のコマンドに関しては、https://docs.docker.com/engine/reference/commandline/docker/を参照してください。

▼図1-2-2　主要なDockerのコマンド

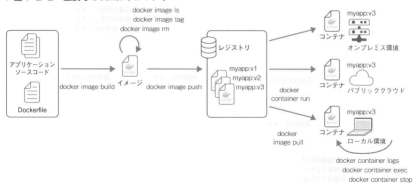

イメージの作成（docker image build）

　アプリケーションのソースコードとDockerfileからイメージを作成する場合
は、**docker image build**コマンドを利用します。

　次の例は、Dockerfileとアプリケーションコードがカレントディレクトリに配
置されている状況下において、「myapp」という名前のイメージを作成します。

◆イメージの作成

```
$ docker image build -t myapp:v1 .
```

　ここでは、イメージのバージョン管理等を行えるようにタグ情報として「v1」
を付与しています。

イメージ情報の表示（docker image ls）

　作成・取得したイメージ情報の一覧を表示するには、**docker image ls**コマ
ンドを実行します。

◆イメージ情報の表示

```
$ docker image ls
REPOSITORY     TAG        IMAGE ID       CREATED           SIZE
myapp          v1         57150e8e03d9   About a minute ago   10.5MB
```

イメージの削除（docker image rm）

　不要になったイメージは、**docker image rm**コマンドで削除可能です。

次の例は、作成した「myapp」イメージを削除します（削除するイメージはID
で指定しています）。また、削除後にイメージ情報を確認しています。

◆イメージの削除

```
$ docker image rm 57150e8e03d9
Untagged: myapp:v1
Deleted: sha256:57150e8e03d977f29463fa7826ed4c894d5c24166d1501d21e
b7d9302d7066ed

$ docker image ls
REPOSITORY    TAG       IMAGE ID    CREATED    SIZE
```

●イメージタグの追加（docker image tag）

作成したイメージに対して**docker image tag**コマンドを使うことでタグ情報
を追加できます。

次の例は、「v1」タグが付与されている「myapp」イメージに対して、新たに
「20210701」タグを追加します。

◆イメージタグの追加

```
$ docker image tag myapp:v1 myapp:20210701

$ docker image ls
REPOSITORY    TAG        IMAGE ID      CREATED           SIZE
myapp         20210701   57150e8e03d9  About a minute ago  10.5MB
myapp         v1         57150e8e03d9  About a minute ago  10.5MB
```

●レジストリへのイメージの保存（docker image push）

作成したイメージは、**docker image push**コマンドでレジストリに保存が可
能です。

次の例は、「v1」とタグを付けた「myapp」イメージをレジストリに保存します。

◆レジストリへのイメージの保存

```
$ docker image push myapp:v1
```

実際の運用にて「docker image push」を利用する場合は、コマンド実行前にレ
ジストリへのログインや特定のルールに従ったイメージ名の付与等が必要となり
ます。

●レジストリからのイメージの取得（docker image pull）

　レジストリに保存したイメージは、**docker image pull**コマンドで取得できます。

　次の例は、レジストリに保存された「v1」とタグを付けた「myapp」イメージを取得します。

◆レジストリからのイメージの取得

```
$ docker image pull myapp:v1
```

●コンテナの実行（docker container run）

　コンテナを実行するには、**docker container run**コマンドを実行します。

　次の例では、デタッチドモード（バックグラウンドでコンテナを実行）かつ80番のポート番号をマッピングしてコンテナを実行しています。

◆コンテナの実行

```
$ docker container run -d -p 80:80 myapp:v1
101b5647431d206752564b6b987aacb77c4030096fc948106a07a5b9cbb47e83
```

　実行したコンテナの起動状態は、**docker container ls**コマンドで確認できます。

　次の例では、出力する情報を指定して実行しています。

◆コンテナの起動状況の確認

```
$ docker container ls --format  'table {{.ID}}\t{{.Image}}\t{{.
Status}}'
CONTAINER ID    IMAGE        STATUS
101b5647431d    myapp:v1     Up 8 minutes
```

●ログの確認（docker container logs）

　コンテナ内のアプリケーションのログを確認するには、**docker container logs**コマンドが便利です。

　コマンド実行時には「docker container ls」で表示された「CONTAINER_ID」を指定します。「-f」オプションを付けることで、ログを表示し続けることもできます。

```
$ docker container logs 101b5647431d
```

● 実行中のコンテナに対するコマンド実行（docker container exec）

　docker container execコマンドを実行することで、実行中のコンテナに対してコマンドを発行できます。

　次の例は、稼働中のコンテナに対して「/bin/sh」を実行することで、コンテナ内のシェルに切り替える例です。

◆実行中のコンテナに対するコマンド実行

```
$ docker container exec -it 101b5647431d /bin/sh
/ #
```

● コンテナの停止（docker container stop）

　実行中のコンテナを停止するには、**docker container stop**コマンドを実行します。

　コマンド実行時には「docker container ls」で表示された「CONTAINER_ID」を指定します。

◆コンテナの停止

```
$ docker container stop 101b5647431d

$ docker container ls --format  'table {{.ID}}\t{{.Image}}\t{{.
Status}}'
CONTAINER ID    IMAGE      STATUS
```

Column / Dockerコマンドの体系について

　普段からDockerを利用されている読者の皆さまにおいては、「docker build」や「docker run」「docker rmi」等のコマンドを実行することも多いのではないでしょうか。Dockerはバージョン1.13のリリースにおいて、本書で取り上げたような「docker [何を] [どうするか]」の体系にコマンドが再編成されました[*1-6]。

　次に旧体型と新体系の比較を整理します。

▼ 表1-2-1　Dockerの「基本的なコマンド」

動作	コマンド（旧体型）	コマンド（新体系）
イメージの作成	docker build	docker image build
イメージ情報の表示	docker images	docker image ls
イメージの削除	docker rmi	docker image rm
イメージタグの追加	docker tag	docker image tag
レジストリへのイメージ保存	docker push	docker image push
レジストリからのイメージ取得	docker pull	docker image pull
コンテナの実行	docker run	docker container run
ログの確認	docker logs	docker container logs
実行中のコンテナに対するコマンド実行	docker exec	docker container exec
コンテナの停止	docker stop	docker container stop

　本書で紹介しているコマンドは全て新体系の内容です。

　現在も旧体型のコマンドは互換性があり、引き続き利用できますが、Docker社は新体系の利用を推奨しています。旧体型の方が少ないコマンド入力で済むため楽ですが、今後のDockerアップデートに正しく沿う意味でも、新体系の構文を意識して利用する方がよいでしょう。

*1-6　https://www.docker.com/blog/whats-new-in-docker-1-13/

1-3 オーケストレータとは

本節では、プロダクション環境で一連のコンテナ群を安定運用するために必要な「オーケストレータ」の特徴・役割について触れます。

▷ コンテナを運用する際の課題

シンプルに単一のコンテナを稼働させるだけであれば、ここまでに解説した内容である程度アプリケーションを運用できるでしょう。一方、ビジネスの成長とともにシステム規模が拡大し、多数のコンテナ連携が求められる場合はどうなるのでしょうか。

多数のコンテナを稼働させるには、**単一ホストではなく、複数ホストから構成されたクラスター構成を扱う**ことになります。そしてクラスターを前提とした分散ホスト環境上のコンテナに対し、**リクエストの負荷分散やダウンタイムを最小化するためのアップデート方法**を考える必要が出てきます。また、発生した障害の検知やコンテナの復旧等、安定したプロダクション環境を実現するために考慮すべきことが多数発生します。

これらの課題に対処するために登場したのが「オーケストレータ」と呼ばれるコンテナ群を管理するためのサービスです。

▷ オーケストレータが解決すること

オーケストレータを利用することで、コンテナワークロードに関する次のような管理が実現できます。

- コンテナの配置管理
- コンテナの負荷分散
- コンテナの状態監視と自動復旧
- コンテナのデプロイ

順を追って見ていきましょう。

コンテナの配置管理

クラスター構成を前提として新規コンテナを起動させた場合、ホストへの負荷が均等になるようにコンテナを分散配置させることが望ましいでしょう[1-7]。

また特定ホストがダウンした場合、サービス継続の観点からコンテナの復旧が必要となります。正常稼働しているホストのうち、どれだけのコンテナを起動させるべきか考える必要もあるでしょう。

コンテナの配置管理を自動制御できる点がオーケストレータを利用する利点の1つです。

▼図1-3-1　オーケストレータによるコンテナの配置管理

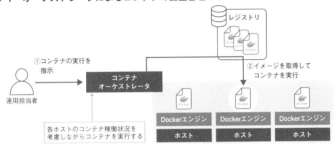

コンテナの負荷分散

処理量に応じてリクエストを分散させることで、可用性やシステムとしてのパフォーマンスを高めることができます。

負荷分散を実現するには、アプリケーションコンテナを同じグループとして扱い、複数ホストに分散配置されているコンテナに対して適切に処理を振り分ける仕組みが必要です。

オーケストレータ自身が持つ機能や、オーケストレータと他のロードバランサーを組み合わせることで、コンテナへの負荷分散が実現できます。

*1-7　AWS FargateやGoogle Cloud GKE Autopilot等、パブリッククラウドによってはコンテナを稼働させるホストをフルマネージドに提供するサービスもあります。

▼図1-3-2　オーケストレータによるコンテナの負荷分散

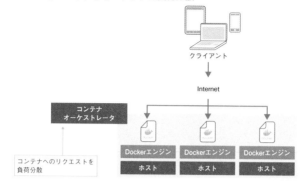

◎コンテナの状態監視と自動復旧

　コンテナの状態を監視し、異常発生を検知して切り離しや自動復旧によりコンテナ数を維持することでサービスの安定稼働に繋がります。

　オーケストレータにより、コンテナの状態を監視しつつ事前に定めた数を維持するように自動制御が可能です。

▼図1-3-3　オーケストレータによるコンテナの状態監視と自動復旧

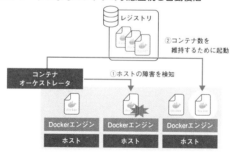

◎コンテナのデプロイ

　アプリケーションを新しいバージョンにアップデートする場合、既に起動しているコンテナを停止しつつ、新しいコンテナに置き換えていく必要があります。

　オーケストレータを活用することで、アプリケーションの稼働を正常に保ちつつも、新旧のコンテナを自動的に入れ替えていくことができます。

▼図1-3-4　オーケストレータによるコンテナのデプロイ

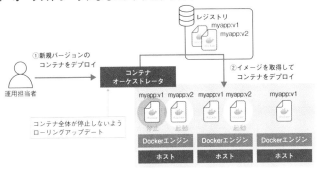

このように、安定的したコンテナワークロードを実現するために、オーケストレータは欠かせない存在となります。

▷ 代表的なコンテナオーケストレータ

ここでは、代表的なコンテナオーケストレータをかいつまんで説明していきます。

○デファクトスタンダードであるKubernetes

オープンソースやパブリッククラウドサービスとしてさまざまなコンテナオーケストレータが存在しますが、その中でもデファクトスタンダードとされているのが、「Kubernetes」*1-8 です。

KubernetesはGoogle社内のコンテナクラスターマネージャーとして利用されていた「Borg」が前身という位置づけで誕生しました*1-9。2015年7月21日にv1.0がリリースされた後、Cloud Native Computing Foundation（CNCF）にて管理されています。

Kubernetesはコミュニティが非常に活発であり、リリース当初から現在に至るまで活発に開発が行われています。

*1-8　https://kubernetes.io/

*1-9　https://kubernetes.io/blog/2015/04/borg-predecessor-to-kubernetes/

◉ Kubernetesをベースとする各種コンテナオーケストレータ

　Kubernetesが事実上のデファクトスタンダードになる前には多くのオーケストレータが台頭していました。その代表例として挙げられるのが、Docker社がクラスタリング機能を提供する「Swarm」です。

　現在、SwarmはDockerエンジン上に搭載されていますが、2017年10月、Dockerはオーケストレータとして Kubernetesとの統合を発表しています[*1-10]。

　また、多くのパブリッククラウドでKubernetesをベースとしたマネージドサービスが提供されています。AWSが提供する「Amazon EKS」[*1-11]、Google Cloudが提供する「GKE」[*1-12]、Microsoft Azureの「AKS」[*1-13]がその代表例です。

　さらにはAlibaba Cloudが提供する「ACK」[*1-14]、Oracle Cloud Infrastructureが提供する「OKE」[*1-15]等も挙げられます。

　一方、エンタープライズがコンテナオーケストレータを採用する場合、Kubernetesを拡張する形でRed Hat社がサービス提供している「OpenShift」[*1-16]を採用するケースが多くなっています。

　一般企業がKubernetesを扱う際に1つの障壁となるのが技術サポートです。Kubernetesはオープンソースであるという性質上、クリティカルな課題が発生したとしても自分たちで対処するかコミュニティにてIssueとして取り上げ、取り込みを推進しなければなりません。そういった意味で、OpenShiftによる技術サポートはビジネスを運営する上で強力な後ろ盾となるでしょう。

　その他、エンタープライズにおけるオーケストレータとして、「Mirantis Kubernetes Engine」(旧Docker Enterprise/UCP)等も挙げられます[*1-17]。

◉ パブリッククラウドが提供する独自のコンテナオーケストレータ

　パブリッククラウドによっては、独自のオーケストレータを提供している例もあります。

---

*1-10　https://www.docker.com/blog/kubernetes-docker-platform-and-moby-project/
*1-11　https://aws.amazon.com/jp/eks/
*1-12　https://cloud.google.com/kubernetes-engine
*1-13　https://azure.microsoft.com/en-us/services/kubernetes-service/
*1-14　https://www.alibabacloud.com/product/kubernetes
*1-15　https://www.oracle.com/cloud-native/container-engine-kubernetes/
*1-16　https://www.redhat.com/en/technologies/cloud-computing/openshift
*1-17　https://www.mirantis.co.jp/

　その1つが本書のメインテーマのサービスである「Amazon ECS」*1-18です。AWSが提供する独自のコンテナオーケストレータであり、オープンソースであるKubernetesと比較して、各種AWSサービスとの親和性が高い点が特長です。また、ECSはAWSの完全なサポートが受けられます。

　ECSは非常に多くの企業やスタートアップのコアテクノロジーとして採用されており、AWS上でコンテナ技術を利用する際に人気の高いサービスです。AWSにおけるオーケストレータの選択としてECSとEKSが挙がりますが、選定の考え方については2章にて取り上げます。

*1-18　https://aws.amazon.com/jp/ecs/

1-4 コンテナ技術を導入するために考慮すべきこと

　前節ではコンテナ、Docker、オーケストレータの概要について触れてきました。これらは、アプリケーションの環境依存を解消し開発アジリティを高める観点からすると非常に魅力的な技術です。ただ、ゼロからそれら技術を導入する場合、技術要素以外にも事前に検討すべき点がいくつかあります。

　本書では、「コンテナを前提としたアプリケーション開発のあり方」「コンテナ設計・運用に取り組む際の姿勢」「開発チームにおける役割分担の見直し」という3つのポイントを取り上げてみます。

▷ コンテナを前提としたアプリケーション開発のあり方

　パブリッククラウド上でコンテナをベースとしたプラットフォームを検討する場合、アプリケーションとライブラリの依存関係を閉じ込めつつ多数のコンテナが連携する構成となり、自然と分散システム構成に近づきます。分散システムを前提とした場合、**コンテナ間の疎結合性や移植性を考慮した方式を検討**しなければなりません。

　また、コンテナのディスク領域は揮発性であり、コンテナ破棄と同時に内部データは削除されてしまいます。

　そのため、**コンテナを扱うアプリケーションの設計では従来のオンプレミス環境でサーバーを扱うケースとは異なる考え方であることを理解し、受け入れることが大切**です。

　ここで、パブリッククラウド上でコンテナによるアプリケーション開発を支えるベストプラクティスの1つが「The Twelve-Factor App」[*1-19] です。The Twelve-Factor Appでは、モダンなアプリケーション開発に関する12の方法論が定義されています。その中で述べられている「依存関係」や「廃棄容易性」、「ビルド、リリース、実行」等を意識することで、自然とクラウドネイティブな構成への親和性が高まります。

　自分たちのアプリケーションに対してThe Twelve-Factor Appを適用した際に

*1-19　https://12factor.net/

どのような変更が求められるのか、事前に検討を進めることがコンテナ化への近道です。

▶ コンテナ設計・運用に取り組む際の姿勢

コンテナ技術を採用すると、当然ながら同時に新たな運用も発生します。例えば、レジストリ上のイメージに関するライフサイクル管理やイメージの保護等が挙げられます。

また、ビルドからデプロイまでの流れや、コンテナオーケストレーション自体の権限制御、定義管理、セキュリティ設定等も求められます。

パブリッククラウドを前提とすることで、構築やその運用負荷は一部軽減されますが、可用性・運用性・パフォーマンス・セキュリティ等、**従来のサーバー構築で求められてきた非機能観点の考慮は変わらず重要**です。

本書の3章にて、AWS上でのコンテナ活用を前提としつつも、各種非機能における観点を考慮したアーキテクチャ設計を扱っていきます。

▶ 開発チームにおける役割分担の見直し

オンプレミス環境やパブリッククラウド上でIaaSを中心としたシステム運用では、インフラレイヤへの専門性がより求められるという背景から、アプリチームとインフラチームで分業するケースも多いはずです。

通常、アプリチームはアプリケーション開発に注力し、ミドルウェアやランタイムの整備、OSセットアップやOSライブラリ準備等はインフラチームが責務として担うケースが一般的ではないでしょうか。

コンテナ化が進むことにより、分業のあり方にも変化が発生します。

コンテナはアプリケーションとその依存関係を1つのパッケージとして扱います。つまり、アプリケーション稼働に必要なコンテナ内のOSライブラリ、ミドルウェア、言語ごとのライブラリ管理をアプリチームが担うことで、高いアジリティ開発へのシナジーに繋がります。しかし、従来インフラチームが管理を担っていた領域をアプリチームが担うことになり、アプリチームのみでコンテナをパッケージングする領域にたどり着くまで時間を要するケースもあるでしょう。

コンテナ技術の導入を皮切りに、クラウドネイティブ化やソフトウェア中心の開発スタイルが促進されると、IaC（Infrastructure as Code）によるクラウドリ

31

ソースの構築等、インフラチームもコードに触れる機会が増えてきます[*1-20]。インフラチームが従来のソフトウェア開発で得られたプラクティスを活用できるかどうかが重要になり、アプリチームの協力が必要となるケースもでてきます。

　コンテナ技術を中心としたチームを醸成させる意味でも、**アプリチームとインフラチームが寄り添いつつ、お互いの役割分担を見直しながら取り組む姿勢**が大切です。

──────
まとめ
──────

　本章ではコンテナ、Docker、コンテナオーケストレータの概要について説明しました。

　従来のサーバー仮想化技術とは異なり、コンテナはプロセス単位で分離されることから軽量かつ起動が速く、アプリケーションの開発サイクルを早めるキーテクノロジーであることが理解いただけたかと考えています。さらにコンテナオーケストレータと組み合わせることで、開発アジリティを損ねることなく、安定したシステム運用を実現できます。

　ただし、コンテナ技術を自分たちのシステムに取り入れていくためには、アプリケーション開発のあり方や新たに発生する設計ポイント、そして組織としての風土の醸成も求められてきます。

　次章では、本章で取り扱ったコンテナの概要をベースに、AWSにおけるコンテナの世界へと踏み込んでいきます。

[*1-20] IaCとは、インフラリソースをコードにより管理することで、それによってインフラ構築の自動化が可能になります。IaCを実践することで、同一のインフラ環境を迅速に手配できます。また、コードの共有や再利用が容易になるだけでなく、バージョン管理やコードレビューによる品質検証のプラクティスを適用できることなどがメリットとして挙げられます。

コンテナ設計に必要な
AWSの基礎知識

2章では、コンテナ設計を進めるための知識として不可欠な、AWSが提供するコンテナサービスについて触れていきます。そして、各コンテナサービスを組み合わせた基本アーキテクチャやユースケースについて述べます。最後に、AWSでコンテナを利用する優位性に言及します。

2-1 AWSが提供するコンテナサービス

　AWSでは、1章で説明したKubernetesをベースとしたサービスや、AWS独自のオーケストレータ、マネージドなリポジトリ等、コンテナに関連した多数のサービスが存在します。これらのサービスに関して、「コントロールプレーン」「データプレーン」「リポジトリ」「その他」という分類から体系的に説明します。

▶ コントロールプレーン

　ここで述べるコントロールプレーンとは、**コンテナを管理する機能**のことを意味します。

　IT業界において、コントロールプレーンには複数の意味があります。例えば、「ネットワークのルーティングを制御するモジュール」が、コントロールプレーンを指す言葉としてよく取り上げられます。本書ではコンテナ技術を扱っており、本書の文脈においては「コンテナを管理する機能」を指してコントロールプレーンと呼びます。

　AWSが提供するコントロールプレーンは主に2種類あります。

● Amazon Elastic Container Service（ECS）

　Amazon Elastic Container Service（ECS）は、フルマネージドなコンテナオーケストレータです。

　コントロールプレーン同様、**コンテナのオーケストレーションとはコンテナを管理するという意味**でもあります。ポイントは、**オーケストレーションサービスという点でありコンテナを動かす実行環境のサービスではない**、という点です。Kubernetesとは異なり、ECSはAWSがオーナーシップを持って進めるコンテナオーケストレータです。

　2021年9月時点ではEKS（Amazon Elastic Kubernetes Service）も存在し、「AWSでコンテナオーケストレータを使うならばECS」とは一概にはいえません。しかし、ECSは以前からあるコンテナオーケストレータであり、非常に多くの事例と安定性があります。

　また、ECSは他のAWSサービスとの連携が非常に容易です。信頼性も高く、

ECSの月間稼働率は少なくとも99.99％であることがサービスレベルアグリーメント（SLA）として保証されています[*2-1]。

合わせて、ECSの用語や概念についても説明します。

タスク（Task）

ECS上でアプリケーションを起動するためにはコンテナが必要です。

コンテナが動作するコンポーネントをECSでは「タスク」と呼んでいます。タスクは1つ以上のコンテナから構成されるアプリケーションの実行単位です。以降、本書では特にことわりがなければ、「タスク」は「ECSタスク」を指します。

タスク定義（Task Definition）

タスクを作成するテンプレート定義です。JSONで記述されます。

テンプレート定義の中で、デプロイするコンテナイメージ、タスクとコンテナに割り当てるリソースやIAMロール、CloudWatch Logsの出力先等を指定します。

タスク定義に含めるコンテナ定義は複数設定可能です。1つのタスク内に複数のコンテナを含められることから、タスク定義内で割り当てられているリソース例は図2-1-1のようになります。

▼図2-1-1　ECSのタスクに割り当てられるリソース例

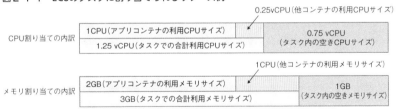

サービス（Service）

指定した数だけタスクを維持するスケジューラーで、オーケストレータのコア機能にあたる要素です。サービス作成時は、起動するタスクの数や関連づけるロードバランサーやタスクを実行するネットワークを指定します。

また、タスクが何らかの理由で終了した場合は、タスク定義をベースに新しい

＊2-1　https://aws.amazon.com/compute/sla/

タスクを生成して指定したタスク数を維持します。サービスという名前だと混乱を招くため、以降、本書では「ECSサービス」と表現します。

クラスター（Cluster）

ECSサービスとタスクを実行する論理グループです。以降、本書では「ECSクラスター」と表現します。

ECSの全体概念図

ECSの用語について述べましたが、これらの関連性がわかりにくいという意見をよく聞きます。

ECSの概念をまとめると、前述の定義は「タスク定義（タスク）＜ECSサービス＜ECSクラスター」のような包含関係となっています。関係性としては、次の図のようになります。

▼図2-1-2　ECSのアーキテクチャ

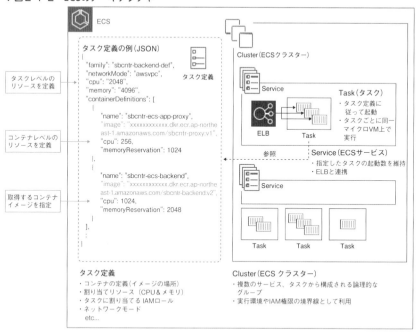

Amazon Elastic Kubernetes Service (EKS)

Amazon Elastic Kubernetes Service(EKS)は、フルマネージドなKubernetesのサービスです。Kubernetesのサービスであるため、EKSもECS同様のコンテナオーケストレータです。

Kubernetesのコンポーネントは Kubernetesコントロールプレーンと Kubernetesノード(Workerノード)から構成されています[*2-2]。

Kubernetesを運用する上で最も難しいことは、コントロールプレーンを健全に保つことです。EKSを利用することで、Kubernetesコントロールプレーンの管理をAWSに委ねることができます。

また、AWSで Kubernetesを運用する上でEKSを使うメリットは他にもあります。

まず、Kubernetesノードを動かす実行環境として後述するFargate(フルマネージドなコンテナ実行環境)を選択できる点です。

▽図2-1-3　EKSのアーキテクチャ

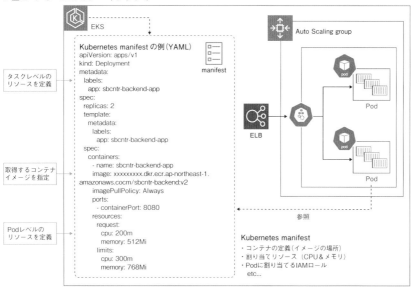

*2-2　https://kubernetes.io/docs/concepts/overview/components/

37

2018年6月に正式サービスの提供が開始されたサービスであり、AWSサービスの中ではECSほど歴史が長くはないですが、他のAWSサービスとの連携も可能です。ECS同様に月間稼働率は少なくとも99.99％がSLAとして保証もされています。

EKSは標準のKubernetesをベースとして構築されているため、ECSのようにAWS独自の用語はありません。 EKSクラスター（Kubernetesクラスター）を構築し、クラスタ上にコンテナアプリケーションをデプロイして実行できます。

▷データプレーン

コンテナが実際に稼働するリソース環境を指します。AWSが提供するデータプレーンは次の2種類です。

●Amazon Elastic Compute Cloud（EC2）

Amazon Elastic Compute Cloud（EC2）は、AWSで仮想マシンを利用できるサービスです。

AWSを始める際、最初に触ったサービスがEC2という人も多いのではないでしょうか。提供されている仮想マシンは「インスタンス」と呼ばれており、必要に応じてスペック（CPUコア数、メモリ容量、ストレージ）を変更できます。

AWS マネジメントコンソールから、スペックを選択して数クリックするだけでサーバーが立ち上がります。

EC2は、ECSやEKSで動かすコンテナのデータプレーンとしても利用されます。EC2をコンテナホストとして利用する場合、ホストを運用するコストは高くなります。なぜならEC2を使う際にはリソースの増強、OSの更新やセキュリティパッチ適用、サーバーが動作しているかどうかの保護や監視等が必要になるためです（責任共有モデル）[2-3]。

その代わりにユーザーの要件に合わせた設定が可能であり、柔軟性を求めるユースケースの場合はEC2をデータプレーンとして選択するケースも多く見受けられます。

[2-3] https://aws.amazon.com/jp/compliance/shared-responsibility-model/を参照。ただし、Fargateの責任共有モデルは少し特殊であるため3章で後述します。

⊙AWS Fargate

AWS Fargate(Fargate)は、ECSとEKSの両方で動作する、コンテナ向けサーバーレスコンピューティングエンジンです。

FargateはAWSフルマネージドなデータプレーンとして定義されています。コンテナ向けであるため、Fargate単体で利用できません。ECSやEKSとセットで利用されます。

Fargateを使うメリット、デメリットについて少し述べていきます。

メリット

Fargateの最大のメリットは、やはりホストの管理が不要となる点です。サーバーのスケーリング、パッチ適用、保護、管理にまつわる運用上のオーバーヘッドは発生しません。Fargateでは、コンテナが実行されるインフラはAWSによって常に最新の状態に保たれます。

Fargateが生まれる前、次の要件が利用者から求められていました。

ビジネス競争力が必要なサービスでは、OSインフラ側の管理負荷を軽減し、アプリケーションの開発や機能追加に集中したい

Fargateの登場により、利用者はホストの管理から解放され、自分たちのビジネスに一層注力できるようになりました。

デメリット

ただし、Fargateも銀の弾丸ではありません。デメリットもいくつかあります。

1つは価格面です。サービスが登場した当時はEC2と比べて割高でしたが、本書執筆時点(2022年4月)では、かなり安くなってきており、こちらの記事[2-4]にも記載の通り大幅に値下げされています。それでも、EC2を使うよりも高いといわれています。

また、Fargateはマネージドなデータプレーンであり、AWS側がコンテナの稼働するOSを管理しています。AWS利用者側がOSに直接介入できません。そのため、カーネルパラメータ等のデータプレーン側OSリソースを詳細にチューニングすることが前提なアプリケーションには不向きです。他にも割り当てる

[2-4]　https://aws.amazon.com/jp/blogs/compute/aws-fargate-price-reduction-up-to-50/

CPU/メモリの制限やコンテナが起動するまでの時間が少し遅い点もデメリットとして挙げられます。

▼図2-1-4　Fargateタスク起動時の動き

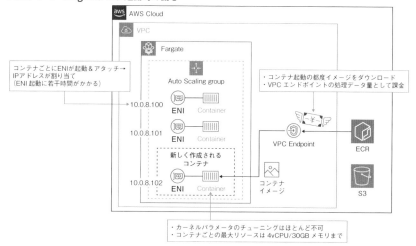

デメリットも多く挙がりましたが、Fargateのスケーリングはたいへんシンプルです。

　何よりOS側の運用から解放されるのは非常に大きな利点です。つまり、ビジネスとして差別化しにくいOSのセキュリティパッチ適用や各種ライブラリのアップデート作業のために作業者を確保する必要がなくなります。

　この作業要員コストとFargate利用料金の増分を比較した場合、Fargateの料金がEC2と比較して若干割高とはいえ、TCO*2-5観点では圧倒的に有利です。

　ビジネスとして付加価値を生む活動に注力する意味でも、新規コンテナ構築の際はFargateでまず始めることができないか、ぜひ検討してみてください。

---

*2-5　サービス導入、維持、管理にかかる総費用のこと。例えば、EC2の場合、OS側ライブラリのバージョンアップ作業やセキュリティ問題が発見された際の対処に対し、運用担当者の人件費が必要となります。一方で、Fargateはこれら作業がAWS側責務であり、管理に必要なコストを削減できます。結果として、TCO観点で優位となります。

| Column | Amazon ECS Anywhere |

Amazon ECS Anywhere（ECS Anywhere）とは、2020年12月に開催された re:Invent2020で発表されたサービスです[2-6]。

ECSのコントロールプレーンをAWSで動作させつつ、データプレーンを自身が管理するサーバー上で動作させることができるサービスです。

ECS Anywhereは、Amazonのカルチャーが大いに発揮されて構築されたと感じるサービスです。

サービス登場前では、我々がECSを動かすことができるデータプレーンは EC2上であったり、Fargate上であったりと、全てAWSが管理する環境上でした。しかし、もともとオンプレミスでワークロードを実行している利用者にとっては、オンプレミスの資産をうまく活用したいというニーズがあります。また、セキュリティ要件等でデータは自社管理のサーバー上でしか扱えないという場合もあるでしょう。この課題を解決するために、ECSタスクをどこにでもデプロイすることが可能となるECS Anywhereがローンチされたわけです。

発表当初、2021年に提供開始予定とされており、2021年5月に一般公開されました[2-7]。

先ほど述べたように、コントロールプレーンはAWS側で稼働するため引き続きAWSマネージドなサービスとして利用できます。2022年4月時点では、ECSのデータプレーンとして、オンプレミス上のリソースを追加するために AWS Systems Managerのエージェントプラグインをインストールする等の手順が必要とされています。

いくつかの手順を実施して、データプレーンがコントロールプレーンから認識されることでECSのデータプレーンの新しい起動タイプ「EXTERNAL」が追加されます。この新しい起動タイプによって、ECSはユーザーが管理するサーバー上でもECSタスクを実施可能となります。

AWSリソースへの権限制御についても見てみます。

ECS Anywhereで動作させるデータプレーンの権限制御は、従来のECSタスクと同様にIAMロールを利用可能です。つまり、ECSの開発者体験をそのままに、タスクを動かすリソースだけを自身で管理するサーバーに移管できます。

自社で抱えるリソースやガバナンス要件、コンプライアンス要件等でECSを利用できなかったユーザーは、利用検討をしてもよいのではと筆者は考えています。

[2-6]　https://aws.amazon.com/jp/blogs/containers/introducing-amazon-ecs-anywhere/

[2-7]　https://aws.amazon.com/blogs/aws/getting-started-with-amazon-ecs-anywhere-now-generally-available/

Amazon EKS Anywhere（EKS Anywhere）とは、2020年12月に開催された re:Invent2020で発表されたサービスです＊2-8。前述した **ECS Anywhere と名前は非常に似ていますが、サービス内容としてはまったくの別物です。**

ECS Anywhereは、ECSのコントロールプレーンをAWSで動作させつつ、データプレーンを自身が管理するサーバー上で動作させることができるサービスでした。EKS Anywhereは、コントロールプレーン、データプレーンいずれも自身が管理するサーバー上で動作させる必要があります。

EKS Anywhereの特徴は、AWSが構築しているEKSと同じKubernetesで組み上げたKubernetesをオンプレミスに構築可能とするサービスです。

同年のre:InventでAmazon EKS Distro（EKS Distro）が発表されています＊2-9。これはEKSが利用しているKubernetesディストリビューションをユーザーが利用できるようにOSSで提供を開始したという内容です。ここで指すディストリビューションは、Linuxのディストリビューションをイメージしてください。発表当初、2021年に提供開始予定とされており、2021年9月に一般公開されました＊2-10。

EKSがOSSのKubernetesをアップストリームとして実装していることは既知の内容でした。EKS Distroの発表によって、EKSで使われてきたKubernetesのコンポーネント群がOSSとして公開されたわけです。また、EKS DistroでKubernetesの後発バージョンがサポートされる特徴もあります＊2-11。

つまり、EKS Anywhereとは、オンプレミス上でEKS Distroを展開することでオンプレミスでもEKSと同様の体験が可能になるサービスといえます。

EKS Distroのみを利用するケースとEKS Anywhereを利用するケースの違いは、AWSからのサポート体制です。EKS Anywhereを利用すると、EKSエキスパートによるサポートやアーキテクチャのレビューが違いとなるでしょう。

EKS Anywhereのユースケースは、ECS Anywhereと同様に自社で抱えるリソースやガバナンス要件、コンプライアンス要件等でEKSを利用できなかったユーザーのためがひとつです。また、自社の体制やリソースのみではKubernetesの活用が難しかったというケースも該当するでしょう。

選択肢が広がることは非常に重要です。AWSでコンテナやKubernetesを始めるための知識として大事であるため、コラムで紹介しました。

＊2-8　https://aws.amazon.com/jp/eks/eks-anywhere/

＊2-9　https://aws.amazon.com/jp/eks/eks-distro/

＊2-10　https://aws.amazon.com/jp/blogs/aws/amazon-eks-anywhere-now-generally-available-to-create-and-manage-kubernetes-clusters-on-premises/

＊2-11　Kubernetesはおおよそ3か月に一度マイナーバージョンがリリースされ、EKSのマイナーバージョンは最初のリリースから約12か月間サポートされています。

▶ リポジトリ

リポジトリとは、一般的に「ソースコードを管理するリポジトリ」を意味することが多いでしょう。ここではコンテナサービスに関するリポジトリである、コンテナイメージを格納するリポジトリサービスに触れます。

⦿ Amazon Elastic Container Registry（ECR）

Amazon Elastic Container Registry（ECR）は、フルマネージドなコンテナレジストリです[2-12]。このサービスを使うと、コンテナイメージ[2-13]を簡単に保存、管理できます。また、ECRは容易にECSと連携でき、新しいコンテナを立ち上げるときに簡単にコンテナイメージを取得できます。

一般的なコンテナレジストリとしてDocker Hub[2-14]が挙げられます。ECRは当初プライベートリポジトリのみの提供でした。2020年12月のre:Invent 2020でECRのパブリックリポジトリが一般提供されています[2-15]。

これにより、Dockerfileからパブリックなイメージを取得する場合であっても、Docker Hub等を介さない方法が可能となりました。

AWS上でシステムを構築する際は、AWSサービスとの連携やセキュリティ設定が簡単なことを考えるとECRを使うことをオススメします。

▶ その他

AWSでは内部的にコンテナが利用されているサービスがいくつかあります。代表的であり有名な「AWS Lambda」と2021年に話題を集めている「AWS App Runner」について触れておきます。

⦿ AWS Lambda

AWS Lambda（以降、Lambda）は、利用者がコードをアップロードするだけでコードを実行できるサービスであり、AWS側で基盤となるコンピューティングリソースを自動的に構築してくれるフルマネージドサービスです。

*2-12　レジストリとは、リポジトリ（コード等の集合）を格納・管理する場所（サーバーやサービス）を指します。

*2-13　Dockerコンテナイメージ、Open Container Initiative（OCI）イメージ、OCI互換アーティファクトを扱えるコンテナイメージ。

*2-14　https://hub.docker.com/

*2-15　https://gallery.ecr.aws/

Lambdaは Firecracker[*2-16] と呼ばれるコンテナ上で実行され、軽量のマイクロ仮想マシン（microVM）を起動します[*2-17]。つまり、Lambdaもコンテナと関連した技術が使われています。サーバーレスという観点ではFargateと同じ意味合いを持ちますが、Lambdaはコンテナ技術を意識せずに開発者がコードに集中できる体験が得られる、という点は明確に異なります。

データプレーンを意識しないで利用可能であるため、ECSやEKSといったコントロールプレーンに配置はできません。

AWS上でコンテナを使ってサービスをホストしたいとなった際、利用者が管理するものを少なくする方向から考えた方が幸せになれます。例えば、Lambdaならばベストはコードと割り当てるメモリ、実行可能なIAM権限を意識するのみとなります。Lambdaで実現が難しいとなった場合、本書のメインとなるECSやEKS、はたまたEC2のみで構成という流れで考えるとよいでしょう。

◉AWS App Runner

AWS App Runner（以降、App Runner）というサービスが2021年5月に一般公開されました[*2-18]。

App Runnerとは、プロダクションレベルでスケール可能なWebアプリケーションを素早く展開するためのマネージドサービスです。GitHubと連携してソースコードをApp Runner上でビルド＆デプロイできるだけでなく、ECRのビルド済みコンテナイメージも即座にデプロイできます。アプリケーション開発者がより簡単にWebアプリをデプロイできる点に主眼を置いています。

ECSとFargateによってアプリケーションを構築しようとすると、ネットワークやロードバランシング、CI/CD設定等のインフラレイヤの足回りを整える必要があります。つまり、インフラスキルがある程度必要になってきます。App Runnerはこれらインフラ周辺の構築を全て引っくるめ、ブラックボックス化して、マネージドにしているのが特徴です。

改善Issueもたくさん挙がっており、要件にマッチした場合、非常に強力なプロダクトといえるでしょう。

---

*2-16 https://aws.amazon.com/jp/blogs/news/firecracker-lightweight-virtualization-for-serverless-computing

*2-17 厳密にはLambdaはAWSのチームが管理するEC2上で実行される場合とFirecracker上で実行される場合があります。ただし利用者がこれらを意識することはほぼありません。

*2-18 https://aws.amazon.com/jp/blogs/news/introducing-aws-app-runner/

2-2 アーキテクチャの構成例

　ここまで解説をしてきた**コントロールプレーンとデータプレーンで、コンテナ
を利用したアーキテクチャを検討**します。

　大きく分けて4つのコンテナアーキテクチャパターンがあります。厳密には、
EKSのデータプレーンにマネージド型ノードグループ[2-19]を利用するケースも
ありますが、こちらはEC2に含むものとします。

▼図2-2-1　コンテナアーキテクチャの4つのパターン

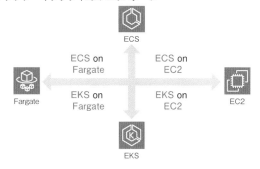

　それぞれのパターンについてのメリット、デメリットを自由に語ると軸がブレ
るため、今回は次の4つの軸で記述します。

- コスト面
- 拡張性
- 信頼性
- エンジニアリング観点

コスト面

　コストには複数の意味があります。まず、**AWSサービス利用料として支払う
コスト**が一番に思いつくコストです。他にも**運用コスト**があります。これは運用
フェーズのサービス利用で直接的にかかるコストではなく、間接的なコストを指

---

*2-19　https://docs.aws.amazon.com/ja_jp/eks/latest/userguide/managed-node-groups.
　　　html

します。具体的には、OSへのセキュリティパッチ適用やキャパシティ確保といった作業に伴う人的なコスト等です。さらに**学習コスト**もあります。いきなりサービスを触るための環境を渡されても使いこなすことはできません。学習をしなければ、そのサービスの真価も発揮できないため、一定の学習が必要であり、そこにも人的コストや教材コスト等がかかります。

拡張性

次に拡張性です。ここで語る拡張性の軸は、**デプロイの速さ**、**水平スケーリング**、そして**リソース拡張（垂直スケーリング）**に重点を置いて記述します。

信頼性

一般的には、**意図された機能を期待通りに、ワークロードが正しく一貫した動作をすることの保証**が信頼性として語られます。今回は、信頼性の中の復旧計画の観点に軸を置いて述べます。具体的には、何か問題が発生した際に迅速な復旧が可能かどうかを観点とします。問題が起きた際の調査のしやすさ、またサービス提供者からのサポートの手厚さを中心に述べます。

エンジニアリング観点

最後の観点は、**エンジニア人材の確保のしやすさ**で比較します。

これらの4つの軸に沿って、各パターンについて述べていきます。

▷ ECS on EC2

コントロールプレーンが「ECS」、データプレーンが「EC2」のアーキテクチャです。このアーキテクチャは最も歴史が長いパターンです。こちらのパターンでは、**EC2上にECSのタスクを起動してタスク上でコンテナを稼働**させます。では、4つの軸を基に特徴を見ていきましょう。

▼図2-2-2　ECS on EC2アーキテクチャパターン

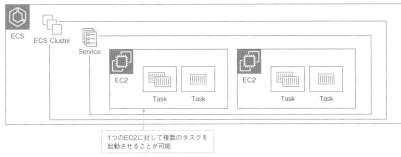

1つのEC2に対して複数のタスクを
起動させることが可能

◉コスト面

このアーキテクチャでかかるサービス利用時のコストは、EC2インスタンスや
EBSボリュームに対して発生します。EC2インスタンスは起動している時間分の
コストが発生します。大きなインスタンスになればなるほど時間単価のコストも
増大します。しかし、小さすぎるインスタンスサイズを選択すると、ECSから配
置されるタスクがスケールできなくなります。ここのキャパシティプランニング
を適切にできるならば、利用時のコストは比較的抑えることができます。

運用コストは高いといえます。なぜならデータプレーンがEC2であり、EC2
のメンテナンスが発生するためです。リソースの増強、OSの更新やセキュリティ
パッチ適用は全てユーザーの責務となります[2-20]。ホストとなるEC2のゴール
デンイメージ（最新の変更やパッチが適用されたAMI）をしっかりとメンテナン
スすることが重要となり、ここの運用コストが高くなります。

最後に学習コストです。従来のオンプレミス経験や世のナレッジを活用でき、
比較的構築するための情報が充実していることから、比較的低いといえます。
ECS、EC2は古くからあるサービスです。特にデータプレーンであるEC2は多
くのユーザーにとって馴染み深いサービスです。そのため、利用するにあたって
の学習コストは低くなります。

◉拡張性

デプロイの速さは優秀です。なぜならデプロイをする際に利用するイメージの
キャッシュをEC2のホスト上に保持できるからです。イメージキャッシュを保

*2-20　https://aws.amazon.com/jp/compliance/shared-responsibility-model/

持しているため、コンテナレジストリからコンテナを取得する時間を削減できます。コンテナの起動で時間がかかるのはコンテナイメージを取得する部分です。この部分がなくなり、純粋にコンテナプロセスを立ち上げる時間のみでデプロイができるため、高いスケール速度を出すことが可能です。

　水平スケーリングについては、キャパシティプランニングの精度に影響するため少し弱いです。**確保したキャパシティ分までしか水平スケーリングができない**ためです。

　リソース拡張については優秀です。EC2のサイズアップやインスタンスファミリーを変更する等、**リソース拡張は容易に可能**です。

●信頼性

　まずは障害復旧面です。ECS側はマネージドサービスなので障害復旧はAWS側の責務となります。

　EC2側の障害復旧についてフォーカスします。EC2側で何か問題が発生した場合、SSHでサーバーにログインして調査が可能です。なお、最近はSystems Managerを用いることで、EC2にSSHでログインせずサーバーへのログインが可能です。ログイン後は通常のサーバーと同じ感覚で調査を進めることが可能です。よって**比較的障害調査がしやすい**といえるでしょう。

　問題発生時のサポートとして、ECSのサポートは手厚い印象です。なぜなら**ECSはAWS純正のコンテナオーケストレータであり、内部の動きも全てAWS側の設計**となっています。サポートチケットをリクエストすることで、公開されている情報であれば内部仕様や設計に関してのアドバイスも受けられるため手厚いサポートを期待できます。

●エンジニアリング観点

　最後にエンジニアの確保のしやすさの観点です。ECSとEC2は古くからあるサービスであり、有識者や経験者が多いです。エンジニアの絶対数としては多いといえるでしょう。新しいことに挑戦したいと考えるエンジニアにとっては少しおもしろみに欠ける懸念はありますが、**よい意味で枯れている構成**です。絶対数も多いことから確保はしやすいといえるでしょう。

▷ ECS on Fargate

コントロールプレーンが「ECS」、データプレーンが「Fargate」のアーキテクチャです。2019年のre:InventでEKS対応をするまでは、Fargateといえばこちらのアーキテクチャのみでした。こちらのパターンでは、**Fargate上にECSのタスクを起動してタスク上でコンテナを稼働**させます。

▽図2-2-3　ECS on Fargateアーキテクチャパターン

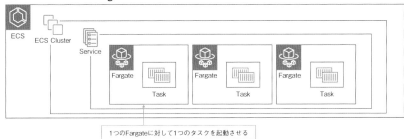

●コスト面

このアーキテクチャでかかるサービス利用時のコストは、主にFargateのコストです。Fargateでは、コンテナ化されたアプリケーションに必要なvCPUとメモリリソースに対する料金が発生します。vCPUとメモリリソースは、**コンテナイメージを取得した時点からECSタスクが終了するまでを対象として計算**され、秒単位の課金となります。ただし、最低料金は1分からの料金となります。Fargateのサービス説明でも述べましたが、料金は大幅な割引きも実施されています。それでも**EC2と比較して利用料金は少し割高**です。

次に運用コストですが、こちらはかなり低くなります。EC2でネックであった**インフラ管理の保守管理コストから解放**されるためです。このホストマシンの運用/管理コストの削減がFargateの最大のメリットといっても過言ではありません。TCO観点以外のコンプライアンス準拠の観点でも価値があります。例えば、ECS/Fargateはクレジット業界の情報セキュリティ基準であるPCI DSSに準拠しています[2-21]。

PCI DSSは数百のテスト項目から構成されていますが、その1つとして、次の

*2-21　https://www.jcdsc.org/pci_dss.php

項目があります。

全てのシステムコンポーネントとソフトウェアに、ベンダー提供のセキュリティ
パッチがインストールされ、既知の脆弱性から保護されている

こちらの要件を自身のEC2上で動くアプリケーションが満たすために、脆弱
性検知と検知した脆弱性の更新が必要です。検知によるアラートもそうですが、
脆弱性の更新の運用にはかなりのコストがかかります。

Fargateを使うことで、コンテナを動かすためのインフラストラクチャを抽象
化できるため、ホストマシンのOSやミドルウェアの脆弱性対策は不要と判断し
た例もあります[*2-22]。

最後に学習コストです。ECSの利用方法はECS on EC2の知識を利用できる部
分が多いです。データプレーンとしての学習コストですが、いくつかの制約事項
を理解するのみでよく、比較的学習コストが低いといえます。

●拡張性

デプロイの速さは比較的遅いです。これには2つの理由があります。

1つ目は、Fargate上で稼働するコンテナは、**コンテナごとにENI（Elastic
Network Interface）がアタッチされる**ためです。ENIの生成には少し時間がか
かります。

2つ目は、**イメージキャッシュができない**点です。EC2の場合、イメージ
キャッシュを有効活用していますが、Fargateではイメージキャッシュができず、
コンテナ起動時にコンテナイメージを取得する必要があります。コンテナイメー
ジ取得には時間がかかります。

この2つの理由からFargateのデプロイは比較的遅くなっています。水平スケー
リングについては、Fargateがリソースを調達するので容易に実施できますが、
リソース拡張には制限が複数あります。

まず、タスクに割り当てられる**エフェメラルストレージは2022年4月時点で
は200GBです**[*2-23]。この容量は拡張できません。ただし、永続ストレージの
容量が必要な場合はEFSボリュームを利用する手もあり、強い制約にはならない

[*2-22] https://d1.awsstatic.com/ja_JP/startupday/sudo2020/SUD_Online_2020_Tech03.
pdf

[*2-23] https://docs.aws.amazon.com/ja_jp/AmazonECS/latest/developerguide/fargate-
task-storage.html

でしょう。割り当て可能リソースは**2022年4月時点で4vCPU、30GBが最大**
です[2-24]。例えば、機械学習に用いるノードのような、大容量メモリを要求す
るホストとしては不向きです。

●信頼性

　ECSの観点はECS on EC2と同様です。障害復旧面としてデータプレーンであ
るFargateについて述べます。

　FargateはAWSマネージドなホストであるため、**基本的にはSSHによるログイ**
ンはできません。Fargate上で起動するコンテナにsshdを立ててSSHログインす
る方法等もありますが、セキュアなコンテナ環境にSSHの口を開けるのはオス
スメできません。他にもSSMのセッションマネージャーを用いてログインする
方法も知られています。SSMエージェントの導入等、いくつかの下準備が必要
であり、いずれにせよEC2データプレーンと比較すると障害調査はしにくいと
されてきました。しかし、**2021年3月に「Amazon ECS Exec」が発表**されて
います。ECS Execを利用することで**コンテナに対して対話型のシェル、あるい**
は1つのコマンドが実行可能となりました[2-25]。これにより、Fargateの障害調
査のしやすさが大きく進歩したといえます。

　次にサポート面です。EC2と異なり、AWSの管理する箇所が多い分、問題発
生時のサポートも手厚い印象です。サポートが手厚いと安心してサービスを利用
したくなりますね。

●エンジニアリング観点

　Fargateも登場してしばらく経過しています。事例も数多く見かけるように
なってきており、有識者も多くいます。ECS on EC2のケースと同様に比較的エ
ンジニアを確保しやすいといえるでしょう。ECS on EC2と比較すると、新しい
技術であるため、新しいことに挑戦をしたいというエンジニアにとっても惹かれ
る要素はあるでしょう。

---

*2-24　https://aws.amazon.com/jp/fargate/pricing/
*2-25　https://aws.amazon.com/jp/blogs/news/new-using-amazon-ecs-exec-access-
　　　　your-containers-fargate-ec2/

▶ EKS on EC2

コントロールプレーンが「EKS」、データプレーンが「EC2」のアーキテクチャです。では、4つの軸を基に特徴を見ていきましょう。

▼図2-2-4 EKS on EC2アーキテクチャパターン

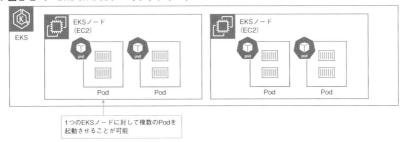

1つのEKSノードに対して複数のPodを
起動させることが可能

●コスト面

ECS on EC2アーキテクチャでかかるサービス利用時のコストは、EC2インスタンスやEBSボリュームに対してのみでした。EKSの場合は、コントロールプレーンであるEKSにもコストがかかります。2022年4月時点では、個々のEKSクラスターについて、東京リージョンで1時間あたり0.1米ドルが課金されます[*2-26]。データプレーンのサービス利用料に比べると微々たる課金額ですが、コントロールプレーンにも課金されるところがECSとの大きな違いです。

データプレーンのサービス利用料にかかるコストについてはECSと同程度であり、運用コストは比較的高いといえます。

まず、データプレーンであるEC2の高い運用コストに加えて、Kubernetesの運用コストも高いためです。Kubernetesはおおよそ3か月に一度マイナーバージョンがリリースされています。EKSでもその特徴は継承されており、EKSのマイナーバージョンは最初のリリースから約12か月間サポートされています[*2-27]。いわゆるコンテナプラットフォームの塩漬けを想定されていないプラットフォームとなるため定期的なバージョンアップ運用が必要です。

このバージョンアップにはコントロールプレーンとデータプレーンの双方へ対

---

*2-26 https://aws.amazon.com/jp/eks/pricing/

*2-27 https://docs.amazon.com/ja_jp/eks/latest/userguide/kubernetes-versions.
html

応が必要です。また、Kubernetesはコンテナオーケストレータであり、コンテナ全体のプラットフォームとしても位置づけられます。定期的なバージョンアップ運用時においては、Kubernetes上で稼働する多数のOSSやアプリケーション稼働への影響を確認する必要があるでしょう。

学習コストは比較的高いといえます。データプレーンであるEC2は多くのユーザーにとって馴染み深いサービスであるため問題ないでしょう。EKS、とりわけ**Kubernetesの学習コストは一般的に高いといわれています**。よって、ECSをコントロールプレーンにするアーキテクチャと比較して学習コストが高くなります。

●拡張性

こちらはECS on EC2と大きな差異はありません。EC2のイメージキャッシュを利用できることからデプロイ速度は優秀です。**水平スケールを十分に可能とするためのキャパシティプランニングの難しさはEKSの場合にも存在**します。EC2をスケールアップさせることによる垂直スケールやリソース拡張が可能です。

●信頼性

まずは障害復旧面です。EKS側もマネージドサービスであるため、EKS自体の障害や物理筐体の故障等はAWSの責務として閉じています。しかし、前述の通りEKSはアップストリームでKubernetesを実行しています。**Kubernetes自体に問題があった場合、AWS側で閉じない問題**となります。

Kubernetes自体は公式にはAWSのサポート対象外であるため、独力による復旧が求められる場合もあるでしょう。EC2側の障害復旧についてはECSと同様、仮想マシン自体にログインをして調査が可能です。問題発生時のサポートは障害復旧面と同様の懸念があり、ECSに軍配が上がるでしょう。

●エンジニアリング観点

EC2の部分はECS on EC2と同様です。ポイントはコントロールプレーンであるEKSです。Kubernetesの強みがここで生きてきます。Sysdig社[*2-28]のレポー

[*2-28] コンテナやKubernetes環境向けのセキュリティ・モニタリングサービスを提供する会社（https://sysdig.com/）

トによると、**2019年の調査ではコンテナオーケストレータを利用する77%の
ユーザーがKubernetesを利用しています**[*2-29]。

　また、Kubernetesはコミュニティグループの活動が非常に活発であり、かつエ
ンジニア間での熱量も非常に大きいです。Kubernetesを中心とした多数の勉強会
等がコミュニティを通じて日々行われ、モダンなアーキテクチャに関する共有や
ディスカッションが日々なされています。エンジニアの母数も多く、学ぶべき技
術として確立していることから、エンジニアとしての技術へのモチベーションを
保つ魅力がKubernetesにはあります。**十分な運用体制と技術にキャッチアップし
たいというエンジニアがいる組織であれば、EKSを採用する価値は十二分にあ
る**といえます。

Column / **CNCFソフトウェアとの組み合わせによる機能拡張**

　Kubernetesはもともと、Cloud Native Computing Foundation（CNCF）[*2-30]
関連のソフトウェアです。CNCF関連ソフトウェアとKubernetesを組み合わ
せることでさまざまな機能を自由度高く実装できます。一方、ECSはFargate
等のマネージドなコンピューティングリソースと組み合わせて利用すること
で、クラウド利用側の運用負荷を低減できることが強い魅力です。AWSのサー
ビスをうまく組み合わせて動かすか、OSSソフトウェアを駆使してコントロー
ルプレーンを動かすかという軸でEKSとECSのどちらを採用するか検討してみ
てもよいでしょう。

▷ EKS on Fargate

　コントロールプレーンが「EKS」、データプレーンが「Fargate」のアーキテク
チャです。こちらのアーキテクチャの大きな特徴としては、データプレーンを全
てFargateとしない構成を取れる点です。具体的には、**常駐起動が必要な処理に
ついてはEC2を用意し、スポット処理が必要な処理にはFargateを適用できま
す**。Fargateを適用するPodはFargateプロファイルによって決定されます[*2-31]。

---

*2-29　https://sysdig.com/blog/sysdig-2019-container-usage-report/

*2-30　クラウドネイティブアプリケーション開発・運用関連のオープンソースプロジェクトを提供する等の
　　　　活動を行っている団体（https://www.cncf.io/）

*2-31　https://docs.aws.amazon.com/eks/latest/userguide/fargate-profile.html

▼図2-2-5　EKS on Fargateアーキテクチャパターン

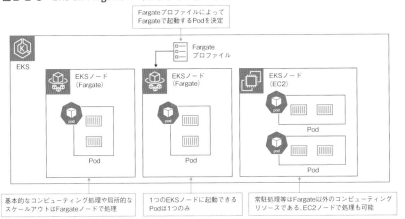

EKS on Fargateは2019年のre:Inventで登場したこともあり、まだまだ歴史が浅く、数多くのメリットがありますが制約事項も多いです[2-32]。いくつかの制約事項について、ここで触れておきます。

▼図2-2-6　FargateでPodを起動する

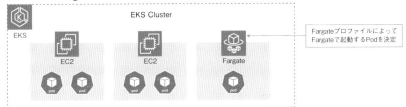

●Podとノードの関係

EKS on EC2ではノードであるEC2上に複数のPodを作成できますが、EKS on Fargateでは**Fargateノード上にPodを1つ**しか作成できません。この制約があるため、Kubernetesのコンポーネントである DaemonSet[2-33] が利用できません。DaemonSetはPodのログ集約でよく用いられます。デーモンが必要な場合はPod内にサイドカーコンテナ[2-34] としてデーモンを起動させる必要があります。

＊2-32　https://docs.aws.amazon.com/eks/latest/userguide/fargate.html

＊2-33　https://kubernetes.io/docs/concepts/workloads/controllers/daemonset/

＊2-34　メイン処理をするコンテナの横に補助的な処理をするコンテナを利用する構成をサイドカーパターンと呼びます。コンテナが出力したログを、サイドカーが読み取り、ログ集約サーバー等に転送するパターンがよく見受けられます。

◉特権コンテナの利用

　Fargateノードでは特権コンテナを利用できません。これらはKubernetesの制限ではなく、EKS on Fargateの制限です。そのため、**kubectl apply**によるコマンド自体は成功しますが、Podが「Pending」状態のまま起動しない状態になります。

◉クラスター外部からの通信に利用可能なロードバランサー

　EKSのエンドポイントをクラスター外部に公開する際には、ELBを利用します。EKS on EC2では次のServiceとIngressをロードバランサーとして利用できます[2-35]。

- Service
    CLB（Classic Load Balancer）
    NLB（Network Load Balancer）
- Ingress
    AWS Load Balancer Controller[2-36]
    NLB（Network Load Balancer）

　EKS on Fargateでは前述のService配下にあるCLBがサポートされていません。2020年9月まではALBを利用するALB Ingress Controllerのみのサポートでした。
　しかし、2020年10月にALB Ingress ControllerのAWS Load Balancer Controllerへの名称変更とともにNLBの対応が発表されました[2-37]。これにより、EKS on FargateではALBとNLBをIngressのサービスとして登録可能となっています。
　このようにいくつかの悩ましい制約がEKS on Fargateにはあります。しかし、この制約を超えるメリットがあることも事実です。では、4つの軸を基に特徴を見ていきましょう。

◉コスト面

　EKS on Fargateアーキテクチャでかかるサービス利用時のコストは、コント

---

*2-35　AWSのロードバランサについての詳細は、https://aws.amazon.com/elasticloadbalancing/

*2-36　https://docs.aws.amazon.com/eks/latest/userguide/alb-ingress.html

*2-37　https://aws.amazon.com/jp/blogs/containers/introducing-aws-load-balancer-controller/

ロールプレーンのEKS利用のコストと、データプレーンのFargate利用のコストです。Fargateノード利用時のコストは起動した分だけとなるため、図2-2-7のようにスポット利用をしてコストを削減もできます[2-38、39、40]。なお、図2-2-7のコストはいずれもオンデマンドの場合を試算しています。オンデマンド以外のコストプランもあるので、さらに料金を削減した利用もできます[2-41]。一般的にはFargateの方がEC2よりも割高といわれますが、ユースケースによってはコスト削減が可能です。

▽図2-2-7　EC2の利用とFargateの利用のコスト比較

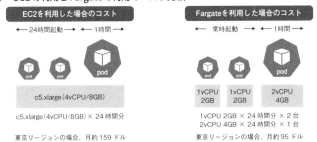

運用コストはEKS on EC2と比べると低いといえます。Kubernetesの運用コストはありますが、やはりデータプレーンがFargateになったことで大部分の運用から解放されるためです。

また、Kubernetesバージョンアップ時の対応範囲がEKS on EC2と大きく異なります。EKS on EC2ではコントロールプレーンとデータプレーンの双方にバージョンアップが必要でしたが、**EKS on Fargateではデータプレーンのバージョンアップ作業が不要**になります。Fargateの最大の魅力は運用からの解放です。ビジネス課題に適用可能ならば、他のコストがEKS on EC2より高くても運用を見据えたコストダウンを見込めるため、採用に踏み込んでよいのではと感じています。

*2-38　厳密にはEKSを動かすための内部コンテナ（kube-proxy等）の利用に伴うFargateのコストも課金されます。詳細は、https://docs.aws.amazon.com/ja_jp/eks/latest/userguide/fargate-pod-configuration.htmlを参照してください。
*2-39　https://aws.amazon.com/ec2/pricing/on-demand/
*2-40　https://aws.amazon.com/fargate/pricing/
*2-41　https://aws.amazon.com/jp/about-aws/whats-new/2019/12/aws-launches-fargate-spot-save-up-to-70-for-fault-tolerant-applications/

最後に学習コストですが、こちらはこれまで比較したアーキテクチャの中で最も高いといえます。Kubernetesの学習コストに加えてFargateの学習コストがかかります。また、現時点では制約も多いために制約の中でうまく構築するプラクティスの検討にコストがかかるでしょう。

◉拡張性

こちらはECS on Fargateと大きな差異はありません。デプロイ速度はFargateの特性上、EC2と比べると遅くなります。割り当て可能なリソースの上限はコントロールプレーンではなくデータプレーンの特性です。4vCPU、30GBを上限とする点やGPUを利用できない点はECS on Fargateと同様の制約があります。

◉信頼性

コントロールプレーンの観点はEKS on EC2と同様、データプレーンの観点はECS on Fargateと同様です。

◉エンジニアリング観点

最後にエンジニアの確保のしやすさの観点です。EKSをコントロールプレーンに据えているため、Kubernetesという文脈でヒットする人材は多いはずです。これはEKS on EC2のケースと同様です。

EKS on EC2よりも新しい技術であるFargateとの組み合わせとなり、有識者の母数はかなり少なく、まだまだ発展途上です。Twitter上でも多くの議論がなされており、勉強会も活発に開催されているチャレンジ要素が多いアーキテクチャです。

2021年9月の本書執筆時点の制約も、読者の手に届いている頃にはアップデートされて解決されているものもあるでしょう。

アップデートが激しく常に最新情報を入手する必要がありますが、十分な運用体制と技術にキャッチアップしたいというエンジニアがいる組織であれば、EKSを採用する価値は十二分にあるといえます。

2-3 各アーキテクチャに適応したユースケース

ここまで、AWSで利用可能なコントロールプレーンとデータプレーンを組み合わせたアーキテクチャのメリットとデメリットをいくつかの軸で述べてきました。

いずれのアーキテクチャにもメリット、デメリットがあります。そのため一概にこのアーキテクチャがよいと決めることが難しいです。しかし、**各ビジネスにおけるユースケースにある前提事項と照らし合わせると、どのアーキテクチャを選定するとよいのか検討ができます。**

ここでは、ユースケースを述べていきます。そのユースケースにマッチするアーキテクチャを述べ、なぜ選択されたアーキテクチャがマッチするのか述べます。

現実のユースケースでは、前提事項や課題がさらに複雑でキレイにマッチするケースが少ないと考えられます。しかし、部分的にマッチする場合でも十分適用可能なケースもありますので参考にしてください。

▷ オンプレミスやEC2上でKubernetesを動かしているケース

自前でKubernetesのコントロールプレーンとデータプレーンを運用しているケースです。昔からAWS上でKubernetesを運用して提供しているようなサービスはこのケースもあるはずです。

オンプレミス資産をクラウドに乗せたいケースやコントロールプレーンを自前運用する運用コストから解放されるためにアーキテクチャ変更をするケースが該当するでしょう。

● 対象アーキテクチャ

Kubernetesの強みとしてよくいわれる側面は、OSSであるためどのクラウドでも動くという点です[*2-42]。オンプレミスやEC2上で動かしていたKubernetesマ

---

*2-42 もちろんこれはあまり鵜呑みにはできません。なぜならクラウドごとのKubernetesの特性を備えていることや、連携するサービスが全てのクラウドにあるわけではないからです。しかし、Kubernetesマニフェストは理論上、Kubernetesさえあれば宣言的に動くため一概に否定はできません。

ニフェストを持ち込み、コントロールプレーンをマネージドサービスに乗せ換えるということが可能です。

コントロールプレーンをECSにしようとすると、**Kubernetesマニフェストで定義されている構成をAWSサービスで実現する変更**が必要です。

ここのコストは非常に大きいため、**まずは「EKS」**を選択するとよいでしょう。

次にデータプレーンです。前述の通り、**EKS on Fargateは現状では少し制約が多く、特にDaemonSetを使えない点がネック**となるはずです。まずはマネージドKubernetesにシフトさせるという観点で**データプレーンは「EC2」**で構築した方がよいでしょう。

▷ ブロックチェーンを利用するフルノードを構築するケース

ブロックチェーンとは、ビットコインやEthereumに代表されるような暗号通貨の基盤として用いられている技術です。暗号技術をベースとした基盤であるため、ブロックチェーン上に乗せるアプリケーションは通貨である必要はありません。さまざまな情報をブロックチェーン上に乗せて改ざん性や透明性を保持した基盤として用いられるケースも多いです。

ブロックチェーン基盤であるEthereumのロールとして、フルノード（Full node）やバリデータ（validator）、マイナー（miner）と呼ばれるロールがあります。このうち、フルノードとは全てのトランザクションのブロックやトランザクションを保有、管理、共有しているサーバーです。接続しているブロックチェーンの「すべての」ブロックを保持しているため、**大容量のデータをローカルに保持**する必要があります。

▼図2-3-1　ブロックチェーンネットワークにフルノードを構築

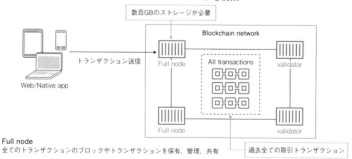

Full node
全てのトランザクションのブロックやトランザクションを保有、管理、共有

Validator
・送信されたトランザクションを検証
・Blockchain networkへトランザクションを取り込み

●対象アーキテクチャ

今回のポイントは**大容量データをローカルに保持**することです。

ストレージとなるため、データプレーンの検討に影響します。例えば、Ethereumのフルノードの場合、数百GBのストレージ容量が必要になります（Ethereumネットワークで発生している全てのトランザクションを取り込むため）。

では、EC2とFargateのどちらをデータプレーンとして採用するかになります。EC2はEBSで容量を確保でき、2022年4月時点では最大64TBです[2-43]。Fargateで利用可能なエフェメラルストレージは2022年4月時点で200GBです。このことから、**データプレーンは「EC2」**を選択します。

コントロールプレーンはどうでしょうか。筆者の考えとしては、ECSとEKSどちらでも運用可能です。多くのブロックチェーンは生成したブロックがネットワークに取り込まれるまで少し時間がかかります。そのため、高速なスループットが実現困難なため、高速スケールはそれほど必要にならないと考えています。

なお、**AWS以外のクラウドやオンプレミスで動かすことを視野に入れるならば「EKS」を選択**するとよいでしょう。**学習コストや運用コストを加味すると「ECS」をオススメ**します。

▷ 機械学習が必要なケース

機械学習をする際にボトルネックとなる箇所は推論モデル[2-44]の構築と推論[2-45]処理となります。機械学習が導き出す結果をコアバリューとするビジネスの場合、大量のデータを推論モデルに入力して、推論モデルを成長させていく必要があります。

この推論モデルの生成や推論処理のためには膨大な処理が必要で、この処理は並列可能なケースが多いです。そのため、**CPUよりも並列処理が得意なGPU**を採用して処理を実行します。

---

*2-43 https://docs.aws.amazon.com/ja_jp/AWSEC2/latest/UserGuide/volume_constraints.html

*2-44 推論モデルとは、インプットを与えた際に学習したデータを基にアウトプットを出力する関数をイメージしてください。

*2-45 推論とは、学習で生成した推論モデルに対してインプットを与えて、そのアウトプットを取得するプロセスです。

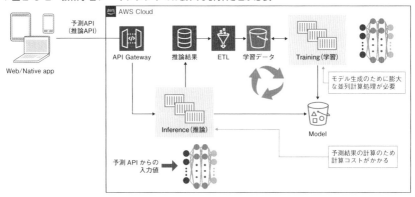

●対象アーキテクチャ

　この特徴を基にデータプレーンを選定します。EC2には学習や推論に特化した P4[*2-46]やInf1[*2-47]、G5[*2-48]といったインスタンスが用意されています。こ れらのインスタンスではGPUが利用可能であったり、機械学習に特化したチッ プが組み込まれています。本来ならば膨大な時間がかかるステップで、専用のイ ンスタンスタイプを利用することで大幅な時間圧縮が見込めます。

　では、Fargateではどうでしょうか。**Fargateは制約としてGPU未対応**となっ ています。もちろん、運用コストを加味してFargateでコンテナを立ち上げて CPUベースの学習と推論処理を実行できます。

　しかし、機械学習アプリケーションを運用する際に何度も学習や推論を回すこ とを考えると、短い時間で学習や推論を回した方がTCOはよいでしょう。この ことから、**データプレーンは「EC2」**を選択します。

　コントロールプレーンは、このケースではECSとEKSのどちらでも問題あり ません。機械学習が必要なアプリケーションチームはインフラ屋よりデータサイ エンティストが多い印象を筆者は持っています。そこを加味すると、**プロダクト 開発をしているチームのみで組み上げるならば「ECS」**という印象です。もちろ ん**運用フェーズを含めてインフラもしっかり見られる体制**があり、**AWS以外の クラウドやオンプレミスで動かすことを視野に入れるならば「EKS」**を選択して

*2-46　https://aws.amazon.com/jp/ec2/instance-types/p4/

*2-47　https://aws.amazon.com/jp/ec2/instance-types/inf1/

*2-48　https://aws.amazon.com/jp/ec2/instance-types/g5/

もよいでしょう。

▷ 高いリソース集約率を実現したいケース

次に、コストを意識したユースケースを考えます。

例えば、EC2上にサービスを稼働する場合の「高いリソース集約率」とは、インスタンスに割り当てたCPUとメモリを無駄なく使うことを意味します。c5.xlarge(4vCPU、メモリ8GB)の場合、各CPU稼働率100％でメモリを8GB完全に使い切っている状態が最も高いリソース集約率といえます。

オンプレミスのインフラでは、少しでも負荷が増えたらパンクするため、リソースを完全に使い切ることはあまりよくない状態です。しかし、従量課金のパブリッククラウドでは、リソースを完全に使い切った方がコスト効率はよいといえます[*2-49]。

コンテナ上で処理を実行させるために、**処理に応じて適切なリソースを割り当てる**ことで、高いリソース集約率を実現できます。

●対象アーキテクチャ

データプレーンを考えます。EC2の場合は起動したインスタンスの上でコンテナを起動し、処理を実行します。

高いリソース集約率を実現するためには、**処理に応じて適切なインスタンスタイプを指定**する必要があります。同一インスタンスタイプのEC2を立ち上げて処理を動かすことは容易ですが、処理ごとに異なるインスタンスタイプのEC2を立ち上げて処理を実行することはかなり骨が折れます。

一方、Fargateを利用する際、インスタンスタイプの選択が不要です。**処理に応じてCPUやメモリの要件を指定**してホストを立ち上げ、処理を実行するケースに向いています。**リソースをうまく無駄なく活用して、高いリソース集約率を目指す**(集約率を常に最適化できる)ユースケースのデータプレーンは「Fargate」が向いています。コントロールプレーンは、このケースではECSとEKSどちらでも問題ありません。

---

*2-49　リソースを完全に使い切ることで割り当てたリソースを無駄なく使えているためです。割り当てよりオーバーするようなワークロードの場合でもスケールアップが容易にできるクラウドならではの考え方です。とはいえ、一般的にはCPUを限界まで使い切るケースは少なく、CPUが70 ～ 80%ほど消費した状態でリソースをスケールするケースが多いです。

▷ SIでサービスを生み出すケース

次に作りたいモノのユースケースではなく、組織に焦点を当てたユースケースを考えます。

組織の場合、作りたいモノがさまざまです。そのため、「このアーキテクチャがよい」という答えはありません。ただし、組織でモノを作るにあたって発生する制約や特性は非常に似通ったものになります。

例えば、自社プロダクトではなくSIとして案件を受注してサービスを生み出す場合、発注者の利益に繋がりにくい提案は難しいケースが多いです。利益に繋がりにくいということは「ビジネス価値を生み出しづらい」と読み替えていただいてもOKです。最近はアジャイルでプロダクトを開発するケースも増加し、最初から完璧なプロダクトを要求されるケースも減りつつあります。

それでも、発注側はプロの仕事を期待して発注するため、技術的負債[*2-50]がない状態のプロダクトを望んでいます。しかし、近年は技術の進歩や改善が激しく、開発当時でのベストプラクティスが1年経過すると陳腐化するケースが多々あります。つまり、意識してプロダクトをカイゼン[*2-51]しなければおのずと技術的負債がたまります。

プロダクトを管理する発注者側にこの意識があれば話は別です。そのプロダクトは日々機能追加とカイゼンが行われ、非常によい方向性にあるといえるでしょう。しかし、プロダクトの機能に直接的に影響しないカイゼン[*2-52]はSIでは難しいケースが多いです。この、**機能に直接的に関連しないカイゼンが難しい**という、SIでサービスを作る特性を加味してアーキテクチャを考えてみます。

●対象アーキテクチャ

コントロールプレーンから考えてみます。SIでプロダクト開発をする上でよい点としては、さまざまな事例を聞くことができる点です。尖った事例は少ないに

---

*2-50　行き当たりばったりな開発で最適化されていないプロダクトであったり、古い状態のままで問題を抱えているプロダクトの状態です。この状態を「技術的負債がある」といいます。

*2-51　ここでは意識的にカタカナの「カイゼン」と記載しています。「改善」は欠点や問題を正す意味合いで使われるのに対し、「カイゼン」は物事をよりよくすることにフォーカスしており、前者と区別して使われています。

*2-52　ソースコードのリファクタリング等は保守をする上で非常に大事なカイゼンです。しかし、リファクタリングはプロダクトに機能を追加する行為やバグを修正する行為ではなく、価値が理解されにくい活動です。

しても、多くの事例で得たノウハウを共有できます。

歴史が長いサービスであればあるほど事例も多いです。つまり、ローンチから時間が経過している**ECSの方がEKSより多くの事例**を聞くことができます。もちろん、自分が先駆者として作り上げるというケースもあり、これは発注者やプロジェクトの特性と合わせて変わる部分です。

他のポイントも見ていきましょう。

「機能に関連しないカイゼンが難しい」特性から見るとどうでしょうか。

SI開発においても数年に1回のペースで「基盤更改」というインフラやミドルウェアレイヤのアップデートが行われます。このレイヤのアップデートは**非機能面のカイゼン**であり、機能面のカイゼンではありません。

年単位のスパンであった**機能に直接的に関連しないカイゼン**ですが、EKSを選択すると数か月に一度のアップデートが必要になります。このインパクトは非常に大きいと筆者は考えています。ECSを利用することで、この手の運用はAWS側が透過的に実施してくれる点もあります。

また、サービスリリース後にKubernetesを誰が運用していくか、というのも難しい点となります。

SI開発では開発を行うDev側と運用を受け入れるOps側は違う組織で担うことが多いです。Opsチームを巻き込むスコープが広くなり、運用の受け入れまで含めると、引き継ぎのリードタイムが生まれることも懸念されます。

もちろん、しっかりと**Opsチームが確立されておりDev側とスムーズな連携のできる体制があればKubernetesを視野に入れることもアリ**です。

以上の観点から、**このケースではコントロールプレーンは「ECS」を選択する**ケースが多いといえます。もちろん、プロジェクト特性次第では、筆者も1人のエンジニアとしてEKSを選択したい気持ちもあります。ここで述べた内容は特性と照らし合わせて参考としてください。

では、データプレーンはどうでしょうか。こちらもプロダクトの特性[*2-53]が許せば、**「Fargate」の選択をオススメ**します。なぜなら運用コストを極小化することで、ビジネスに直結する機能構築の提案にコストを割くことができるためです。

SIでは、運用をしっかりすることは価値の1つとして提供することもあります。しかし筆者としては、安定したサービスの運用[*2-54]にかかるコストをうまくオ

---

*2-53　障害復旧のしやすさ、エフェメラルストレージの容量、GPU利用、起動速度等の特性を指します。

*2-54　運用にはサービスを安定させること以外にサービス指標を監視して次の機能へ繋げる側面もあります。
　　　　今回述べている運用は安定したサービスの提供のみにフォーカスしており、いわゆるオブザーバビリティにはフォーカスしていません。

フロードして、利用者ニーズにフォーカスしたアプリケーション開発はSIでも重要と考えました。よって、Fargateを推しています。

▶ 自社プロダクトとしてサービスを生み出すケース

最後に、自社プロダクトとしてサービスを生み出すユースケースを考えます。前述した「SIでサービスを構築する」が自社で閉じたケースです。

SIで開発するケースと比べて発注と受注という関係性がない点はありますが、自社開発であっても**機能に直接的に関連しないカイゼンが難しい**点はあると考えています。しかし、SIでは間接的なチャレンジをしたとしても、そのスキルセットは受注者側に残ります。この側面があるために、間接的なカイゼンをしづらいことがあります。**自社開発ではチャレンジしたことによるノウハウは自社に残ります**。また、チャレンジをしているというPRをすることでエンジニアにとって魅力的に映る側面もあります。

この観点から、自社プロダクトとしてサービスを生み出すケースは、さまざまな観点からチャレンジの価値があるユースケースと考えています。

●対象アーキテクチャ

運用コストを減らして**まずはプロダクトをローンチする**というフェーズでは、「ECS on EC2」や「ECS on Fargate」が選択肢として挙がるでしょう。

プロダクトが軌道に乗り、技術的なチャレンジをする余裕が出てくると学習コストを割くこともできるため、EKSにチャレンジするのもありかなと考えています。まだまだEKSを採用している企業は少ないため、Kubernetesを利用していることが企業やサービスに対する一種のプレゼンスとなりエンジニアの確保もしやすくなるでしょう。

データプレーンは、**運用コストを減らすためにも「Fargate」をまずは検討**してよいと考えます。やはりシステムを保守運用する上の運用コストは非常に高価になるためです。Fargateで実現できないプロジェクト特性となった場合（特にEKS on Fargateはまだまだ制約が多い）、EC2を視野に入れるという流れをオススメします。

最後に重ねて記述しますが、自社プロダクト/SIプロジェクトのいずれであっても、プロジェクト特性で選ぶアーキテクチャが変わるため一概にはいえません。しかし、SIで開発するサービスより、自社プロダクトの方が確実に自分ごととして評

価できるはずです。自分ごとであるため、学習コストやエンジニアの確保、今後の
スケールまでを含めたTCOを考えたアーキテクチャ選定も可能でしょう。これを踏
まえて、**コントロールプレーンのデファクトスタンダードであるKubernetes＝
「EKS」**か**AWSらしさがある「ECS」**を検討してみてはどうでしょうか。

Column ビルディングブロックという思想

　AWSは、コンピューティングやデータベース、ストレージ等、数多くのサー
ビスで構成されています。
　豊富なサービス群をブロックのようにうまく組み合わせて利用することを**ビ
ルディングブロック**と呼びます。このビルディングブロックの思想に沿って
アーキテクチャを組み上げられることがAWSの大きなメリットです。AWSが
開発するECSでは、このビルディングブロックの思想をフル活用してアーキテ
クチャを組み上げることができます。
　例えば、図2-3-3のECSとAWSサービスのインテグレーション例を見てみます。

▼図2-3-3　ECSとAWSサービスのインテグレーション例

　ログ収集にはモニタリングブロックにある「CloudWatch」、監査対応にはセ
キュリティブロックにある「CloudTrail」、スケジューラーにはジョブ実行ブ
ロックにある「EventBridge」が活用できます。
　このように各要件を実現するためのパーツが用意されています。AWSでアー
キテクチャを組み上げるときは、このAWSの世界観に合わせて構成を考えるこ
とでスムーズにシステムが構築できます。そのためECSを利用する際は過去に
学習したビルディングブロックを活用できることから、AWS利用者にとっては
学習コストが低く済むアーキテクチャといえます。

一方、Kubernetesも基本はPod等のコンポーネントをビルディングブロックとして組み上げる思想です。そして、Kubernetesも1つのプラットフォームとして機能するレベルの機能群があります。先ほど述べたログ収集やスケジューラー機能について考えます。

　Kubernetes上でログ収集を実現するために、FluentdコンテナをDaemonSetコンポーネント上にデプロイすることで実現できます。スケジューラーについては、CronJobsコンポーネントを用いて実現できます。

　このようにKubernetesにも各種機能を実現できるコンポーネントが揃っており、アーキテクチャがKubernetesで完結するような思想があります。

　EKSはKubernetesという思想のプラットフォームが、AWSのビルディングブロックの思想に組み込まれたサービスといえます[*2-55]。

　AWSでアーキテクチャを構築する際はAWSサービスをうまく組み合わせて作ることになりますが、EKSではKubernetesの思想と両立させてアーキテクチャを組み上げるところに難しさがあります。

　しかし、2020年8月にAWS Controllers for Kubernetes（ACK）[*2-56]のプレビューが発表されました。ACKを用いると、AWSのサービスやリソースをKubernetesコンポーネントとして定義、利用できます。

　ACKを利用することでKubernetesをベースのプラットフォームとし、一部のコンポーネントをAWSのビルディングブロックで実現してAWS側のマネージドサービスにオフロードするような考え方です。

　AWSとKubernetesという2つのプラットフォームの思想をうまく繋ぎ合わせるツールとなりえる一種の期待があり、今後のEKSの台頭の柱となりえる可能性もあり注目です[*2-57]。

*2-55　https://toris.io/2019/12/what-i-think-about-when-i-think-about-kubernetes-and-ecs/

*2-56　https://aws.amazon.com/jp/about-aws/whats-new/2020/08/announcing-the-aws-controllers-for-kubernetes-preview/

*2-57　KubernetesらしくGitHubに公開もされています。欲しい機能がなければ要望を出していきましょう（https://github.com/aws/aws-controllers-k8s）。

2-4 AWSでコンテナを利用する優位性

　本書では以降AWSでコンテナを利用してサービスを設計・構築します。AWSでコンテナを利用する優位性について少し述べさせていただきます。

▷ ロードマップ情報の提供

　AWSのコンテナ技術では、コンテナをアップデートしていく指針がロードマップとして提供されており、GitHubのコンテナロードマップリポジトリ＊2-58 から確認ができます。

▼図2-4-1　GitHubのコンテナロードマップ

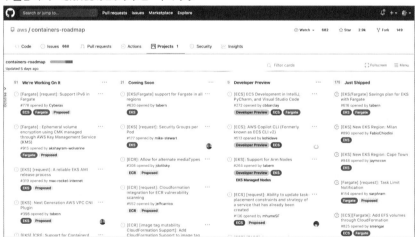

　このロードマップの目的についても記載されています。いくつか取り上げてみましょう。

Q.なぜこのリポジトリを作ったのですか。
→我々は利用者が計画を策定するときに我々が何を開発しているかを基に検討し

＊2-58　https://github.com/aws/containers-roadmap

ていることを知っています。我々は利用者へ計画を練るための着眼点を提供したい。

　利用者が作ろうとするアーキテクチャの指針を決める際に役立てたいという思想です。これは、Amazon社の掲げるリーダーシッププリンシプル＊2-59のCustomer Obsession＊2-60の理念にも通じます。

Q.全て（のリリース）がロードマップ上にありますか。
→我々が開発する、Amazon ECS、Fargate、ECR、EKSそして他のAWSが提供するOSSプロジェクトの多数がロードマップに含まれています。もちろん、利用者の皆さまに大きな驚きを与えるために、通知なしでローンチしたい興味深い技術もあります。

　大きなイベントで突然サービスが展開されると、開発者は非常に興奮します。その要素を残しつつも、全体の指針をロードマップを見ることで理解できると示しています。

Q.どのように、フィードバックを送信したり、情報提供をお願いできますか。
→このGitHub上にIssueを作成するだけです！

　つまり、欲しい機能があればIssueを作成して、利用者側からリクエストを出すこともできます。利用している機能で問題があれば、能動的にエラーレポートを送ることもできます。自社のプロジェクト管理ツールを使っていてはこうはいきません。この思想はまさに技術者に開かれたGitHubを利用しているからこそです。
　このように、提供者/利用者いずれにとっても非常に有効活用できる場としてコンテナ技術のロードマップが提供されています。今はまだないが将来的に組み込まれる機能があるか、ぜひ探してみてください。

▶ 継続的な価格の改定

　クラウドサービスを活用する上でコストはかなり重要なファクターになっています。AWSはお手軽かつ便利に始めることができ、個々のサービスの利用料は

＊2-59　https://www.amazon.co.jp/b?ie=UTF8&node=4967768051
＊2-60　競合にも注意は払うが何よりもお客様を中心に考えることにこだわる姿勢

比較的リーズナブルです。

一方で、システムを作り込んでいくうちに、いつの間にか毎月の利用料がそれなりの金額になっている場合もあります。このときにコストを削減するための施策を検討しますが、ベースとなる価格が安くなるとうれしいですね。

AWSのコンテナ系サービスは利用者も多く、要望が多数上がっているためか継続的に価格が改定されています[*2-61]。

「Fargate」は2017年11月に発表され、2018年7月に東京リージョンでサービス提供が開始されました[*2-62]。この当時の料金は表2-4-1の通りでした[*2-63]。

▼表2-4-1　Fargateのリリース当時の料金

1時間あたりのvCPU単位	1時間あたりのメモリGB単位
約$0.06	約$0.02

当時、Fargateは、EC2と比較すると料金が高くて手を出しづらいといわれていました（約2倍弱の価格）。しかし、2019年1月に大幅値下げである価格改定がなされています[*2-64]。

具体的に東京リージョンで比較すると、2021年2月時点では1時間あたりのCPUコア単位の料金が20%安くなっており、1時間あたりのメモリGB単位の料金が65%安くなっています。

▼図2-4-2　東京リージョンにおけるFargateの価格改定

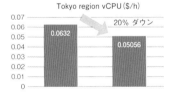

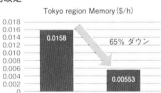

＊2-61　AWS利用者全体を通してよく使われるサービスは価格改定がされ、ニッチなサービスはあまり価格改定がされない印象を受けます。

＊2-62　https://aws.amazon.com/jp/blogs/news/aws-fargate-tokyo-launch/

＊2-63　当時の金額情報はドキュメントに記載はないため、二次情報として扱ってください。

＊2-64　https://aws.amazon.com/jp/blogs/compute/aws-fargate-price-reduction-up-to-50/

「EKS」でも、価格体系が見直しをされています[*2-65]。割引き幅は50%となっており、先述したFargateと同レベルの大幅値下げとなっています。

ベース価格の割引き以外にも、「Savings Plans」[*2-66]と呼ばれる料金プランが導入されています。

Savings Plansとは、単位時間あたりのEC2、FargateやLambdaの利用料を合計し、最低限の利用料をコミットすることで一定額が割引きされるプランです。うまく利用することでコンテナサービスの利用料金を下げることができます。

このように、継続的にベース価格の割引きがなされたり、料金プランが提供されたりしています。利用料金は、利用者側にとって大きなファクターとなるため、継続的な価格の改定は非常に重要です。

▷ 多数のコンテナ活用事例

対象サービスの活用事例も数多く見つかります。活用事例が多くあるということは、それだけ多く利用されている指標になります。また、活用事例をインターネットや大規模カンファレンスで目にすることで、自身がサービスを活用する際の参考文献にもなります。

2019年のAWS Summit Tokyo/Osaka（日本で開催されるAWSの大規模カンファレンス）の活用事例[*2-67]を見てみましょう。

この中で、コンテナに関わるセッションを数えてみました。

▽ 表2-4-2　コンテナに関わるセッションの数

対象	セッション数
全体	80
コンテナに関わるセッション	16（筆者調べ）

どこまでをコンテナに関わるセッションとしてカウントするか難しいところでしたが、本書でメインターゲットとしている、前述したコンテナサービス（ECSやFargate等）が主題となっているセッションをカウントしています。

---

*2-65　https://aws.amazon.com/jp/about-aws/whats-new/2020/01/amazon-eks-announces-price-reduction

*2-66　https://aws.amazon.com/jp/savingsplans/pricing/

*2-67　https://aws.amazon.com/jp/summits/tokyo-osaka-2019-report/

その結果、**約20%のセッションがコンテナサービスに関わる事例**でした。日本国内で開催された1つのカンファレンスに参加することで、20弱ものノウハウを目にできます。

新しくアーキテクチャを組み上げるときに他の活用事例は非常に有意義です。**自身がアーキテクチャを組み上げる前のベストプラクティスやアンチパターンを知ることができる**ためです。この活用事例の手に入りやすさ、事例の多さはコンテナを選択する優位性といえるでしょう。

▷ 豊富な学習マテリアル

新しいことにチャレンジする際には学習コンテンツが重要です。AWSを学ぶにあたって、非常に充実した学習コンテンツがあります。

こちらはコンテナに限らずの話にもなります。それぞれの学習フェーズにあった学習マテリアルを選んでください。

●AWS公式コンテンツ

公式ドキュメントを筆頭に非常に充実したコンテンツ群があります。それぞれ見ていきましょう。

AWSドキュメント

AWSドキュメント[2-68]には、**AWSが公式に提供**するユーザーガイド、開発者ガイド、APIリファレンス、チュートリアル等があります。これらは学習フェーズによらず参照することが非常に多いマテリアルです。各サービスを利用するときの**オプション、挙動等を網羅的に学ぶ**にはこちらを選択しましょう。

*2-68 https://docs.aws.amazon.com/

▼図2-4-3 AWS公式のドキュメント

AWS Webinar

　AWS Webinar[*2-69]は、**AWSから提供されるオンラインコンテンツ**になります。AWSについての基礎知識やサービスカットの知識等を広く浅く知るために有用です。AWSの基礎を学ぶ初心者向けセミナー、AWSome Day[*2-70]やサービス別の最新情報を知るBlack Belt Online Seminar[*2-71]があります。特にサービス別の特徴を知るBlack Beltは筆者もよく利用します。基礎を幅広く学び、**利用したいサービスについて絞って知識を深めていく**際に利用したいマテリアルです。

builders.flash

　builders.flash[*2-72]は、AWSが提供しているWebマガジンです。実践的なクラウドベストプラクティスを**身近なテーマから解説する記事**や、**幅広い開発インタビュー**等が掲載されています。AWS社員手ずから作成したコンテンツで、少しニッチな領域にも踏み込んでいる印象です。図2-4-4のような「Railsアプリケーションをコンテナで開発しよう！」等があります。こちらのマテリアルは何か解決策や目的を持って知識を獲得するような用途ではなく、定期的に配信される記事を購読して知らなかった知識を身につける用途で使うとよいでしょう。

*2-69　https://aws.amazon.com/jp/about-aws/events/webinars/

*2-70　https://aws.amazon.com/jp/about-aws/events/awsomeday/

*2-71　https://aws.amazon.com/jp/aws-jp-introduction/

*2-72　https://aws.amazon.com/jp/builders-flash/

▼図2-4-4　builders.flash

AWSスキルビルダー

　AWSスキルビルダー*2-73とは、AWSの開発者たちが用意した無料の学習コンテンツを提供するラーニングセンターです。**学びたい内容に合わせた学習コース（Learcning Path）や500以上のデジタルコース**が用意されています。学習状況を可視化するダッシュボード等も用意されており、AWS公式がすすめている学習コンテンツと言えます。AWSを始める際はまずこちらを散策するのもよいでしょう。

●公式カンファレンス

　AWS主催の年次カンファレンスとして大きなイベントは、**AWS re:Invent**と**AWS Summit**です。AWS re:Invent*2-74は毎年ラスベガスで開催される、AWS年次カンファレンスの中で最大規模のイベントとなります。こちらのイベントでは毎年新規サービスが多数発表されます。参加者数も6万人を超えており、かなり熱量の高いイベントです。**re:Inventの登壇資料の多くはイベント後インターネットで公開されており、公式ドキュメントからたどり着けない非常に有益な情報の宝庫**です。AWS Summit*2-75は先述した「多数のコンテナ活用事例」（72ページ）でも登場しました。世界各所で開催されているAWSの年次カンファレンスとなり、日本では東京と2018年からは大阪でも開催されています。こちらは日本の事例や日本語での発表となります。

*2-73　https://explore.skillbuilder.aws/learn
*2-74　https://reinvent.awsevents.com/
*2-75　https://aws.amazon.com/jp/summits/japan/

▼図2-4-5　AWS Stash

　これらの膨大なカンファレンス資料の確認は、「AWS Stash」*2-76 と呼ばれる、AWS関連の情報をテクノロジーカットやイベントカットで調べるサービスの利用をオススメします。

　サービスの説明やAWSの基礎を学ぶにはカンファレンス資料よりも先述した公式ドキュメントやWebinarの方が完成されています。しかし、他社事例やサービスのハマりどころ等、公式ドキュメントからたどり着けない有益な情報がここにはあります。コンテナを始めるにあたって気になるハマりどころ、他社ではどう使っているか等を知るために使うマテリアルでしょう。

●JAWS-UG

　AWSの技術情報は変化のスピードも早く、自身でキャッチアップをするのは効率が悪い面もあります。そこでオススメしたいことは、**コミュニティへ参画し、サービスを実際に使ったユーザーから学ぶ**ことです。

　AWSでは、JAWS-UGと呼ばれるコミュニティがあります。JAWS-UGは、AWSを利用する有志が運営するコミュニティであり、地域別・目的別の支部が多数あります。また、「JAWS DAYS」と呼ばれるJAWS-UG主催のイベント（2021年の参加人数はなんと4千人）もあり、AWS利用者の熱量が感じられます。

　コミュニティに参画することで、リアルな事例を聞いたり、各業界の第一人者や有識者とディスカッションすることで知識を深めるとよいでしょう。

*2-76　https://awsstash.com/

ここだけ見ると少しハードルが高いようですが、初心者向けの支部もあり、知識を求められるような場ではないため、気軽に参加して、他の事例を聞くマテリアルとして始めても問題ありません。

JAWS-UGには、**コンテナを専門としたコンテナ支部**＊2-77 もあります。Connpassのグループページには過去実施したイベントの内容や資料もあり、グループに参加しておくことで今後の開催通知を知ることもできます。

●AWS認定試験

AWS認定は、AWSの知識を検証して、自身のスキルセットを強調することに役立ちます。この学習コンテンツはインプットではなく、アウトプットすることで知識を検証する学習となります。実務に根付いた問題が出るので体系的な学習にも役立ちます。現時点の知識状態の再確認という位置付けで利用するとよいでしょう。

●Qwiklabs

Qwiklabs＊2-78 とは、クラウドプラットフォームやインフラソフトウェアを体験学習できるラボ環境が提供されているコンテンツです。AWSに限らず、他のクラウドサービスのラボ環境も提供されています。

最初の一歩として、簡単にサービスを触れることが可能な学習マテリアルです。基本は有料（クレジット制）ですが、無料のコースもいくつかあります。ラボ専用のAWSアカウントが一時的に払い出されるので、課金についても心配せず安心して利用できます。自分たちの環境で利用する前にまずはお試しで利用したい場合に活用するとよいでしょう。

●AWS Workshops

AWS Workshops＊2-79 は、AWSが公式に提供しているワークショップです。100を超えるコンテンツと実運用で利用するアーキテクチャを構成することでスキルアップを図ることができます。

100や400といった参考レベルや所要時間の目安も記載されています。

ワークショップ自体は無料ですが、自分たちのAWS環境で実践することになるため、AWSの利用料金に注意する必要があります。

＊2-77　https://jawsug-container.connpass.com/
＊2-78　https://amazon.qwiklabs.com/?locale=ja
＊2-79　https://www.workshops.aws

▼図2-4-6　AWS Workshops

◉Awesome AWS Workshops

　Awesome AWS Workshops[*2-80]からカテゴリ横断でワークショップを見つけ
る方法もあります。こちらはWebページにも記載されていますが、AWS非公式
のコンテンツです。こちらには特定のカテゴリに関するハイレベルな内容が多数
あり、re:Inventだけでしか受けられなかったワークショップもここから探せま
す。**ワークショップ自体は無料ですが、自分たちのAWS環境で実践することに
なるため、AWSの利用料金に注意**する必要があります。

▼図2-4-7　Awesome AWS Workshops

*2-80　https://awesome-aws-workshops.com/

●コンテンツの選択

　ここまでインプットの学習マテリアルからアウトプットの学習マテリアルまで多数の学習コンテンツを紹介しました。

　シチュエーションや知識の習熟度に応じて選択できる学習マテリアルは多種多様です。筆者なりに皆さまの状況に応じて、どのマテリアルを参照するかをまとめました。もちろんこれは学習マテリアルを選択する唯一の解ではないので、参考程度にとどめてください。

　例えば、コンテナの国内の活用事例を探したい状態を考えます。これは知識の証明や手を動かすのではなく、特定のユースケースを知りたい状態となります。よって、日本のAWS Summitの活用事例やJAWS-UGの登壇資料等を探してみるとよいでしょう。

▼図2-4-8　学習マテリアルの選択

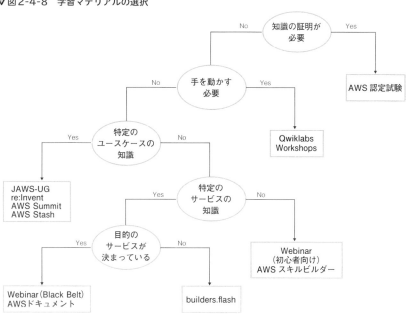

　本章ではAWSでコンテナの活用を始める際のコンテンツや学び方、利点、そして、AWSのコンテナ関連のサービス等を幅広く説明しました。

　このうち、コントロールプレーンとデータプレーンを組み合わせた代表的なアーキテクチャについて言及しました。

　また、代表的なアーキテクチャがどういったユースケースやシチュエーションでマッチするかについて述べていきました。

　ユースケースごとにどのアーキテクチャが合うかという問いに対しての明確な答えはありません。ここで紹介した活用事例、学習マテリアルの多さ、各アーキテクチャのメリットとデメリットや価格面、学習面等さまざまな側面から判断が必要です。自分たちが提供したいサービスの特性を突き合わせて、採用するコンテナアーキテクチャの選定をしていきましょう。

コンテナを利用した AWSアーキテクチャ

3章では、ECS/Fargateを中心としたプロダクションレディなAWSアーキテクチャを設計します。Webアプリケーションをテーマとして扱い、AWS Well-Architectedフレームワークやコンテナに関する標準化指針と照らし合わせながら、運用・セキュリティ・信頼性・パフォーマンス・コストの観点から堅牢かつ優れたアーキテクチャを探っていきます。ECS/Fargateだけでなく、CI/CDやネットワーク、セキュリティに関する多数のAWSサービスにも触れることで、主要なAWS設計に関する勘所を養いましょう。

3-1 本章を読み進める前に

　ビジネスとしてシステムを運用していくためには、システム上で単にアプリケーションが動けばよいというものではありません。安定したサービスを継続的に提供できるように、信頼性や優れた運用方針、パフォーマンス、セキュリティ、コスト等、さまざまな観点を考慮したシステム設計と構築が求められます。もちろん、読者の皆さまが担当しているシステムでは、それぞれ重視すべき設計ポイントが異なるでしょう。

　一方、設計に関して考慮すべきポイントやベストプラクティスを全体的に把握しておくことで、考慮のヌケモレを防げるだけでなく、効率的なシステム設計や実装に繋がります。

　ここでは、AWSコンテナサービスであるECSとFargateにフォーカスしたシステム・アーキテクチャ設計の考え方やプラクティスを紹介します。

　本章にはECS/Fargateに関する単なる仕様紹介はありません。各サービスが持つ特長を理解した上で、要件を実現するためにサービスをどう組み合わせればよいのか、といった知見や検討例を中心に執筆しています。

　本章で紹介する各設計内容の一部は、4〜5章にて掲載するハンズオンと対応しています。本章を一読したものの理解が進まなかった読者の皆さまは、ハンズオン実践のタイミングで再び読み返すことで、より理解が深まるものと期待しています。自ら手を動かしつつ、ぜひご活用ください。

Well-Architectedフレームワークの活用

AWSでは、Well-Architectedフレームワーク*3-1 と呼ばれるシステム設計に関する考え方を提供しています。

Well-Architectedフレームワークは、柱と呼ばれる6つの設計原則（運用上の優秀性、セキュリティ、信頼性、パフォーマンス効率、コスト最適化、持続可能性）に基づき、AWSを活用する際のベストプラクティスが共有されています。このフレームワークを活用していくことで、アーキテクチャを検討する際の考慮漏れや設計上の知見が得られます*3-2。

本章では、**Well-Architectedフレームワークの6つの柱と照らし合わせながら、具体的なECS/Fargateの設計を作り上げていきます。**

▼図3-2-1　Well-Architectedフレームワークの6つの柱

運用上の優秀性　　セキュリティ　　信頼性　　パフォーマンス効率　　コスト最適化　　持続可能性

柱ごとに固有の設計原則が定義されている

Column / **Well-Architectedフレームワークレンズ**

Well-Architectedフレームワークにおいては、サーバーレスや機械学習、金融サービスといった特定の業界や技術領域に特化した「Lens（レンズ）」*3-3 と呼ばれる追加のベストプラクティスが提供されています。

本書執筆時点（2022年4月）では、次のようなレンズが提供されています。

---

*3-1　https://docs.aws.amazon.com/ja_jp/wellarchitected/latest/framework/welcome.html

*3-2　re:Invent 2021にて、持続可能性（サステナビリティ）の柱が発表されました。持続可能性の柱では、アーキテクチャを評価することでエネルギー消費量を削減し、効率を向上させることを目的とした問いかけが含まれています。本書では、持続可能性の柱に関連した記載は省略しますが、興味のある方は（https://aws.amazon.com/jp/blogs/news/sustainability-pillar-well-architected-framework/）をご参照ください。

*3-3　https://docs.aws.amazon.com/ja_jp/wellarchitected/latest/userguide/lenses.html

- マネジメントとガバナンス
- 機械学習
- 分析
- サーバーレス
- ハイパフォーマンスコンピューティング（HPC）
- IoT
- 金融サービス
- SaaS
- ファンデーショナルテクニカルレビュー（FTR）[*3-4]
- SAP
- ハイブリッドネットワーク
- ゲーム業界
- ストリーミングメディア

　例えば、金融サービスに関するWell-Architectedフレームワークレンズ[*3-5]では、セキュリティバイデザインを設計原則として掲げています。これは、企画・設計段階からセキュリティ確保の視点を持つことで、問題を未然に防ぐ考え方が基礎となっています。

　またこのレンズのセキュリティの柱では、次のようなコンテナに関するベストプラクティスが紹介されています。

- プライベートコンテナリポジトリを使用
- 最小限のイミュータブルなコンテナイメージを作成
- コンテナのビルドとデプロイのパイプラインを使用
- コンテナイメージをスキャンして脆弱性を確認

　金融サービス領域のみならず、高いセキュリティが求められるシステムを設計する際にたいへん参考となるフレームワークです。セキュリティを重視したアーキテクチャを検討する際はぜひ目を通してみてください。

---

*3-4　独立系ソフトウェアベンダー（ISV）向けにAWSアーキテクチャの自己評価を行うためのレンズです。

*3-5　https://docs.aws.amazon.com/ja_jp/wellarchitected/latest/financial-services-industry-lens/welcome.html

3-3 設計対象とするアーキテクチャ

設計を進める前に、本章に登場する各種AWSサービスやデプロイ対象となるサンプルWebアプリケーションの概要について紹介します。また、設計を検討していく上で必要となるシステム要件の概要について説明します。

▷ 本章で扱うAWSサービス

2章では、AWSコンテナサービスにおけるコントロールプレーンとデータプレーンの4種の組み合わせを紹介しました。

本章では、さまざまなサービスで採用事例が増えてきているECS/Fargateを活用したアーキテクチャの設計にスポットライトを当てています。また、次のようなAWSサービスを活用しながら設計ポイントをお伝えします。

▼ 図3-3-1　本章で扱うAWSサービス

設計の主軸として扱うAWSコンテナサービス

ECS　　Fargate　　ECR

その他利用するAWSサービス

Lambda　Aurora　CodeBuild　ELB　Auto Scaling　IAM　S3

CodeCommit　Firehose　Chatbot　KMS

CodeDeploy　VPC　CloudWatch　Secrets Manager

CodePipeline　SNS　WAF

X-Ray　　Systems Manager

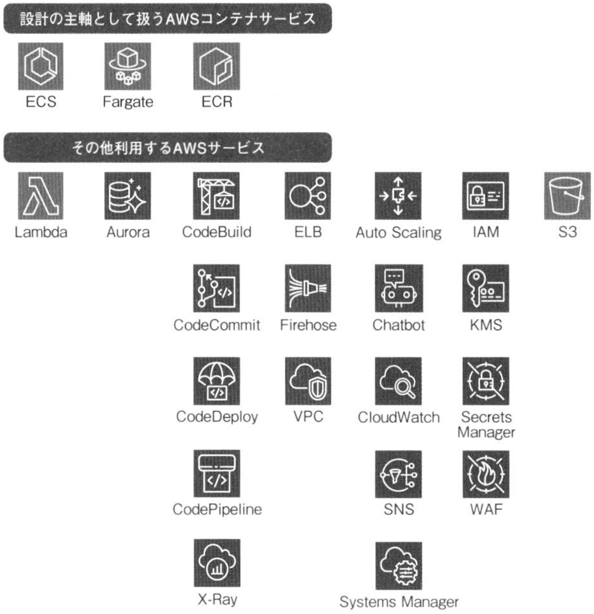

▷ サンプルWebアプリケーションの概要

本書では簡易的なアイテム管理Webアプリケーションを題材として扱います。

アイテム管理Webアプリケーションでは、あらかじめデータベースに登録されたアイテムや通知の一覧表示、ユーザーがアイテムをお気に入りに追加することができます。シンプルな機能群で構成されていますが、認証機能やAPIコール、DBアクセス等、Webアプリケーション構築のエッセンスが詰まったサンプルです。

フロントエンドアプリケーションとバックエンドアプリケーションから構成されており、次のような機能構成となっています。

▼図3-3-2　サンプルWebアプリケーションの機能構成

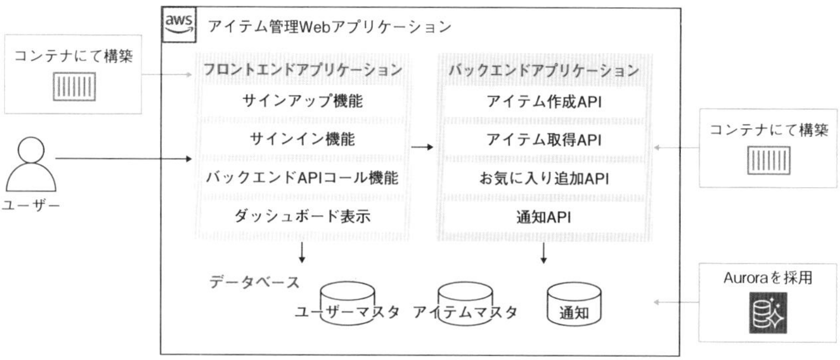

今回の例では、それぞれフロントエンドアプリケーションとバックエンドアプリケーションを、コンテナアプリケーションとして構築します[*3-6]。

SSR（Server Side Rendering）[*3-7]を前提にしたWebアプリケーションや

---

*3-6　本書で取り上げるWebアプリケーションでは、極力シンプルで理解しやすいようにバックエンドアプリケーションを1つのコンテナとしてまとめています。一方、1章で述べたコンテナのメリットを最大限活かすことを考えると、コンテナは業務を実現する上で最小のアプリケーション単位である方が望ましいでしょう。すなわち、業務ごとのドメインを分割してそれらを1つのサービスとしてとらえ、複数のサービスが協調するようなマイクロサービスを念頭にコンテナを分離することで、より適切な粒度になると考えられます。

*3-7　ブラウザではなくサーバー上でWebページのレンダリングを行い、出力する形態のアプリケーションです。クライアント側ブラウザ上でJavaScriptコードでページ遷移するようなシングルページアプリケーション（SPA：Single Page Application）と比較し、HTMLが完全に生成された形で返却されるため、Googleクローラ等によるSEO対策でメリットがあるとされています。代表的なWebフレームワークとしては、Nuxt.jsやNext.js等が挙げられます。

APIを構築するためにAWSでコンテナを導入したいというユースケースを想定しています。

　アイテム管理Webアプリケーションは複数の業務データを持ちますが、今回の例ではデータベースとして1つのAurora上にデータを保持するものとしています。

▷ 設計で求められる要件と基本アーキテクチャ

　アーキテクチャの構築にあたり、ざっくりとしたシステム要件は次の通りとします。

- 多数の一般ユーザーに利用してもらうことを想定し、柔軟にスケール可能な構成にしたい
- 可用性を高めるためにマルチAZを基本構成としたい
- CI/CDパイプラインを構成し、アプリケーションリリースに対するアジリティを高めたい
- 各レイヤで適切なセキュリティ対策（不正アクセス対策、認証データの適切な管理、ログ保存、踏み台経由の内部アクセス等）を施したい

　上記のシステム要件を満たしていくために、まずAWSの各サービスを利用したサンプルWebアプリケーションの基本構成を描いてみましょう。構成図は、図3-3-3のようになります。

▼図3-3-3　サンプルWebアプリケーションのシンプルなAWS構成図

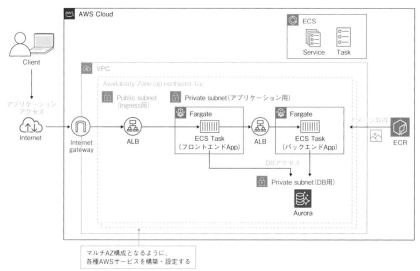

現段階では非常にシンプルなAWSの構成です。

では、要件を満たすために6つの柱と照らし合わせていきましょう。

3-4	**運用設計**

　まず始めに、Well-Architectedフレームワークの1つ目の柱である「運用上の優秀性」の観点からアーキテクチャを検討します。

　この柱は「保守性を高めるために求められる組織運用とシステム運用に関する観点」がトピックの中心となります[*3-8]。

　「運用上の優秀性」の柱では、システム運用観点から次のような設計上の検討事項が挙げられます。

- どのようにシステムの状態を把握するか
- どのように不具合の修正を容易にするか
- どのようにデプロイのリスクを軽減するか

　本節では、**ECS/Fargate利用時のシステム状態を把握するためのモニタリングやオブザーバビリティに関する設計、不具合修正やデプロイリスク軽減に向けたCI/CD設計**について検討していきます。

▼図3-4-1　「運用上の優秀性」に沿った設計のポイント

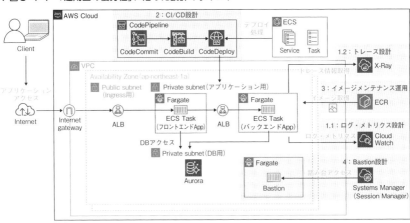

*3-8　本書では、AWSコンテナの設計に焦点を当てており、組織運用に関するトピックは割愛します。

システム内部の状態を把握することは、健全なサービスを利用者に提供する上で重要です。

しかし、システムが正常であると判断するためにはデータが必要です。それらのデータを蓄積し、一定の時間帯に関する情報を可視化したり、しきい値や条件を設けてアラートを定義することで、安定したシステム運用に繋げていくことができるようになります。

このように、システム内で定めた状態を確認し続けることを「モニタリング(監視)」といいます。**モニタリングの主な目的は、システムの可用性を維持するために問題発生に気づくこと**です。

メモリ使用率やディスク使用率等の定量的な計測情報(メトリクス)やアプリケーションのログによる定性的な情報から状態異常を検知し、アラートとして通知します。

一方、トラブルの発生原因を調査するためには、トランザクションの流れやアプリケーション内部の詳細フローまで深く踏み込むことが求められるケースもあります。

AWSにおけるコンテナを基本としたアプリケーションでは、AWSによって用意された各種サービスや比較的小さい粒度のアプリケーションが相互に協調し合いながら分散的なシステム構成となることが一般的です。システム内コンポーネントの連携が多くなると、構造が複雑となり、障害発生時における影響範囲の把握や原因の特定が難しくなります。

そのような状況が見込まれる場合、コンポーネント間やアプリケーション内部の処理内容を追えるようにするための情報が「トレース」です。そして、**システム全体を俯瞰しつつ、内部状態まで深掘りできるような状態**を「オブザーバビリティ(可観測性)」といいます。

オブザーバビリティを獲得することで、トラブルが発生した際の原因特定や対策検討を迅速に行えるようになり、結果として優れた運用に繋がります[*3-9]。

[*3-9] オブザーバビリティを獲得するその他のメリットとして、アプリケーションを追加・修正した際のシステム影響を把握しやすくなります。

▼図3-4-2 オブサーバビリティを獲得するために必要な3つの要素

　AWSでは、CloudWatchと連携することで各種ログやメトリクス情報を容易に取得・蓄積できます。ECS/Fargateのアプリケーションログを取得するためには、CloudWatch LogsやFireLensが活用できます。

　さらにCloudWatchメトリクスと連携することで、メトリクスからECSタスクの起動状態やリソースの利用状況を把握できます。

　トレースに関しては、X-Rayと組み合わせることでリクエストの流れを追うことができます。

　それではモニタリングとオブザーバビリティを実現するために、ECS/Fargate構成におけるログ、メトリクス、トレースを取得するためのアーキテクチャについて触れていきましょう＊3-10。

> **Column** 「何となくモニタリングする」から脱出しよう

　ここで、そもそも「モニタリングの目的は何か」という問いに向き合ってみましょう。

　モニタリングの目的は単にシステムに関する情報を収集することではありません。モニタリングは利用者のために行うべきだと筆者は考えています。具体的に述べれば、「利用者に対してアプリケーションが利用可能な状態を維持するために」モニタリングを行います。

　重要なポイントは、ログであれメトリクスであれ、モニタリングは利用者の体験が損なわれるようなイベントを念頭に行うべきという点です。

　ECSタスクが停止してHTTPレスポンスコードで503エラーが発生したり、

＊3-10　オブザーバビリティを獲得するためには、単にメトリクス、トレース、ログのデータを収集するだけでなく、それぞれの相関関係を調べたり可視化を行う等、複合的な取り組みが求められます。これら全ての内容を扱うと本書の主題を大きく超えてしまうため、本書ではオブザーバビリティの獲得を目指す上で基本となるメトリクス、トレース、ログデータの収集に関する設計の内容に留めます。

登録処理が異常終了して利用者にエラーが返却されてしまうと、サービスは健全な状態とはいえません。

　本書でもECS/Fargateに関するいくつかのメトリクスを列挙しますが、それらを利用者に対する影響を把握するために可視化やアラート対象とすべきかどうかは提供するサービス特性によって異なってきます。最終的にモニタリングすべき項目は多岐にわたることもありますが、モニタリングを始める際には、まず「利用者視点で必要か」という点を忘れないようにしましょう。

▷ ロギング設計

　ECS/Fargate構成におけるアプリケーションログを収集する手段として、大きく分けてCloudWatch Logsを活用する方法とFireLensを活用する方法があります。各方法の特徴や使い分けに関して考察し、ロギング設計を検討していきます。

⊙CloudWatch Logsによるログ運用

　ECS/Fargate構成では、CloudWatch Logsと連携することで容易にアプリケーションログを収集できます。アプリケーションログの検索、LambdaやSNS連携によるアプリケーション障害の通知においてもCloudWatchはその中心的な役割を果たします。

　例えば、「CloudWatch Logsサブスクリプションフィルター」*3-11 を利用することで、**ログ内に特定文字列が含まれている場合のログのみを抽出**できます。そして、抽出したログのみをLambdaに連携させることで、SNSと連動して障害を通知できます。さらにCloudWatch Logsでは保持期間を設定できるため、必要に応じて蓄積されたログのメンテナンス処理も自動化できます。

---

*3-11　https://docs.aws.amazon.com/ja_jp/AmazonCloudWatch/latest/logs/
　　　　WhatIsCloudWatchLogs.html

▼図3-4-3　CloudWatch Logsによるログ運用

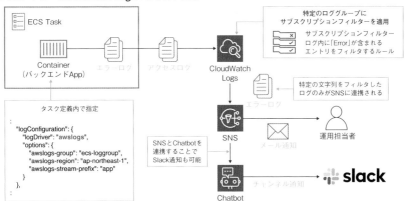

ECS/Fargateによらず、CloudWatchは多くのAWSサービスとの連携をサポートしており、AWS上でログ運用を行う上で標準的な位置づけになります。シンプルなアプリケーションや大量ログが出力されないケース等では、CloudWatch Logsのみでログの収集が十分可能です。

○FireLensによるログ運用

ログを収集するための手段はCloudWatch Logsだけではありません。ECS/Fargate構成では、「FireLens」と呼ばれるログルーティングの仕組みを利用することでもログ収集が可能です。

FireLensを利用することのメリットは**CloudWatch Logs以外のAWSサービスやAWS外のSaaSへのログ転送のしやすさです。Firehoseと連携してS3やRedshift、OpenSearch Serviceへのログ転送が可能**となります。

FireLensでは、ログルーティング機能を担うソフトウェアとして、オープンソースで公開されている「Fluentd」[3-12]や「Fluent Bit」[3-13]が選択できます。Fluent BitはFluentdと比較してプラグインは少ないですが、リソース効率がよく[3-14]、AWSもFluent Bitの利用を推奨しています[3-15]。

[3-12]　https://www.fluentd.org/

[3-13]　https://fluentbit.io/

[3-14]　https://docs.fluentbit.io/manual/about/fluentd-and-fluent-bit

[3-15]　https://docs.aws.amazon.com/ja_jp/AmazonECS/latest/developerguide/using_firelens.html

Fluent Bitを利用する場合、AWSが公式に提供する専用のコンテナイメージを使用することもできます[*3-16]。ECSタスク定義の中に、アプリケーション用コンテナとFluent Bitコンテナを同梱する構成となります。コンテナのデザインパターンの1つであるサイドカー構成[*3-17]により、Fluent Bitコンテナ経由でログ収集が可能となります。

▼図3-4-4　FireLensによるログ運用

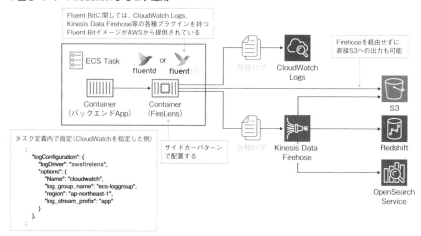

FireLensが連携可能なサービスから考察すると、FireLensはデータ分析用途で利用されることが多いのでは、と思われる方も多いのではないでしょうか。たしかにRedshiftはデータウェアハウス向けマネージドデータベースサービスであり、OpenSearch Serviceはマネージドな検索エンジンサービスです。データ分析を前提としている構成では、RedshiftやOpenSearch Serviceを活用するユースケースも多く、そのような構成ではFireLensが採用される傾向にあるでしょう。

一方、FireLensを用いることの長所として挙げられるのが、S3だけでなくCloudWatch Logsにも同時に転送可能である点です。この点が長所として働く理由は、次に述べるECSタスク定義上の制約が関係します。

*3-16　https://gallery.ecr.aws/aws-observability/aws-for-fluent-bit
*3-17　https://www.usenix.org/system/files/conference/hotcloud16/hotcloud16_burns.pdf

CloudWatch LogsとFireLensの使い分けとログ運用デザイン

ECSタスク定義の仕様では、**コンテナごとにログ出力先を指定するログドライバーの定義は1つです**。つまり、CloudWatch Logsへ転送するawslogsログドライバーか、FireLensログドライバーのいずれかを指定しなければなりません。

それではログ長期保管を目的としてアプリケーションのアクセスログをS3に保存し、エラーログはCloudWatch Logsに転送したい場合はどうすればよいでしょうか。

まず考えられる手段として、全てのログを一度CloudWatch Logsに転送した後、CloudWatch LogsからS3にエクスポートする方法です[3-18]。FireLensが登場する前はアーキテクチャ構成例としてよく採用されていました。

しかし、CloudWatch Logsはログを取り込んだタイミングで料金が発生します。仮に毎月200GBのログが発生し、CloudWatch Logsに取り込まれる例を考えると、月当たり$152（＝¥16,720）の料金が発生します[3-19、20]。

他の手段として、CloudWatch Logsのサブスクリプションフィルター機能を利用し、Firehoseを経由させることでS3へのログ保存を実現する方法があります。しかし、結局はCloudWatch Logsに一度ログが取り込まれるため、料金が発生する点は変わりません。また、Firehoseの料金も加算されるため、コスト観点においては優位な構成ではありません。

ログ保全観点のコスト最適化と障害時運用の両立を図りたい場合、**ログドライバーとしてFireLensを指定する**ことをオススメします。その理由としては、FireLensとして利用可能なFluent Bitの優れた機能性です。

Fluent BitはCloudWatch LogsとS3への同時ログ転送に対応しています。Fluent Bitのカスタム定義を利用することで、同一のログをCloudWatch LogsとS3に同時出力したり、どちらか一方にのみ出力が可能です。

＊3-18　https://docs.aws.amazon.com/ja_jp/AmazonCloudWatch/latest/logs/S3Export.html

＊3-19　https://aws.amazon.com/jp/cloudwatch/pricing/

＊3-20　無料利用枠として5GBを除いた他の取り込みに要する料金です。

▼図3-4-5 FireLensを利用したロギング設計

一方、CloudWatch Logsに取り込まれたログはCloudWatch Logs Insights等の機能と連携できます*3-21。クエリベースでログを検索したり、検索結果のダッシュボード表示が容易になります。そのため、CloudWatch Logsに対してログ転送を避けるべきとは一概にはいえません。

ログ運用を検討する際に重要なことは、**ビジネス観点でログをどのように扱うか、ユースケースを描いておくこと**です。

ビジネス目標を達成するためにログの種類、内容、保持期間、分析方法等を検討しつつ、システム要件と照らし合わせながら設計しましょう。

Column / **Fluent Bitでログ出力を分岐させる際の注意点**

Fluent Bitでログの出力先を分岐させるためには、AWSが提供しているデフォルトのFluent BitコンテナイメージとECSタスク定義だけでは設定できません。**Fluent Bit自体の設定ファイルをカスタマイズし、Fluent Bitコンテナイメージ内に取り込むことが必要**です。設定ファイルをコンテナ内に追加する手段としては、次の2つが挙げられます。

まず1つ目はS3バケットにカスタム設定ファイルを配置し、タスク定義上からファイルの場所を指定することでタスク起動時に取り込ませる方法です。

---

*3-21 https://docs.aws.amazon.com/ja_jp/AmazonCloudWatch/latest/logs/AnalyzingLogData.html

▼図3-4-6　S3バケットからのFluent Bitカスタム設定ファイル取り込み

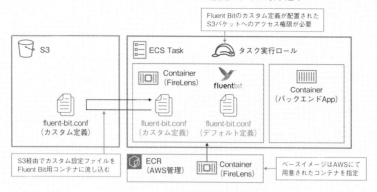

この構成では、AWSが提供するFluent Bitコンテナイメージを指定しつつ、カスタムの設定ファイルを差し替えることが可能です。

一方、Fluent Bitで複雑なログルーターを設定する場合、パーサやストリームといった複数の設定ファイルの同梱が必要となります。S3経由による設定ファイル差し替えは単一のファイルしか対応しておらず、複数ファイルの同梱ができません。

このようなケースでは、**カスタム設定ファイルをあらかじめ追加した自前のFluent Bit用コンテナイメージを作成し、タスク定義の対象コンテナとして指定することで対応します。**これが2つ目の構成です。

▼図3-4-7　自前のコンテナイメージ作成によるFluent Bitカスタム設定ファイル取り込み

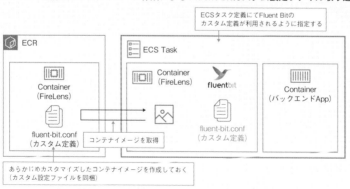

S3利用時と比較すると、ビルド済みイメージの管理だけでなく、イメージのバージョンやライフサイクル管理等が発生します。要件に照らし合わせて、どのような構成が求められるか押さえておくとよいでしょう。

▍▷ メトリクス設計

モニタリングに必要な収集対象のデータとして、メトリクスを取り上げます。

メトリクスとは、**定量的な指標として定期的に計測・収集されるシステム内部動作のデータ**です。ロギング設計と同様、AWSではCloudWatchによりシステムに関するさまざまなメトリクスを取得できます。さらに、「CloudWatchメトリクス」と「CloudWatchアラーム」を組み合わせることでアラートを通知できます。

ECSで取得可能なメトリクスとして、基本的なCloudWatchメトリクスとCloudWatch Container Insightsに大きく分けられます。

▼図3-4-8　CloudWatchメトリクスによるアラーム通知

○基本的なCloudWatchメトリクス

ECSを利用すると、ECSクラスターまたはECSサービスの単位で次のようなメトリクスがデフォルトで取得されます。

- CPUUtilization：利用されているCPUの割合
- MemoryUtilization：利用されているメモリの割合

これらのメトリクスは1分間隔で取得されており、ECSサービスごとのリソース利用概況を把握できます。より詳細なメトリクスを取得するためには、次に記載する「CloudWatch Container Insights」の有効化が必要です。

○CloudWatch Container Insightsの活用

前述した基本的なCloudWatchメトリクスは、あくまでECSサービス単位となります。そのため、ECSタスクごとの分解能に関する情報は表示できません。

実際のシステム運用では特定のECSタスクにリクエストが集中して負荷が偏ったり、特定のECSタスクのみ停止してしまうケースがあります。そのような場

合、ECSサービスの粒度では情報が平均化されてしまい、障害発生時の正確なシステムの状況を把握できません。

また、業務特性上、ネットワークトラフィック過多やディスクへの書き込みが頻発することによる障害が発生した場合、CPU使用率とメモリ使用率のみでは障害原因を探るには情報が不足しています。

そこで**CloudWatch Container Insightsを活用することで、ECSタスクレベルでの情報を把握できるだけでなく、ディスクやネットワークに関するメトリクスも収集可能**になります。

ECS/Fargate構成時にCloudWatch Container Insightsで利用できるメトリクス[3-22]は次の通りです。

▼表3-4-1　CloudWatch Container Insightsで取得可能なメトリクス一覧

分類	メトリクス名	メトリクスの説明
CPU	CpuUtilized	利用されているCPUユニット数
	CpuReserved	予約されているCPUユニット数
メモリ	MemoryUtilized	利用されているメモリ量
	MemoryReserved	予約されているメモリ量
ネットワーク	NetworkRxBytes	受信されるバイト数
	NetworkTxBytes	送信されるバイト数
ストレージ	StorageReadBytes	ストレージからの読み込みバイト数
	StorageWriteBytes	ストレージへの書き込みバイト数
ECSタスク	TaskCount	クラスターで実行中のタスク数
	TaskSetCount	サービスで実行中のタスク数
ECSサービス	DeploymentCount	ローリングアップデートされたデプロイ数
	DesiredTaskCount	ECSサービス内で稼働が必要なタスク数

ECSはデプロイ方法として大きく分けて、ローリングアップデートによるデプロイメントとCodeDeployと連動したBlue/Green デプロイメントが選択できます。

メトリクスに関して少し補足をすると、DeploymentCountはECSにてローリングアップデートされたデプロイ数が計上されます。Blue/Green デプロイメントの場合、DeploymentCountの値に変化はなく、TaskSetCountのメトリクスに変化が現れる点に注意してください。

---

*3-22　https://docs.aws.amazon.com/ja_jp/AmazonCloudWatch/latest/monitoring/Container-Insights-metrics-ECS.html

また、先ほど取り上げたECSの基本的なメトリクスであるCPUUtilizationとMemoryUtilizationの取得間隔は1分と定められています。一方、CloudWatch Container Insightsでは具体的な取得間隔についてドキュメント上では明記されていません。実際のところ、CloudWatchメトリクスの実データとグラフを見てみると1分間隔で取得されているようです。この点にも多少留意しながら活用するのがよいでしょう。

なお、Container Insightsを有効にすると、ディメンションと呼ばれる単位軸ごとに前述したメトリクスを一覧で閲覧可能なダッシュボードが用意されます。

次の例は、ECSサービスを軸に各メトリクスのグラフを表示した内容です。

▼図3-4-9　ECS Container Insightsのダッシュボード

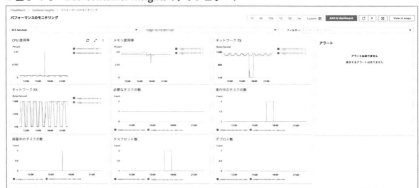

注意点として、**CloudWatch Container Insightsを利用するためには、ECSクラスター単位で明示的なオプトイン（内容を承諾して有効化すること）が必要**です。デフォルト設定のままでは対象のメトリクスが収集されない点に留意してください。

また、**CloudWatch Container Insightsはカスタムメトリクスの扱いとなり、全て追加課金の対象**となります。収集対象となるECSタスク数が多くなると、それなりのコストとして計上されます。

ECSタスクに関する料金を見積もる上では、CPU/メモリ等のコンピューティングリソースに目がいきがちですが、CloudWatchのコストを意識しつつも有効化を検討しましょう。

| Column | OSのリソース監視は必要か |

オンプレミスが主流のシステムでは、ハードウェアリソースは有限です。CPUやメモリ、ディスク容量といったリソースのモニタリングはシステムの安定稼働やハードウェアの追加調達を判断する観点からも重要です。

一方、クラウド環境においてはどうでしょうか。オートスケーリング等によりコンピューティングリソースの拡張が自動かつ柔軟になり、リソース監視の必要性は薄れていると考えられます。

もちろん、アプリケーションのリソース効率性の観点や、ECSタスクに割り当てたコンピューティングリソースの妥当性を確認するためにメトリクスを確認することは合理的です。

しかしこれらのリソース監視は運用アラートを目的とせず、オートスケーリング等の発動条件として扱われ、その利用用途も変わってきていると筆者は考えています。

クラウドを活用することで、利用者はサーバーに関する監視設計への関心よりも、サービス側に対して関心を寄せることができます。

アラートを設計する際は、各メトリクスやログがどのように利用者側に影響を及ぼすかを検討し、要否を判断しましょう。

▶ トレース設計

オブザーバビリティを実現するためには、ログやメトリクスに加えて、アプリケーションの内部処理の呼び出しや各サービス間のトランザクション情報等のトレース情報を取得します。

AWSではトレース情報の取得をサポートするサービスとして「X-Ray」[3-23] を提供しています。X-Rayではサービスマップのダッシュボードも提供されており、システム全体の可視化も併せて実現可能です。

ECS/FargateのアプリケーションにX-Rayを組み込む場合、次の点がポイントとなります。

●サイドカー構成によるX-Rayコンテナの配置

ECS/FargateでX-Rayを利用する場合、ECSタスク定義の中にアプリケーションコンテナとX-Rayコンテナを同梱します[3-24]。

[3-23] https://aws.amazon.com/jp/xray/
[3-24] https://docs.aws.amazon.com/ja_jp/xray/latest/devguide/xray-daemon-ecs.html

そして、アプリケーション自体に**AWSが提供するX-Ray用のSDKで一部コー**ディングを施すことで、X-Rayに対してトレース情報を送出できます。

「FireLensによるログ運用」(93ページ) においても Fluent Bit用コンテナを同梱しましたが、X-Rayも同様にサイドカー構成で配置することになります。

○ECSタスクロールの付与

ECS/Fargate上のコンテナアプリケーションから**X-Rayにトレース情報を書き込むためには特定のIAM権限が必要です**[3-25]。

具体的には、ECSタスクロールとしてIAM管理ポリシーである「AWSXRay DaemonWriteAccess」が付与されていなければなりません。また、X-Rayにトレース情報を書き込む主体はECSコンテナエージェントではなく、ECSタスク (もしくはECSタスク内に配置したX-Rayコンテナ)です。

そのため、タスク実行ロールではなく、ECSタスクロールへの権限付与となります。トレース設計時に見逃しやすい&間違えやすいポイントなので注意してください。

○VPCからパブリックネットワークへの通信経路

X-RayはVPC外のAWSパブリックネットワークにサービスエンドポイントが存在します。ECSタスクはVPC内で稼働することから、**VPCからパブリックネットワークへの経路の考慮が必要**です。

ECSタスクがプライベートサブネットにデプロイされている場合、X-Ray用のインタフェース型VPCエンドポイントかNATゲートウェイによるネットワーク経路を用意しましょう。

以上のポイントをまとめると、次のような構成になります。

---

*3-25 https://docs.aws.amazon.com/ja_jp/AmazonCloudWatch/latest/monitoring/deploy_servicelens_CloudWatch_agent_deploy_ECS.html

▼図3-4-10　ECSタスクにX-Rayを組み込む際の設計ポイント

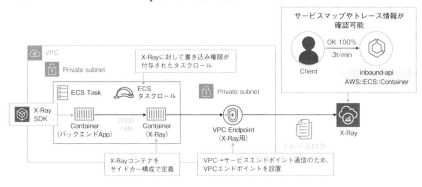

　X-Rayを十分に活用するためにはアプリケーション内への積極的なSDKの組み込みが求められます*3-26。

　トレース情報を詳細に取得するには都度コーディングが必要となる言語もあり、事前にアプリケーション開発者とすり合わせながら利用検討されることをオススメします。

CI/CD設計

　アプリケーションを稼働させるためには、ビルド、テスト、デプロイといった手順が必要ですが、CI/CD(継続的インテグレーション/継続的デリバリ)を設計・構築することでこの流れを自動化できます。常にテストして自動でプロダクション環境にリリース可能な状態としておくことで、ビジネスのアジリティを飛躍的に高められます。

　本書では、AWS Codeシリーズと呼ばれるサービス群を主軸にCI/CDプロセスを設計します。

○CI/CDがもたらす恩恵

　開発したアプリケーションをAWS上で動かすためには、ビルドや各種テスト、リリースに向けたデプロイといった一連の作業を実施します。

　これら一連の作業は、開発者や運用担当者により手動で行われることもしばし

＊3-26　執筆時点において、X-Rayでサポートされている言語・フレームワークはC#、Go、Java、Node.js、Python、Rubyです。詳細はオンラインドキュメントを参照してください(https://docs.aws.amazon.com/ja_jp/xray/latest/devguide/xray-instrumenting-your-app.html)。

ばあります（現在でもレガシーシステムや組織のガバナンス次第では多く実践されるユースケースでしょう）。

▽図3-4-11　手動によるアプリケーションのデプロイ運用

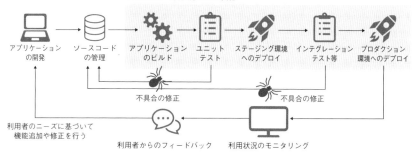

一方、ビジネスのアジリティを高めるためには、ソフトウェアの開発サイクルを早めることが重要です。同じ手順になりがちなビルドやテスト、デプロイ作業の自動化は開発サイクル高速化の手段です。

ここで登場するのが「CI/CD」（継続的インテグレーション/継続的デリバリ）です。**CI/CDとはビルドやテスト、パッケージング、環境上へのデプロイといったソフトウェア開発サイクルを自動化・高速化するために用いられる手法**です。

CI/CDはステージング環境の配置やプロダクション環境へのデプロイまで含まれることもあります（「継続的デプロイメント」とも呼ばれます）。開発ライフサイクルで必要な作業プラクティスをパイプラインとして定義します。

▽図3-4-12　CI/CDによるアプリケーションのデプロイ運用

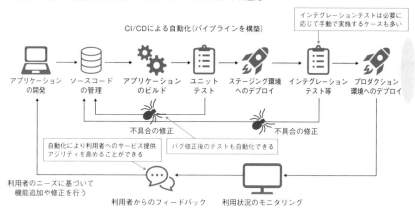

CI/CDを用いることで、**変更を自動でリリースできるようになり**、今までビルドやデプロイに費やしていた時間をアプリケーション開発に集中させることができます。

また、**テストの自動化を組み込むことで迅速に不具合を発見できることから、品質改善の効率化も期待**できます。アプリケーションは1人の開発者が作成したソースコードだけではなく、複数の開発者によって作成されたソースコードが連携しながら動作することがほとんどです。各機能が協調しながら正しく動作することを保証し、不具合が混入したら早期に発見され、そしてソースコードを常に最新に保つことは開発を効率化していくための前提条件です。CI/CDは、チームによる高速開発を支えるための必要なプラクティスとして位置づけられるでしょう。

○CI/CDと相性のよいコンテナ

一般的にコンテナはCI/CDとの相性がよいといわれていますが、その理由は**コンテナの特性である優れたポータビリティ、再現性、軽量さ**です。

開発環境、ステージング環境、プロダクション環境といったような複数環境が存在する状況において、システム構成が異なるケースはよくあります。このような状況では、環境に導入されているOSのライブラリバージョンの差異やコードの依存関係等を意識したビルドやデプロイの手順が求められます。気にしなければならないポイントが増えることになり、手順のミスや考慮漏れが発生する原因となります。

コンテナはアプリケーションに必要な依存関係をパッケージ化してビルドします。一度ビルドしたコンテナイメージは、実行環境となるホストマシン上で同じように振る舞います。この点が、コンテナがポータビリティと再現性に優れている背景であり、CI/CDと組み合わせることで依存関係が解決されたアプリケーションの自動ビルド〜デプロイが実現できるのです。

また、コンテナは従来の仮想化技術と比較し、アプリケーションが動作するために必要最低限のコンピューターリソースのみを消費します。リソースのフットプリントが小さく、素早いアプリケーション起動が可能となる点がコンテナ利用のメリットです。CI/CDと組み合わせることでデプロイを自動化しつつ効率的に起動できるため、高速かつ安定した開発ライフサイクルに大きく貢献できるでしょう。

▽図3-4-13　コンテナの優れたポータビリティ、再現性、軽量さによるデプロイへのメリット

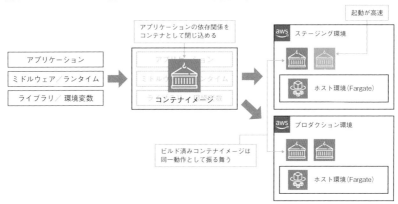

◎AWSが提供するマネージドなCI/CDサービス

　サードパーティベンダーが提供する SaaS等も含め、CI/CDを実現するにはいくつか選択肢があります。AWSでは、Codeシリーズと呼ばれるサービス群を活用することでCI/CDパイプラインを構築できます。

　いずれのサービスもマネージドであり、これらを組み合わせることで自動化された CI/CDパイプラインとアプリケーションのビルド仕様に合わせた具体的な処理を実現できます。各サービスの詳細については、公式ドキュメントを参照してください。

▽図3-4-14　CI/CDを実現するAWSサービス

用途		AWSサービス	概要
ソースコードの管理		CodeCommit	・マネージドなプライベートソースコードリポジトリサービス ・IAMと統合することでセキュアに利用可能
ビルドとテストの実行		CodeBuild	・マネージドなビルドサービス ・YAML形式のビルド仕様を記述することでビルド処理を柔軟に定義できる
デプロイの実行		CodeDeploy	・マネージドなデプロイサービス ・段階的なデプロイや容易なロールバックが可能
パイプラインの構築		CodePipeline	・マネージドなCI/CDパイプラインサービス ・ビジネス要件に合わせてさまざまなAWSサービスと統合ができる

AWSを中心としたワークロードを提供する場合、これらの**Codeシリーズを活用することでプロダクションレベルのCI/CD構築が十分可能**です。

AWS Codeシリーズを利用してコンテナのビルドとデプロイを組み立てると、次の例のようなCI/CDパイプラインとなります。

▼図3-4-15　CodePipelineによるワークフロー

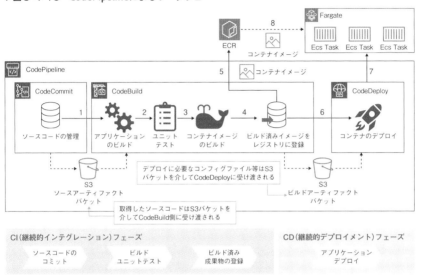

実際のCI/CDパイプライン内では、業務プロセス上の要件やコンプライアンス観点からデプロイ前に承認プロセスを設けたり、デプロイ後に開発者に対して成否を通知するケースがあります。

CodePipelineを用いることで、これらの要件が容易に実装できるだけでなく、さまざまなAWSサービスと組み合わせることにより柔軟なパイプライン運用を実現できます。

CodePipelineでは、対象とするソースコード元やビルド、デプロイ等のアクションカテゴリごとに連携可能なサービスが多数あります。図3-4-16は、CodePipelineでの各アクションカテゴリごとにデフォルトで連携可能なサービスの一例です。

▼図3-4-16　CodePipelineの各アクションカテゴリごとにデフォルトで連携可能なサービス

プロダクション運用を想定したCI/CD設計

　AWSが提供するフルマネージドなCI/CDサービスとECSの連携について押さえたところで、少し実践的なプロダクション運用を想定したCI/CD設計を考えていきましょう。

　CI/CDに関する要件は次の通りと仮定します。

- 要件1：影響分離の観点およびインフラレイヤにおける品質担保の観点から、プロダクション環境とは別にステージング環境を設けたい
- 要件2：開発効率化の観点からステージング環境とは別に開発環境を用意したい
- 要件3：ガバナンス強化の観点からプロダクション環境のCI/CDパイプラインは他の環境から分離したい
- 要件4：アプリケーションの動作品質を維持する観点から、ステージング環境でビルド、テスト済みのコンテナイメージをプロダクション環境にデプロイしたい

　まず、要件1と要件2を満たすために、各環境を分離する方法を検討します。AWSではマルチアカウント構成を採用するケースが一般的となってきてお

り＊3-27、28、29、アカウントを分離する目的の代表例が、ワークロード環境の分離です。

VPCによる環境分離も可能ですが、プロダクション環境とその他の環境をAWSアカウントレベルで分離しておくことで、リソースを確実に分離できます。

また、開発環境やステージング環境上で実施したテスト等がプロダクション環境に影響を及ぼすリスクを低減できます＊3-30。

以上の理由により、ここでは環境別に3つのAWSアカウントを用意しました。

▼図3-4-17 CI/CD設計におけるAWSアカウントの構成

次に要件3を満たす構成を検討します。

他の環境からプロダクション環境のCI/CDパイプラインを分離する必要性から、プロダクション環境内に個別のCodePipelineを用意します。ここで、CodeCommitに関しては注意が必要です。

各環境にCodeCommitを定義した場合、アプリケーションのソースコードが分散配置されてしまいます。**開発資産管理の観点や、運用の複雑性を回避する理由から、CodeCommitは環境間で共有リソースとして集約管理すべき**でしょう。

そしてCodeCommit上に環境ごとのブランチを用意することで、ソースコードは集約管理しつつ各ブランチをマージするタイミングで各環境のCodePipelineを稼働させることができそうです。このような背景から、用意した3つの環境用AWSアカウントとは別に、共有リソース用アカウントを用意することにします。

CodeBuildに関してですが、ステージング環境とプロダクション環境では

＊3-27　https://aws.amazon.com/jp/builders-flash/202007/multi-accounts-best-practice/

＊3-28　https://d1.awsstatic.com/events/jp/2020/innovate/pdf/S-7_AWSInnovate_Online_Conference_2020_Spring_MultiAccount.pdf

＊3-29　https://aws.amazon.com/organizations/getting-started/best-practices/

＊3-30　マルチアカウント構成はメリットばかりではありません。アカウント増加に伴う管理コストの増加、上限緩和申請やAWSサポート契約をアカウントごとに実施しなければならない点等はマルチアカウント化に伴うデメリットです。また、アカウント間のIAMユーザー管理や共有リソースの集約等も検討が必要です。一方、マルチアカウント活用に関する事例やベストプラクティスが多数公開されています。実運用を考えるとデメリット以上にメリットが勝るケースが多く、長期的なAWS運用を前提とする場合はマルチアカウント構成による環境分離をオススメします。

CodeBuild内のワークフローで定義されるビルドフェーズとテストの内容が異なります。具体的には、ステージング環境では実際にコンテナイメージをビルド、テストした後、ECRにイメージをプッシュする処理がワークフロー上に記述されます。一方、プロダクション環境では、ビルドやテストは実施せずにステージング環境でビルド済みイメージを利用する流れとなります。

以上の理由により、**CodeBuildは環境ごとに分離して配置**します[3-31]。

CodeDeployに関しては、各環境で同一の共有リソースとして扱う理由が特にありません。CodeDeployはECSリソースと連携してコンテナをデプロイしますが、環境間で共有リソースとして扱うとアカウントをまたいだ設計が発生して、設計の複雑性が増してしまいます。そのため、**CodeDeployに関しても環境ごとに分離して配置する方針**がよいでしょう。

ここまでの検討内容をアーキテクチャに反映すると、次のようになります。

▼図3-4-18　Codeシリーズによるパイプラインの配置構成

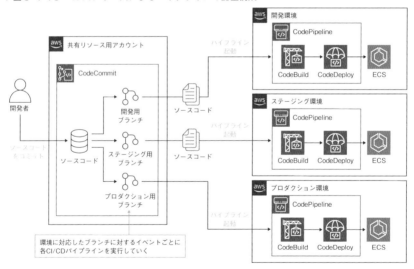

最後に、要件4について考えます。

要件4を満たすためには、ステージング環境とプロダクション環境で同一のコ

---

*3-31　CodeBuildというサービス名からビルドが実行されることを連想しますが、CodeBuildの処理を担うbuildspec.ymlは利用者が自由に記述できます。そのため、プロダクション環境用のbuildspec.ymlはビルド処理を記述せず、ステージング環境でビルド済みのECRイメージを取得する処理に留めることで、本トピック上に記載された流れを実現することができます。

ンテナイメージを利用することが理想です。

　ステージング環境展開時にビルドされたイメージがステージング環境でテストされた後、同一のイメージをプロダクション環境で利用すれば要件を満たせそうです。イメージが同一であることから、単一のECRに集約することで、同一イメージの利用意図が反映されたアーキテクチャ構成となります。

　ただし、このECRイメージはステージング環境とプロダクション環境で中立的な位置づけです。CodeCommit同様、共有リソース用AWSアカウント上にECRを用意することで、中立的な位置づけを満たす構成となります。

　一方、開発環境のコンテナイメージはどのように扱うのがよさそうでしょうか。ステージングおよびプロダクション環境で利用するECR上に開発のコンテナイメージを保持させる方法も1つの選択肢です。しかし、プロダクションレベルの統制がECRに適用される場合、開発環境のイメージも同様の統制が適用されてしまうことになります。

　要件2を加味すると、**開発環境用途のECRは開発者が手動でイメージ操作できるように許容しておくと、開発環境における開発者の自由度は高まりそうです。**

　ここまでの検討プロセスを設計に落とすと、次のようになります。

▼図3-4-19　開発効率化と動作品質保証のバランスを加味したCI/CD構成

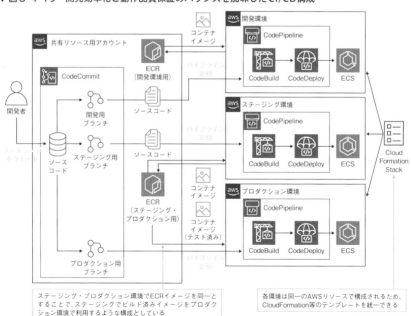

111

今回はステージング環境とプロダクション環境で共通のECRを用意し、開発環境用途として別のECRを構築するアーキテクチャ設計プロセスの例を紹介しました。

プロダクション環境側でさらに強力な統制が求められる場合、ステージング環境とは別にECRを分離しなければなりません。その場合、ステージング環境のECRとプロダクション環境のECRで保存されるイメージが同一であることを保証する設計が求められます[*3-32]。

今回のアーキテクチャ設計では、次のような理由から開発環境用のECRを開発環境アカウント内ではなく共有リソース用アカウント側に作成しています。

- ビルド済みイメージ管理を全て共有リソース用アカウント側に寄せることで、情報源を一元化できる
- CI/CDおよびコンテナに関するAWSリソース定義が各環境のアカウント間で同一となる。CloudFormation等のIaCを活用して各リソースをプロビジョニングするユースケースでは、IaCソースコードが統一され、管理負荷の軽減に繋がる

少々複雑な構成ですが、開発者が柔軟に開発・検証可能でありつつも統制を意識したCI/CD設計が完成しました。

本書で示すアーキテクチャはあくまで一例です。実際の構成は読者の皆さまの環境やガバナンス、アプリケーション特性によって大きく変わってきますので、適宜必要なエッセンスのみ活用してください。

Column / **CI/CD設計時におけるブランチ戦略の考慮**

「プロダクション運用を想定したCI/CD設計」(108ページ) で紹介したアーキテクチャ例では、ステージング環境でビルド済みのイメージをプロダクション環境にデプロイする流れでした。つまりプロダクション環境にアプリケーションをリリースするためには、必ず事前にステージング用のCI/CDパイプラインの実行が必要となります。

この順序性を保証するためには、リポジトリの各環境用ブランチと各CI/CDパイプラインの実行を対応させつつ、開発チーム内で適切なブランチ戦略を運用しなければなりません。

[*3-32] 例えば、プロダクション環境用のCodeBuildワークフロー処理にて、デプロイ対象のコンテナイメージをステージング環境のECRから取得し、イメージに変更を加えずにプロダクション環境のECRに対して登録することで同一イメージを保つ方法等が考えられます。

ところで、ブランチ戦略とはアプリケーション開発において各機能を並行開発するために必要なソースコード管理の方法論になります。ブランチ戦略は複数存在し、代表的な例としてはGit flow[*3-33]やGitHub flow[*3-34]、GitLab flow[*3-35]等が挙げられます。また、採用すべきブランチ戦略は各プロジェクトやプロダクトで必要となる環境数や開発規模、不具合の修正方針等によって異なります。

本書ではブランチ戦略のごく簡単な紹介のみにとどめますが、CI/CD設計におけるパイプライン起動条件やアプリケーションデプロイの順序を検討する際にブランチ戦略が関連する点に注意してください。

| Column | パイプラインファーストな思想 |

本節ではCI/CD設計の重要性とAWSサービスを活用したCI/CDパイプラインの設計例を紹介しました。CI/CD系サービスが全てマネージドで提供されており、「クラウドの利点を最大限活用する」という観点でクラウドネイティブを推進する際のキーファクターといえるでしょう。

ところで、CI/CDに取り組む際、ぜひとも読者の皆さまに心がけてほしいことがあります。それは、アプリケーション開発が本格化する前にCI/CDパイプラインを用意することです。

アプリケーションをAWS環境にデプロイするフェーズでは、アプリケーション開発に関心が強く偏っていることが多いでしょう。言い換えれば、デプロイは最悪手作業でもできてしまいます。そのため、アプリケーション開発が進むとCI/CDパイプラインはどんどん後回しにされてしまうことになりがちです。

当然ながら、CI/CDパイプラインはビルドやテスト処理も含むケースがあります。アプリケーションの仕組みによってはCI/CDフローの内容は異なったり、個別の考慮が求められることもあるでしょう。

しかし、最初からアプリケーションに最適化されたパイプラインを用意する必要はないと筆者は考えています。開発チーム内でパイプラインファーストな文化を醸成する観点でも、まずは初期にサンプルアプリケーションを利用しCI/CDパイプライン経由で一度デプロイを成功させておくことを強くオススメします。

アプリケーション開発が軌道に乗ってきたら、CI/CDに要する時間短縮やセキュリティ対策等、パイプライン自体の設計を整えていけばよいでしょう。

---

*3-33　https://nvie.com/posts/a-successful-git-branching-model/
*3-34　https://docs.github.com/en/get-started/quickstart/github-flow
*3-35　https://docs.gitlab.com/ee/topics/gitlab_flow.html

CI/CDパイプラインはアプリケーションをどのようにビルドし、テストするかというワークフローを定義するものです。アプリケーションの仕組みや運用が変わればCI/CDの内容も追随すべきであり、アプリケーションの発展に応じてパイプラインもメンテナンスしていくことを心がけましょう。

▷ イメージのメンテナンス運用

　ビルド済みコンテナイメージはECRに保存することで、スケーリングや保存イメージの耐久性を気にすることなくECSと連携できます。

　ECRに保存されるコンテナイメージは、実態としてS3上に保存されています[3-36]。

　S3は「イレブンナイン（99.999999999%）」と呼ばれるほどの優れた耐久性[3-37]を有しており、安全にデータが保存されます。また、コンテナイメージはソースコードとDockerfileさえあれば、再ビルドすることで生成可能です。そのため、筆者の見解としては、ECRの他に実質的なバックアップ等は不要と考えています。

▼図3-4-20　ECRによるコンテナイメージ管理の仕様

　ECRのコンテナイメージは、保存容量分だけ料金が発生します[3-38]。内部的にS3が利用されるとはいえ、S3よりも保存データ料金が高く、過去履歴も含めて永年保存してしまうとコスト観点から得策ではありません。コンテナイメージは適宜メンテナンスするのが望ましいでしょう。

　ECRでは「ライフサイクルポリシー」という機能が存在します。この機能を用いることで、**コンテナイメージを一定期間のみ保存したいケースや指定した世代分のみ保持したいケース等に対応できます。**

*3-36　https://aws.amazon.com/jp/ecr/faqs/

*3-37　https://aws.amazon.com/jp/s3/

*3-38　https://aws.amazon.com/jp/ecr/pricing/

▼図3-4-21　ECRのライフサイクルポリシー

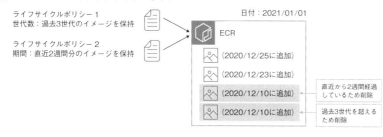

　ライフサイクルポリシーをうまく活用することで、イメージ保全とコストのバランスを取った運用が可能になります。

マルチアカウント構成におけるイメージの管理

　複数環境や複数アプリケーションを同一のECRで管理している場合、設計上の注意が必要です。

　例えば、ステージング環境でビルドしたコンテナイメージをプロダクション環境でも利用する場合、ルールによってはステージング環境の運用が起因してプロダクション環境に影響が出てしまう可能性があります。

　次の図は、イメージ全体に対して過去世代のライフサイクルポリシーを設定している例です。

▼図3-4-22　複数環境下におけるECRライフサイクルポリシー設定の問題点

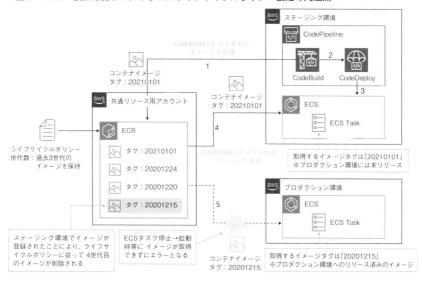

ステージング環境とプロダクション環境のコンテナイメージ利用のライフサイクルが異なっているため、プロダクション環境でコンテナイメージが取得できなくなってしまいます。

　上記のような問題は、**環境ごとに固有のタグ識別文字を付与し、タグごとのライフサイクルポリシーを指定することで回避可能**です。

　ここで、Dockerの仕様として、1つのコンテナイメージに対して複数のタグを付けることができます[*3-39]。すなわち、タグを複数付与することで、1つのイメージに対して複数のライフサイクルポリシーを適用できます。

　次のように、タグごとに異なるライフサイクルポリシーを設定することで、プロダクション環境で参照されるコンテナイメージはステージング環境側のポリシーの影響を受けることなくイメージを保持できます。

▼図3-4-23　タグ識別文字の分離によるECRライフサイクルポリシーの設計

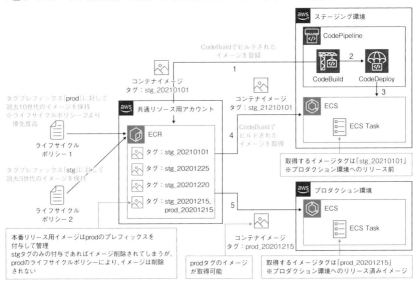

　コンテナのメリットである可搬性を活かしつつも、コストを意識したメンテナンスルールを検討してみてください。

*3-39　https://docs.docker.com/engine/reference/commandline/tag/

イメージタグのルール

コンテナイメージに付与するタグは利用者側で自由に付与できます。しかし、何らかのルールを決めたいものの、明確に何を指定すべきかわからない方もいるのではないでしょうか。

もしルールが決まっていなければ、先ほど述べた環境ごとの識別子と併せて**コードリポジトリのコミットID付与**をオススメします。

次の図のように、コミットIDと一致させることで現在ECS上に展開されているコンテナがどのソースコードバージョンで稼働しているのかが明確になります。

▼図3-4-24　コミットIDと対応したイメージタグ付与のメリット

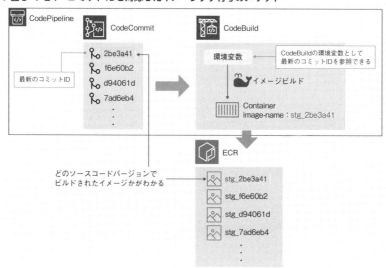

◉ガバナンスとコンプライアンス要件の考慮

取り扱うシステムによっては、組織のポリシーやガイドラインといったガバナンス要件、業界ごとの法律・規律等のコンプライアンス要件への遵守が強く求められます。

例えば、次のような要件が考えられます。

- リリースに関連したファイルに対する改ざん防止策を考慮すること
- 意図しないソフトウェアリリースを防ぐ目的として、承認プロセスを設けること
- 規定されたCI/CDパイプライン以外のリリースを禁止すること

例として、先ほど取り上げたCI/CD設計に対して、これらの要件に準拠するような構成を検討してみましょう。

まず、ファイルの改ざん防止策ですが、CI/CDのフローでは次の2つの場所にリリースに関するデータが配置されます。

- CI/CDのステージ間でアーティファクトを受け渡すためのS3バケット
- ビルドされたコンテナイメージを保管するECR

不正なデータがCI/CD上を経由したり、環境上にデプロイされるリスクを完全に払拭したい場合、IAMユーザーに紐付くIAMポリシーやS3バケットポリシー等で制限を設けます。また承認プロセスに関しては、CodePipeline上に承認アクションを設定することで実現できます。さらには、ECSやECRに対する書き込み・実行権限を制限することで、CI/CDパイプラインを介さないコンテナイメージのデプロイを禁止できます。

これらを考慮した設計は次の図3-4-25のようになります。

主にエンタープライズや金融領域の要件向けですが、強力な規制要件が求められる場合はこのような設計が求められる点も理解しておきましょう。

▼図3-4-25　ガバナンス・コンプライアンスを考慮したCI/CD設計

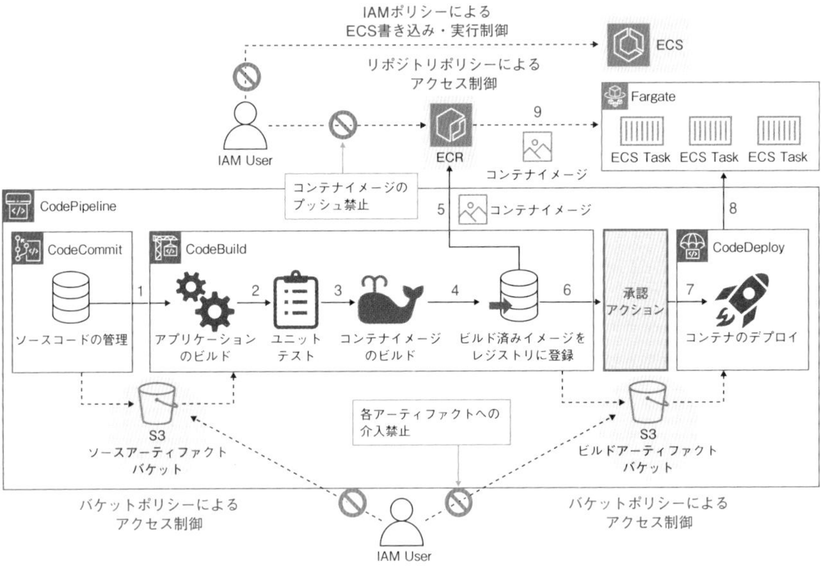

▎▷ Bastion設計

障害切り分けを目的として内部ネットワーク上からアプリケーションに対して疎通を確認したり、DBインスタンスにログインしてテーブルメンテナンスを実施したいケースがあります。

セキュリティ上の理由により、これらの作業は直接インターネットから接続できない構成となっていることが多いのではないでしょうか。また、作業統制上の観点より、これらの作業においては「いつ誰がどこで何の操作をしたか」といった監査記録の取得が求められることもあります。

以上のようなニーズを満たすために、外部ネットワークと内部ネットワークを繋ぐ役割として一般的には「Bastion(踏み台ホスト)」が用いられます。

運用担当者はBastionを介して作業することで、不特定多数からの内部アクセスを防ぎながら内部作業を実施しつつも作業記録を取得できます。次の図3-4-26は、EC2にてBastionを配置し、インターネット経由でログインする例です。

▼図3-4-26　EC2インスタンスによるBastion構成

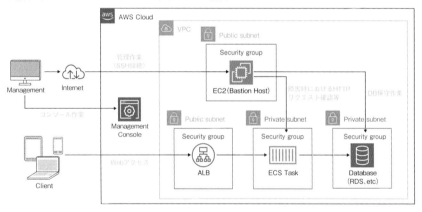

ECS/Fargateを中心とした構成において、EC2によるBastionを導入する際に次のような懸念事項が挙げられます。

- 踏み台サーバー自体がインターネット向けに公開されるため、ホストへのログイン経路が外部にさらされた状態となってしまう
- コンテナ系サービスのアーキテクチャ構成で統一できていたにもかかわらず、新たにEC2の設計と構築が必要となる

- 責任共有モデルにより、EC2インスタンスのOS管理に関する運用負荷が新たに発生する

  これらの懸念は、次の2点を満たすアーキテクチャにより解消できそうです。

- 踏み台サーバー自体をプライベートサブネットに配置し、アタックサーフェス*3-40を減らす
- EC2の踏み台サーバーをECS/Fargate構成とし、OSに関する責任をAWS側に委譲する

　まず1点目ですが、キーペアによるSSH接続からセッションマネージャーによる接続に変更することで解消できます。**セッションマネージャーを活用することにより、従来Bastionへの接続に利用されていたSSH接続等は不要となります***3-41。かわりにIAM権限でサーバー内へのログインが可能となるため、セキュリティ設定をIAM側に集中管理させることができます。

　また、Bastionをプライベートサブネットに配置した状態でもセッションマネージャー経由で接続できるため、**パブリックネットワークへの配置が不要**となります。さらに、AWSアカウントのセッションアクティビティをログとして記録することで、監査証跡として扱うこともできます。セッションマネージャーを利用するためには、ホスト内にSSMエージェントをインストールして稼働させることで可能となります。

　次に2点目については、内容の通り、EC2をECS/Fargateに置き換えます。具体的には、ECSタスク内にSSMエージェントを仕込むことで、EC2同様にBastionとして機能させることが可能です。

　もしECS/Fargateを中心としたアーキテクチャで構成されたシステムであれば、EC2自体の設計は不要となり、コンテナで統一された運用管理が実現できます。

---

*3-40　アタックサーフェスとは、直訳すると「攻撃対象領域」となります。インターネットからアクセス可能な対象では、不正アクセスやサイバー攻撃を受ける可能性が高くなります。インターネットから直接アクセスできないようにすることで、「攻撃を受ける可能性」を減らすことが重要となります。

*3-41　https://docs.aws.amazon.com/ja_jp/systems-manager/latest/userguide/session-manager.html

▼図3-4-27　Fargateとセッションマネージャを活用したBastion構成

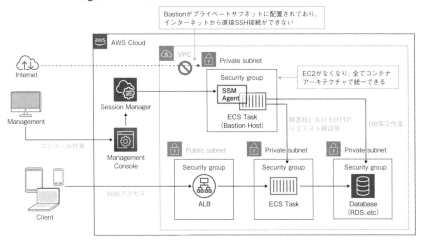

以上、ECS/Fargateを利用した場合の運用設計例でした。

3-5 セキュリティ設計

　ここでは、Well-Architectedフレームワークの2つ目の柱である「セキュリティ」を中心のトピックとして扱います。

　セキュリティ上の脅威から適切に保護されたアーキテクチャを設計することはビジネスを成功させる上でとても重要です。AWSにおいても、クラウドのセキュリティは最優先事項として扱われています[*3-42]。

　ここでは、AWSが提示する責任共有モデルを基に、ECS/Fargateを扱う上で重要な設計ポイントを整理していきます。

▷ 責任共有モデルの理解

　AWSを利用する際、「セキュリティ対策やコンプライアンス準拠に関する責任はAWSと利用者の間で共有されるべき」とされています。言い換えれば、利用者はAWSが提供する責任共有モデルに従ったセキュリティ設計を心がけるべきでしょう[*3-43]。

　責任共有モデルにおいて、設備やハードウェア等のインフラストラクチャ部分は「Securiy OF the Cloud(クラウド"の"セキュリティ)」という位置づけでAWS側がその責任を負います。一方、アプリケーションやデータ等の暗号化に関する対策は「Security IN the Cloud(クラウド"における"セキュリティ)」として利用者がその責任を担います。

　AWSは多くのマネージドサービスを提供していますが、利用するAWSサービスによって利用者側が負うべき責任範囲も変わってきます。次の図は、コントロールプレーンとしてECS、データプレーンとしてEC2を利用した場合の責任共有モデルになります。

---

*3-42　https://docs.aws.amazon.com/ja_jp/wellarchitected/latest/userguide/security.html

*3-43　https://aws.amazon.com/jp/compliance/shared-responsibility-model/

▼図3-5-1　データプレーンとしてEC2を利用した場合の責任共有モデル

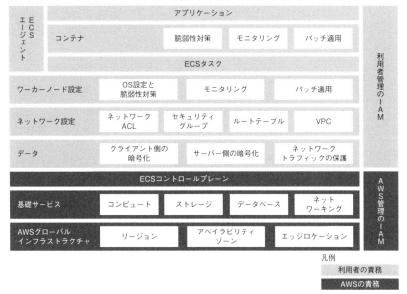

データプレーンであるワーカーノード（EC2）は利用者自身による運用が求められます。つまり、EC2にインストールするECSエージェントやOSの脆弱性対策、モニタリング、OSに対するセキュリティパッチ適用等のセキュリティ対策は利用者側の責任となります。

では、データプレーンとしてFargateを利用した場合にどのような違いが見られるのでしょうか。EC2のケースと同様、図で責任共有モデルを見てみましょう。

EC2を利用した場合と比較してワーカーノード部分がマネージドになることから、ワーカーノードに関連するセキュリティ対策はAWSの責任となります。利用者はその他のアプリケーションやデータ、ネットワーク設定、ECSタスク、コンテナ等のセキュリティ対策に注力すればよいことになります。

▽図3-5-2　データプレーンとしてFargateを利用した場合の責任共有モデル

　以上のように、**利用するAWSサービスの責任共有モデルを把握することで、自分たちが何に対してセキュリティ対策をすればよいかが見えてきます。**

　以降、ECS/Fargate構成にて「ネットワーク設定」「ECSタスク」「コンテナ」「アプリケーション」「利用者管理のIAM」のセキュリティ設計を中心トピックとして扱います[*3-44]。

Column／**AWSセキュリティに関するホワイトペーパー**

　AWSはセキュリティのベストプラクティスとしてドキュメントを提供しています。ECS/Fargateによらず、その他のAWS関連サービスに対するセキュリティ設計についても押さえておきたい方は、ぜひ目を通してみてください。

● AWSセキュリティドキュメント
https://docs.aws.amazon.com/ja_jp/security/

[*3-44]　本書ではAWSのアーキテクチャ設計にスポットライトを当てています。そのため、責任共有モデルの利用者側責任である「ビジネス上のデータ」保護に関する対策は割愛しています。

- Best Practices for Security, Identity, & Compliance:
  https://aws.amazon.com/jp/architecture/security-identity-compliance/

- AWS Security Incident Response Guide:
  https://docs.aws.amazon.com/ja_jp/whitepapers/latest/aws-security-incident-response-guide/shared-responsibility.html

▷ コンテナ開発のセキュリティベストプラクティス

AWSアーキテクチャにおけるセキュリティ設計と併せて、コンテナ自体に必要なセキュリティ対策の概要についても俯瞰しておきましょう。

コンテナのセキュリティレベルを高めるためのベストプラクティスまたはガイドラインとして、「NIST SP800-190」が挙げられます。このガイドラインに沿って、AWS上でどのようにコンテナのセキュリティを実装すべきかを探っていきます。

◎NIST SP800-190

アメリカ国立標準技術研究所(NIST)は「SP800-190(Application Container Security Guide)」と呼ばれるコンテナセキュリティのガイダンスを公開しています[3-45、46]。

NIST SP800-190はコンテナワークロードを構成するコンポーネントとして、「イメージ」「レジストリ」「オーケストレータ」「コンテナ」「ホスト」のそれぞれの観点からセキュリティ上の懸念と対策の推奨事項を提供しています。

---

*3-45　原著：https://www.nist.gov/publications/application-container-security-guide
*3-46　邦訳：https://www.ipa.go.jp/files/000085279.pdf

▽図3-5-3　NIST SP800-190から俯瞰するコンテナセキュリティ対策のポイント

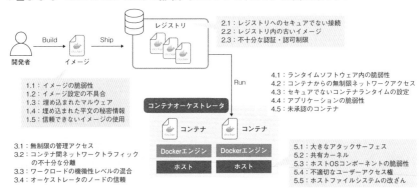

　オーケストレータとしてECS、ホストOSとしてFargate、レジストリとして
ECRを利用した場合の責任共有モデルとNIST SP800-190を対比することで、利
用者で求められるコンテナセキュリティ対策の全体像が見えてきます。
　対応内容については次の通りとなるでしょう。

▽表3-5-1　NIST SP800-190とAWS責任共有モデルの対比から見るECS/Fargateセキュリティ
　　　　　対策の要否

対策の観点	NIST SP800-190項目	責任共有モデル上の項目	対策要否
イメージ	イメージの脆弱性	コンテナ	要
	イメージ設定の不具合	コンテナ、ECSタスク	要
	埋め込まれたマルウェア	コンテナ	要
	埋め込まれた平文の秘密情報	アプリケーション、コンテナ	要
	信頼できないイメージの使用	コンテナ	要
レジストリ	レジストリへのセキュアでない接続	基礎サービス	不要
	レジストリ内の古いイメージ	ECSタスク	要
	不十分な認証・認可制限	利用者管理のIAM	要
オーケストレータ	無制限の管理アクセス	利用者管理のIAM	要
	コンテナ間ネットワークトラフィックの不十分な分離	ネットワーク設定	要
	ワークロードの機微性レベルの混合	ECSコントロールプレーン	不要
	オーケストレータのノードの信頼	ECSコントロールプレーン	不要
コンテナ	ランタイムソフトウェア内の脆弱性	ECSコントロールプレーン	不要
	コンテナからの無制限ネットワークアクセス	ネットワーク設定	要
	セキュアでないコンテナランタイムの設定	ECSコントロールプレーン	不要
	アプリケーションの脆弱性	アプリケーション	要
	未承認のコンテナ	コンテナ	要

対策の観点	NIST SP800-190項目	責任共有モデル上の項目	対策要否
ホスト	大きなアタックサーフェス	ワーカノード設定	不要
	共有カーネル	ワーカノード設定	不要
	ホストOSコンポーネントの脆弱性	ワーカノード設定	不要
	不適切なユーザーアクセス権	ワーカノード設定	不要
	ホストファイルシステムの改ざん	ワーカノード設定	不要

イメージのセキュリティ対策は全て利者側の責任ですが、その他については利用者とAWSで責任が共有されます。

本書では、利用者側の対策が求められる項目について、セキュリティ対策のポイントを概説します。

▷ イメージに対するセキュリティ対策

まずはイメージに対するセキュリティ対策から検討しましょう。

「設計で求められる要件と基本アーキテクチャ」で示したECS/Fargateの基本構成（88ページ）に対してセキュリティ対策が必要なポイントは次の通りです。

▽図3-5-4　イメージに対するセキュリティ対策のポイント

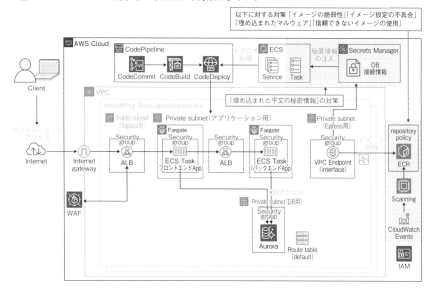

●「イメージの脆弱性」への対策

作成されたコンテナイメージは、アプリケーション自体に加えて、アプリケーション実行に必要なライブラリ等が静的なアーカイブとして同梱されます。

一方、ソフトウェアに対する脆弱性は日々アップデート・公表されています。時間が経つにつれ、コンテナイメージは古くなっていくため、ライブラリのバージョン次第では脆弱性が該当するようになっていきます。脆弱性が内在するアプリケーションを放置することはビジネスセキュリティ観点で望ましくありません[*3-47]。

また、発見された脆弱性の重要度によっては、早急に対応しないとビジネス自体に甚大な影響が懸念されるケースもあります。**コンテナを安全に利用する上では、自分たちのコンテナイメージがどのような脆弱性を有しているのかを日々スキャンし、脆弱性を取り除くことが重要です。**

コンテナの脆弱性の有無をチェックするために、本書ではECRのイメージスキャンとOSSであるTrivyを活用した対策を検討します[*3-48]。

ECRによる脆弱性スキャン

ECRにはプッシュされたコンテナイメージに対する脆弱性スキャンを行う機能が備わっています。そのため、レジストリとしてECRを利用する場合、この機能を有効化するだけで脆弱性の有無の確認が容易になります。

ECRでのイメージスキャン方法としては、次の2通りがあります[*3-49]。

* プッシュ時スキャン
* 手動スキャン

ECRのイメージスキャンは追加費用なしで利用できます。基本的にはECRリポジトリ作成時にプッシュ時スキャンを有効化しておくことを強く推奨します。

Trivyによる脆弱性スキャン

Trivy[*3-50]はTeppei Fukuda氏（@knqyf263）が個人で開発し、その後Aqua

---

*3-47 クレジットカード業界のグローバルセキュリティ基準であるPCI DSSでは、脆弱性パッチを迅速に適用するプロセスが要求されています。

*3-48 本書では詳細を割愛しますが、Docker Desktopを利用している場合、docker scanコマンドを利用することでローカル上のDockerfileやコンテナイメージに対する脆弱性スキャンを実行できます。

*3-49 https://docs.aws.amazon.com/ja_jp/AmazonECR/latest/userguide/image-scanning.html

*3-50 https://github.com/aquasecurity/trivy

Security社に開発が引き継がれているOSSです。英国政府デジタルサービスでも活用[3-51]されており、GitLabのコンテナイメージスキャナーとしての採用[3-52]、Red Hatの認定スキャナーツール[3-53]として認定されています。現在では幅広く認知されており、高度なコンテナセキュリティを実現するためには欠かせないツールとして位置づけられています。

▽図3-5-5　Trivy

　Trivyの優れた特長の1つがスキャン対象です。ベースイメージに含まれるOSパッケージだけでなく、Python（pip）やRuby（gem）、Node.js（npm、yarn）等、アプリケーション依存関係もスキャン対象となる点が特長です。また、対応しているコンテナのベースOSも幅広く、次の通りとなっています[3-54]。

- Alpine
- Red Hat Enterprise Linux
- CentOS
- Oracle Linux
- Debian GNU/Linux
- Ubuntu
- Amazon Linux
- openSUSE Leap

＊3-51　https://technology.blog.gov.uk/2020/06/29/using-multi-stage-docker-builds-to-patch-vulnerable-containers/

＊3-52　https://www.aquasec.com/news/trivy-default-gitlab-vulnerability-scanner/

＊3-53　https://www.redhat.com/en/blog/introducing-red-hat-vulnerability-scanner-certification

＊3-54　本書に記載しているTrivy対応のベースOSは一部です。詳細は（https://github.com/aquasecurity/trivy/blob/main/docs/docs/vulnerability/detection/os.md）を参照してください。

Trivyは実行方法が非常にシンプルであり、CI/CDパイプラインに組み込みやすいOSSです。そのため、CodeBuildのワークフローファイル等に記述することで、容易にスキャンが実現できます。

継続的なスキャンを実現するための設計

コンテナイメージの脆弱性対策で重要な点は、**スキャンを継続的かつ自動的に実施すること**です。

繰り返しになりますが、イメージは静的な断面であり、時間が経てば当然内部コンポーネントのバージョン等は古くなります。作成時は最新の状態であったとしても、数か月後には新たな脆弱性が発見され、対策が求められることになります。CI/CDにこれらの脆弱性スキャンの仕組みを取り入れることは、セキュリティ上懸念があるアプリケーションをプロダクション環境にデプロイさせないためにも有効です。

また、日々頻繁に開発やリリースが行われる現場では、継続的にセキュリティ対策も施されるでしょう。

▼図3-5-6　継続的なイメージスキャンを考慮したCI/CDパイプライン構成

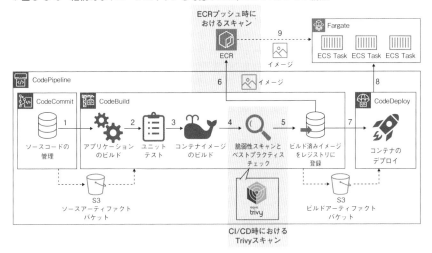

しかし裏を返せば、CI/CDにおけるスキャン処理のみ実装している場合、CI/CDパイプラインが実行されない限り脆弱性に該当するかチェックできません。

開発やリリースが頻繁になされないアプリケーションに関しては、気づかない

うちに脆弱性を含むイメージとなり、発見が遅れてしまいます。そのため、開発サイクルの特性によっては、定期的な手動スキャンの実行が推奨されます。

次の図は、CloudWatch Eventsから定期的にLambdaを実行することでECRの手動スキャンを実行するアーキテクチャ例です。

▼図3-5-7　Lambdaによる継続的なイメージスキャン構成

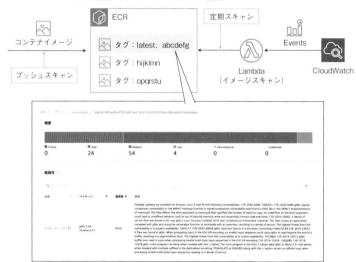

ECRは1日1回のみ手動スキャン可能という制約があります。この制約を考慮しつつ、スキャンのタイミングを上手に実装していくことが、脆弱性とうまく付き合っていくコツです。

○「イメージ設定の不具合」への対策

Dockerでコンテナイメージをビルドする場合、Dockerfileの内容に沿って処理が行われます。このDockerfileは開発者が作成しますが、記述方法や開発者のスキルによってはセキュリティ的に好ましくない構成にもできてしまいます。

例えば、アプリケーションがrootユーザーで実行されていた場合、システム領域への書き込みやプロセス操作等が行えるため、侵害時の影響が大きくなってしまうことが懸念されます。

このようなリスクに対し、The Center for Internet Security（CIS）[3-55]やDocker社ではコンテナイメージ作成時のベストプラクティスを公開しており[3-56]、この内容に従って開発することがセキュリティ上推奨されています。

ただ、これらのベストプラクティスについて、開発者全員が全てを把握して実装していくのは割と骨が折れる作業です。そこで役に立つのがOSSの1つであるDockle[3-57]です。

▼図3-5-8　Dockle

Dockleは Tomoya Amachi（@tomoyamachi）氏が開発したオープンソースのコンテナベストプラクティスチェックツールです。コンテナイメージに対し、CISが提供する CIS Benchmarksにおける Docker関連の項目やDockerベストプラクティスに基づいたチェックを実行できます。

Dockleを利用することで網羅的にコンテナイメージがチェックされるため、安全なコンテナ開発に寄与できます。

Trivy同様、Dockleもビルド済みイメージを指定するだけで簡単に実行が可能です。CI/CDプロセスに導入することで継続的なイメージ設定のチェックを実現しましょう。

●「埋め込まれたマルウェア」への対策

コンテナイメージを作成するには、ベースイメージを基にアプリケーションや依存ライブラリをパッケージ化します。その過程において、悪意のあるソフトウェア（マルウェア）がイメージ内に含まれてしまうと、コンテナやシステム内が侵害されてしまいます。

このようなマルウェアによるセキュリティリスクに対応するためには、次の対策が有効です。

---

*3-55　https://www.cisecurity.org/benchmark/docker/

*3-56　https://docs.docker.com/develop/develop-images/dockerfile_best-practices/

*3-57　https://github.com/goodwithtech/dockle

提供元が信頼できるベースイメージの利用

ベースイメージ（ベースレイヤ）は通常、Docker HubやECR Public Gallery等の公開レジストリサービスから取得することが一般的です。

一方、これらのレジストリサービスはサードパーティや個人が自由にイメージをアップロードしたり、公開や共有ができる環境です。パブリックな場であるという特性上、なかにはあらかじめマルウェアが仕込まれているベースイメージもあり、注意が必要です。

対策として、**提供元が不明なベースイメージの利用は避けましょう**。例えば、Docker HubではDocker社自体が提供している公式イメージ*3-58や認定済みサードパーティベンダーが公式に提供しているイメージ*3-59が識別できるようになっています。

ECR Publicに関しては、ECR Public Galleryで「Verified account」のバッジが添えられている対象がAWSにて提供元の確認が行われているイメージです*3-60。**Dockerfileでベースイメージを指定する際には、信頼できるイメージが指定されていることを確認**しましょう*3-61。

GuardDutyの活用

GuardDutyはVPCフローログやCloudTrailのイベントログ、DNSログ等から悪意のある通信を識別・検知するマネージドサービス*3-62です。仮にコンテナ内にマルウェアが混在してしまい、外部と不正な通信がなされた場合、GuardDutyにより侵害の兆候を得ることができるでしょう。

ECS/Fargateのコンテナワークロードに限った内容ではありませんが、**GuardDutyはマルウェアに対する検知の対策として有効な選択肢の1つです**。

---

*3-58　https://docs.docker.com/docker-hub/official_images/

*3-59　https://docs.docker.com/docker-hub/publish/

*3-60　https://docs.aws.amazon.com/ja_jp/AmazonECR/latest/public/public-gallery.html

*3-61　公式イメージや正当な提供元であっても、継続的なメンテナンスがされておらず、脆弱性対応がなされていない古いイメージも混在しているため注意が必要です（https://blog.aquasec.com/docker-official-images）。

*3-62　https://docs.aws.amazon.com/ja_jp/guardduty/latest/ug/what-is-guardduty.html

「埋め込まれた平文の秘密情報」への対策

アプリケーションを開発する上では、データベースへの接続情報やサードパーティAPIをコールするためのAPIキーといった秘密情報を扱うこともよくあります。

これらの秘密情報をソースコードやイメージ内に平文で埋め込んでしまうと、イメージにアクセスできる人であれば誰でも取得できてしまいます。そのため、秘密情報はイメージ外の安全な領域に保存し、コンテナを実行する際に動的に提供されることが望ましいとされています。これは、モダンなWebアプリケーションを開発する上でのあるべき姿としてまとめられたThe Twelve-Factor Appにおいても言及されています*3-63。

ECS/Fargateでは、Secrets Managerまたは、SSMパラメータストアに秘密情報を格納し、環境変数としてコンテナ内へ安全に秘密情報を挿入する方法が提供されています*3-64。

具体的には、**秘密情報が格納されたSecrets ManagerやSSMパラメータストアのARNと環境変数名をタスク定義内でマッピングすることで、コンテナイメージ内のOSの環境変数として認識させる**ことができます。

次の図は、Secrets Managerを利用して秘密情報を環境変数としてコンテナ内に挿入する例となります。

▼図3-5-9　Secrets Managerを利用したコンテナに対する秘密情報の埋め込み

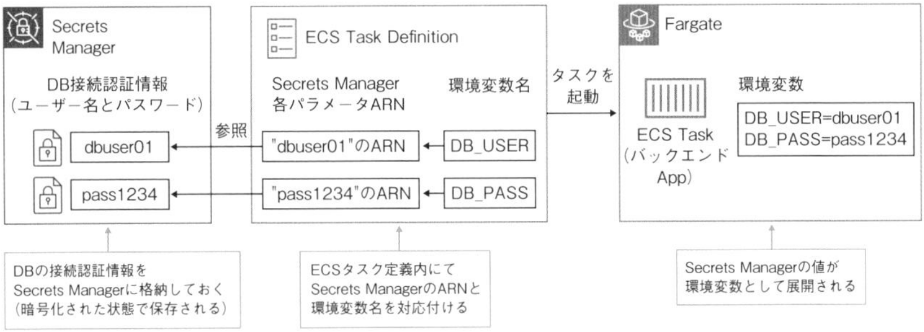

SSMパラメータストアに関しても同様の方式で秘密情報の追加ができますが、一点注意すべき点があります。

SSMパラメータストアには、プレーンテキストを格納するstring定義と暗号化

*3-63　https://12factor.net/

*3-64　https://docs.aws.amazon.com/ja_jp/AmazonECS/latest/developerguide/
　　　　specifying-sensitive-data.html

されたパラメータを扱う secure string 定義があります。secure string 定義は内部的に KMS が利用されて格納された値を暗号化・復号してくれますが、string 定義では格納するデータが暗号化されていません。秘密情報を扱う場合は必ず secure string を選択するようにしてください。

◦「信頼できないイメージの使用」への対策

検証が不十分な外部コンテナイメージを利用することは、脆弱性の混入やマルウェアのリスクを内在させることになります。自分たちがビルドし、十分にテストされたイメージを利用して、これらの脅威を排除すべきでしょう。

基本的な対策は、**自分たちの環境内における信頼できるイメージとレジストリの一元的な管理**です。AWSでは、マネージドなレジストリサービスであるECRを活用することでイメージの一元管理が容易に実現できます。

さらなる対策として有効なのが、イメージの署名検証です。ベースイメージ等の改ざん検知を行うために、Dockerでは「DCT（Docker Content Trust）」と呼ばれる仕組みがあります[*3-65]。これによりコンテナイメージに対してデジタル署名を付与することで、レジストリに保存されているイメージの整合性と公開者情報を検証できます。

例えば、Docker Hub上に署名済みベースイメージが公開されている場合、DCTを有効化することで事前にベースイメージの改ざんの有無を確認できます。CodeBuildでイメージをビルドする際、DCTを有効化することでCI/CDと連動しつつ、ベースイメージの整合性チェックを自動化させることもできます。

| Column / **ECRにおけるイメージ署名の検証について** |

利用者がDCTによりコンテナイメージの整合性を検証する場合、鍵を生成してイメージに署名を行い、レジストリへプッシュすることになります。

本書執筆時点（2022年4月）において、Docker Hubは署名されたイメージのプッシュに対応していますが、残念ながらECRは対応していません。

AWSが公開しているコンテナロードマップ上のIssueとして取り上げられており[*3-66]、現在対応中とのことなので関心のある方は適宜ウォッチするとよいでしょう。

*3-65　https://docs.docker.com/engine/security/trust/
*3-66　https://github.com/aws/containers-roadmap/issues/43

▶ レジストリに対するセキュリティ対策

レジストリに対するセキュリティ対策を検討します。

レジストリサービスとしてECRを利用する場合、レジストリ自体をホストするOSレイヤはAWS側の責務であるため、利用者側での考慮は不要です。また、NIST SP800-190の項目である「レジストリへのセキュアでない接続」に関しても、ECRへのアクセスは全てHTTPSにて通信保護されています。そのため利用者側での明示的な対策は不要です。

一方、次の図のように、レジストリに保管するイメージの管理やレジストリ自体の認証・認可に関してはセキュリティ観点で考慮しなければなりません。

▼図3-5-10　レジストリに対するセキュリティ対策のポイント

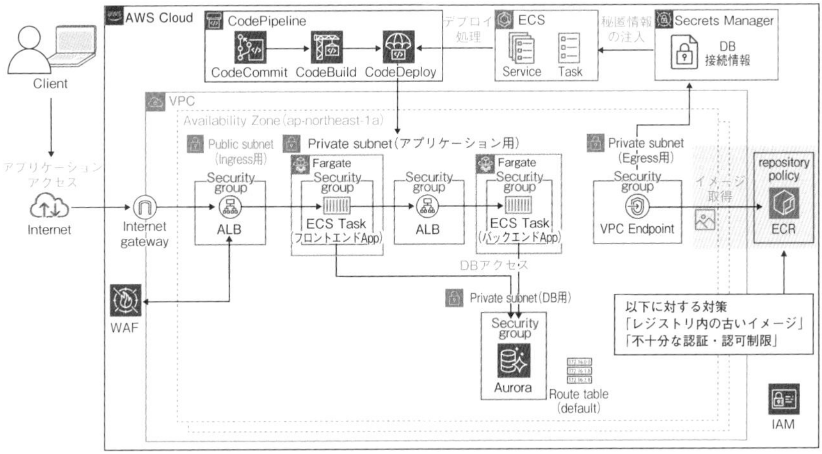

これら2点に対するセキュリティ設計のアプローチを見ていきましょう。

●「レジストリ内の古いイメージ」に対する対策

コンテナイメージはタグを利用することで複数バージョンを管理することが一般的です。

ある程度過去のバージョンを管理することはリリース後の戻しの観点等から有効ですが、それらは時間の経過とともに脆弱性を多数含むバージョンへと変わっていきます。それらが仮にプロダクション環境にデプロイされてしまうとセキュリティリスクとなるため、イメージのバージョンも適切に管理するのが望ましい

でしょう。

「イメージのメンテナンス運用」（114ページ）で既に取り上げていますが、ECRではライフサイクルポリシーを適切に設定することでバージョン管理を容易に自動化できます。運用面やコスト観点だけでなく、セキュリティ観点でも古いイメージは適切に削除しましょう。

ところで、ECRではリポジトリにプッシュ済みのタグと同じタグ名のイメージをプッシュすることで上書きできます。タグが上書きされると、既に存在していたイメージのタグが外れてしまい（untagged状態）、イメージのバージョン情報が消失します。仮にECS上にデプロイ済みのECSタスクが消失したバージョンのイメージを参照している場合、整合性が取れなくなる危険性を含んでいます。

ECRではイメージタグの上書きを禁止するIMMUTABLE設定が可能となっています[3-67]。コンテナイメージの一貫性を維持する観点や不正なイメージの混入を防ぐ観点からも有効化しておくとよいでしょう。

○「不十分な認証・認可制限」に対する対策

レジストリの認証・認可が不十分である場合、想定外の送信元アクセスを許可することになり、イメージの改ざんや情報流出の原因となってしまいます。

ECRでイメージを操作する場合、まずはログインが必要であり、ログインに必要なクレデンシャルはIAMポリシーが付与されているIAMユーザーやIAMロールに限られます。IAMポリシーの設計に注意を払うことで一定の認証レベルは達成できるでしょう。

また、ECRを利用する上で、さらにセキュリティを高めるために次のような基本対策も有効です。

プライベートリポジトリの選択
- -

ECRでは、特定のIAMアクセス権限が与えられたユーザーやロールのみがアクセス可能なプライベートレジストリ[3-68]と、プッシュしたイメージがインターネット上に一般公開されるパブリックレジストリ[3-69]が選択できます。一

*3-67 https://docs.aws.amazon.com/ja_jp/AmazonECR/latest/userguide/image-tag-mutability.html

*3-68 https://docs.aws.amazon.com/ja_jp/AmazonECR/latest/userguide/what-is-ecr.html

*3-69 https://docs.aws.amazon.com/ja_jp/AmazonECR/latest/public/public-repositories.html

般公開用途で利用しない限り、ECR作成時にプライベート設定となっていることを必ず確認しましょう。

Column / IAMポリシーによるパブリック化の禁止

次のようなポリシーを設定することで、ECRのパブリックリポジトリ作成を禁止できます[3-70]。

オペレーションミスにより、想定外に公開してしまうリスクを減らすための1つの有効な手段です。

◆ ECRのパブリックリポジトリを禁止

```
{
    "Version": "2012-10-17",
    "Statement": [
        {
            "Effect": "Deny",
            "Action": [
                "ecr-public:*"
            ],
            "Resource": "*"
        }
    ]
}
```

さらにAWS OrganizationsのService Control Policy (SCP) に適用することで、Organizationsの組織内でポリシーを継承・適用でき、AWSアカウントレベルでのガバナンスを実現できます。AWSが提唱する予防的ガードレール戦略の1つとして、ガバナンスを強化する目的としても有効です。

リポジトリポリシーの活用

IAMポリシーだけでなく、リポジトリ自体にもポリシーを設定することで、きめ細やかなアクセス制御ができます[3-71]。

ECRへのコンテナイメージのプッシュは、開発者がAPIやCLIを介して手動実行できます。一方、プロダクション用のECRに対して手動プッシュを許容して

---

*3-70 https://docs.aws.amazon.com/ja_jp/service-authorization/latest/reference/list_amazonelasticcontainerregistrypublic.html

*3-71 https://docs.aws.amazon.com/ja_jp/AmazonECR/latest/userguide/repository-policies.html

しまうと、CI/CDで定めた運用ルールから逸脱したイメージがプロダクション環境に展開されてしまう可能性があります。

　CI/CDによるデプロイ自動化は実現しつつ、管理者を含む全てのIAMユーザーからのイメージの手動プッシュを確実に防ぐことでガバナンスを強化したい場合、次のようなリポジトリポリシーの設計が有効です。

▼図3-5-11　ECRリポジトリポリシーを利用した認証・認可の設定

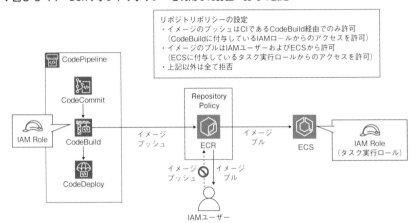

組織やサービス上要求されるガバナンス・コンプライアンス要件と照らし合わせつつ、リポジトリポリシーも活用しましょう。

▷ オーケストレータに対するセキュリティ対策

　オーケストレータとしてECSを利用する場合、ホストするOSレイヤはAWS側責務であるため、利用者側での考慮は不要です。

　利用者側の責任は主に次の項目となります。

▼図3-5-12 オーケストレータに対するセキュリティ対策のポイント

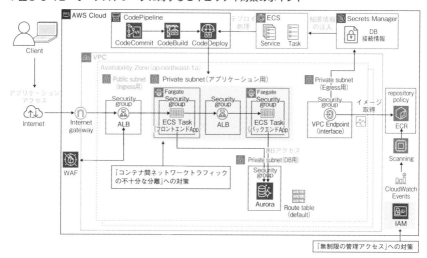

○「無制限の管理アクセス」への対策

　ECSはコンテナワークロードを実現する中心的な位置づけであり、ゆえに、あらゆる利用元に対してECSの管理アクセス制限を疎かにすることは望ましくありません。

　ECSに限った話ではないですが、AWSリソースの利用に関して、AWSではIAMによる最小権限の原則を推奨しています[*3-72]。

　例えば、IAMユーザーが割り当てられた利用者の職務ごとにIAMグループを割り当て、付与するIAMポリシーに従ってECSの操作スコープを限定することで管理アクセスを制限できます。

　また、各業務のチームに対応するIAMグループと各業務を掌握するECSクラスターを対応づけることで、業務リソース単位での権限分離も可能です。

*3-72　https://docs.aws.amazon.com/ja_jp/IAM/latest/UserGuide/best-practices.html

▼図3-5-13　IAMポリシーによる職務を考慮したECSクラスターへのアクセス制限

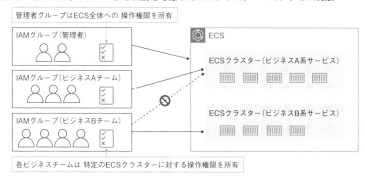

IAMにより柔軟なアクセス制限を実現できる一方、最小権限の法則に従ったIAM設計は複雑になりがちです。**職務に従った権限付与は適切に行うべきですが、ECSクラスターごとにアクセスを分離すべきかどうかは正直なところ求められる要件次第**でしょう。

権限を縛りすぎると、開発アジリティを損ねかねないので、設計の選択肢としてまずは知っておく程度でよいと筆者は考えています。

◉「コンテナ間ネットワークトラフィックの不十分な分離」への対策

ECS/Fargateで起動するECSタスクは全てVPC上に配置されます。ECSタスクに関するネットワーク接続方法はいくつかあり、これは「ネットワークモード」と呼ばれます。

Fargate上にホストされるECSタスクの場合、「awsvpc」と呼ばれるネットワークモードが選択されます。ECSタスクごとに独自のENI（Elastic Network Interface）が割り当てられ、そこにプライベートIPv4アドレスが割り当てられます。これにより、ECSタスクを独立したネットワークサービスとしてとらえることができます。

ところで、IPv4アドレスがECSタスクに割り当てられると、それ自体がネットワーク上のノードとして位置づけられます。このことから、**ECS/FargateのネットワークセキュリティはVPC全体を俯瞰して考えた方がよいでしょう。**

コンテナ間ネットワークトラフィックに関するセキュリティは、「「コンテナからの無制限ネットワークアクセス」への対策」（142ページ）と併せて整理します。

▷ コンテナに対するセキュリティ対策

コンテナに対するセキュリティ対策は、大きく分けて「稼働するコンテナ自体やランタイムに対するもの」と「ネットワークに関するもの」に分けられます。

ECS/Fargate利用時においては、コンテナランタイム自体はマネージドサービスの扱いとなり、利用者の責任から外れます。そのため、利用者側で必要となるセキュリティ対策は次の3点です。

▼図3-5-14　コンテナに対するセキュリティ対策のポイント

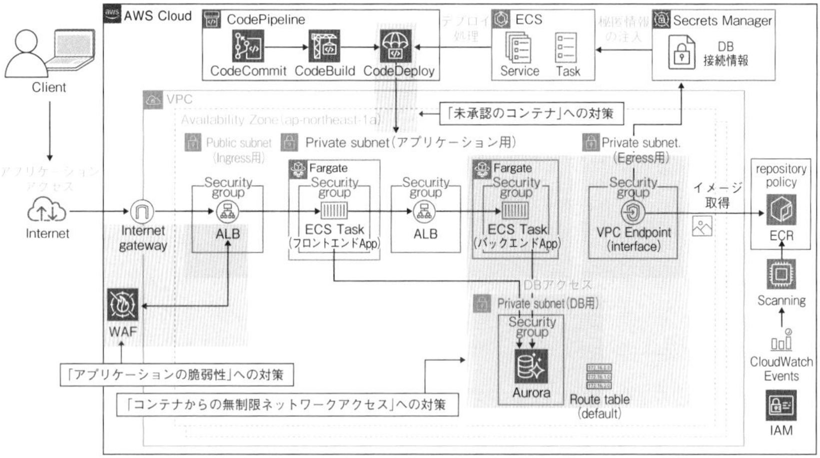

◎「コンテナからの無制限ネットワークアクセス」への対策

「「コンテナ間ネットワークトラフィックの不十分な分離」への対策」(141ページ)でも述べた通り、ECSタスクはそれぞれENIが割り当てられ、IPv4アドレスを持ちます。それによってECSタスク同士が内部的に通信できるだけでなく、パブリックIPアドレスを持つことで外部とのやり取りもできます。

そこで、ECSタスクから構成されるVPCネットワークにおいては、次の3点が設計のポイントとなります。

- パブリックネットワーク→VPCへの通信
- ECSタスク間の通信
- VPC→パブリックネットワークへの通信

▼図3-5-15　ECSタスクにおけるネットワークセキュリティ対策の設計ポイント

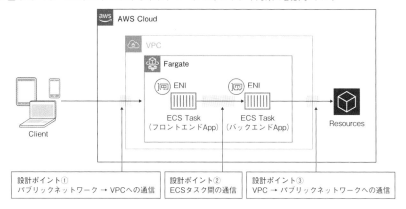

パブリックネットワーク→VPCへの通信

パブリックネットワークからECSタスクと通信する方法はいくつかあります。

AWSでは、ECSタスクに直接パブリックIPアドレスを自動的に割り当てることができます。ECSタスクをインターネットゲートウェイとの通信が可能なパブリックサブネット上に配置し、パブリックIPアドレスを割り振ることで手っ取り早くパブリックネットワークと通信させることが可能です。

▼図3-5-16　パブリックネットワークからVPC内のECSタスクへのアクセス

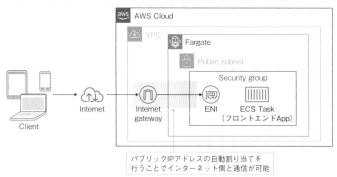

一方、セキュリティの面で見るとどうでしょうか。

この構成では、パブリックネットワーク側からの通信を制御するのは、ECSタスク（もしくはECSサービス）に割り当てられたセキュリティグループかアプリケーション内部での処理制御となります。

プロダクション運用を前提とした場合、特定のIPアドレスやポート番号によるネットワーク制御に加えて、特定のHTTPヘッダ付与やHTTPメソッドのみを許可したいケースが往々にしてあります。また、この構成ではアプリケーションレベルでのセキュリティ攻撃（SQLインジェクションやクロスサイトスクリプティング等）に対応するためには、多くの労力が必要となります。パブリックな通信がプライベートなネットワーク空間に流入してしまう前に、ある程度の脅威を防ぐことができればセキュリティ観点でより安全といえるでしょう。

AWSではマネージドなWAF（Web Application Firewall）サービスを提供しています。**WAFを活用することで、アプリケーションレベルのセキュリティ対策を施すことが可能**です。ただし、WAFと連携可能なサービスが次の3つに限定されています。

- CloudFront
- ALB（Application Load Balancer）
- API Gateway（HTTP APIは未対応）

そのため、WAFを利用したインターネット経由のECSタスク通信にはこれらのサービス連携を考慮した設計が必要です。

代表的な構成はALBを利用する例です。ALBをパブリックサブネットに配置し、ECSタスクをプライベートサブネットに配置することで、可用性向上を実現しつつセキュリティを向上できます。

さらに、ECSタスクに紐付くセキュリティグループのインバウンドルールとして、ALBに紐付くセキュリティグループIDからのみ許可するルールを追加することで、ALBとECSタスク間は必要最低限のネットワーク要件を実現できます。

▽図3-5-17 ALBとWAFを活用したネットワークセキュリティ対策

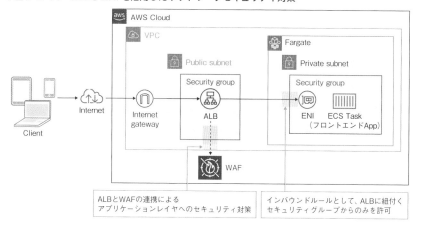

ECS/Fargateの設計トピックから少し脱線しますが、**インターネットに面した AWSのサービスにおいては透過的にAWS Shield Standardが適用**されま す[*3-73]。これにより、ネットワークのレイヤ3、4を標的とするDDoS攻撃の脅 威から保護されています。

AWSではDDoS攻撃に対する対処のベストプラクティスをホワイトペーパーと して提供しています[*3-74]。設計にあたり、ぜひ一読しておくことをオススメし ます。

また、WAFに関してはAWSが提供するBlack Beltシリーズの資料がたいへん わかりやすく、こちらも一度目を通しておきましょう[*3-75]。

ECSタスク間の通信

ECSタスク間のネットワークに関しては、ECSタスクやALBに紐付くセキュ リティグループのルールを適切に設定することで通信を容易に制御できます。 EC2インスタンスを利用する場合の設計ポイントとさほど変わらず、EC2イン スタンスの運用経験がある方にとっては馴染みのある構成でしょう。

次の例では、バックエンドアプリケーション用ALBのセキュリティグループ

*3-73 https://www.slideshare.net/AmazonWebServicesJapan/20200818-aws-black- belt-online-seminar-aws-shield-advanced/22

*3-74 https://d1.awsstatic.com/whitepapers/Security/DDoS_White_Paper.pdf

*3-75 https://www.slideshare.net/AmazonWebServicesJapan/20200324-aws-black- belt-online-seminar-aws-waf

のインバウンドルールとして、フロントエンドアプリケーションのECSタスクに紐付くセキュリティグループIDを設定することで、ALBに到達可能な送信元を制御しています。

▼図3-5-18　セキュリティグループによるECSタスク間のネットワークセキュリティ対策

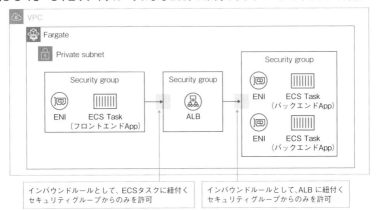

Column **セキュリティグループのアウトバウンドルールは厳密に定義すべきか**

　セキュリティグループはインバウンドのルールだけではなく、アウトバウンドルールによる通信制御も可能です。

　AWS マネジメントコンソールからセキュリティグループを作成する場合、デフォルトでは特に制御されておらず、あらゆる送信先が許可された状態になっています。読者の皆さまの中でも、アウトバウンドルールを設定していないケースも多いのではないでしょうか。このアウトバウンドルールをしっかりと定義すべきかという質問に対して、**セキュリティ要件と運用管理負荷のバランス次第**というのが筆者の意見です。

　仮に全ての通信に関してアウトバウンドルールを設定する場合、管理すべきルールが多くなるだけでなく、新しいECSタスクを追加した場合の通信要件も煩雑になります。一方、PCI DSS等の金融コンプライアンス要件によっては、アウトバウンド通信許可の設定が必須とされているケースもあります[3-76]。また、VPC外の他システムと通信する場合に他組織への通信に関してはセキュリティレベルを高めるという意味で、明示的に設定するケースも見受けられます。ビジネス要件に合わせて、セキュリティ設定の深度を判断しましょう。

*3-76　https://d1.awsstatic.com/whitepapers/ja_JP/compliance/pci-dss-compliance-on-aws.pdf

VPC→パブリックネットワークへの通信

VPC内からリージョンサービスにアクセスするためには、パブリックネットワークへのネットワーク経路が必要です。これは、ECSタスク上からS3上のバケットにファイルをアップロードしたり、CloudWatchに対してログを転送する場合等が該当します。

シンプルに実現する構成として、ECSタスクに直接パブリックIPアドレスを自動的に割り当ててパブリックサブネットに配置することで通信可能です[*3-77]。

▼図3-5-19　VPC内ECSタスクからパブリックネットワークへのアクセス

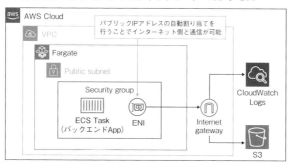

先ほどの「パブリックネットワーク→VPCとの通信」と同様、この構成例では、ECSタスクはパブリックサブネットへの配置となります。特段の理由がなければ、セキュリティ観点からECSタスクへのパブリックIPアドレスの付与は避けましょう（AWSではプライベートサブネットへのコンテナ配置を推奨しています[*3-78]）。

そこでプライベートサブネットにECSタスクを配置しつつ、パブリックネットワークと通信する方法としてよく採用されるのが、NATゲートウェイによるネットワーク設計です。具体的には、NATゲートウェイをパブリックネットワークに配置し、ECSタスクをプライベートサブネットに配置します。このプライベートサブネットに対して、NATゲートウェイへのルートが追加されたルート

---

*3-77　正確に述べると、awsvpcネットワークモードにより、ECSタスクに割り当てられたタスクENI（Elastic Network Interface）に対してパブリックIPアドレスが割り当てられます。ECSタスクに直接パブリックIPアドレスが付与できるのは、Fargateとして構成される場合です。EC2インスタンスでホストされるECSタスク構成の場合、タスクENIに対してパブリックIPを付与できません（https://docs.aws.amazon.com/ja_jp/AmazonECS/latest/userguide/service-configure-network.html）。

*3-78　https://www.slideshare.net/AmazonWebServicesJapan/20191125-container-security

テーブルを設定することで、パブリックネットワークへの通信はNATゲートウェイを介した通信に限定できます。

▼図3-5-20　NATゲートウェイを活用したネットワークセキュリティ対策

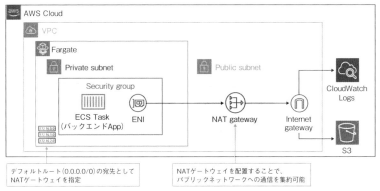

コンプライアンス要件等によっては、可能な限りネットワークトラフィックをプライベートに維持することが求められるケースもあります。この場合、NATゲートウェイを利用したパターンではパブリックネットワークを経由することになり、要件を満たすことができません。

AWSではVPCサービスとリージョンサービス間をプライベートに通信するために「VPCエンドポイント」と呼ばれるサービスが提供されています。VPCエンドポイントはゲートウェイ型とインタフェース型の2種類があります。VPCエンドポイントはAWSサービス単位で用意する必要があり、2種類のうち、AWSサービスごとにどちらを利用するか明確に定められています。

先ほどの例を基にプライベート構成にする場合、S3用のゲートウェイ型VPCエンドポイントとCloudWatch Logs用のインタフェース型VPCエンドポイントを作成します。また、それぞれのVPCエンドポイントに対してルートテーブルの追加やセキュリティグループの設定も併せて必要です。

次の図にその構成例を示します。

▼図3-5-21　インタフェース型VPCエンドポイントによるAWS内サービス間通信

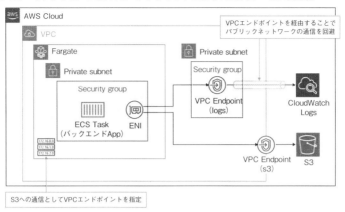

ここでECS/Fargateを利用する観点で見てみましょう。

　ECRと連携してコンテナイメージを取得する場合、合計3つのVPCエンドポイント（S3用ゲートウェイ型エンドポイント1つとECR用インタフェース型VPCエンドポイント2つ）が必要になります。また、CloudWatch Logsと連携してログ出力を行う場合はこちらのエンドポイントも作成しなければなりません。さらには、アプリケーション上の認証情報等をSecrets ManagerやSystems Managerのパラメータストア経由でECSに連携させる場合もインタフェース型VPCエンドポイントが必要です。

　このように、VPC内のAWSサービスとVPC外のAWSサービスがプライベートに通信するためには、連携するAWSサービスごとにVPCエンドポイントを作成しなければなりません。

▽図3-5-22　各AWSサービスに対応するVPCエンドポイントの作成

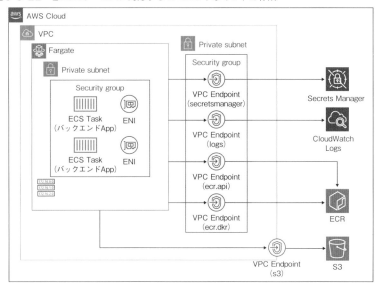

　ここで懸念されるのはコストです。

　ゲートウェイ型のVPCエンドポイントは無料で利用できますが、インタフェース型のVPCエンドポイントは時間単位の課金が発生します（正確には、時間料金と処理データに応じた料金が発生します）。

　また、可用性を高めるためにマルチAZ構成の方針とした場合、インタフェース型VPCエンドポイントもAZごとのサブネット配置となり、時間料金の支払いがその分必要となります。

　例えば、CloudWatch LogsのVPCエンドポイントを2つのAZで作成する場合、時間課金だけで1か月あたり約2,700円程度となります＊3-79。一方、NATゲートウェイのマルチAZ構成が約12,000円です。インタフェース型のVPCエンドポイントの構築要件が多くなると、結局NATゲートウェイを経由した構成の方が安くなる場合もあります。

　また、ECSタスクがインターネットサービスとの通信要件を必要とする場合、結局のところNATゲートウェイを配置することになります。セキュリティ要件

＊3-79　インタフェース型のVPCエンドポイントは時間料金だけでなく、処理するデータ量に応じても料金が発生します（https://aws.amazon.com/jp/privatelink/pricing/）。大量のデータ転送が発生する要件では事前のコスト概算を行いましょう。

150

とコスト要件のバランス次第ですが、コストを圧縮する優先度が高くなった場合、NATゲートウェイに集約してしまった方がよい、という判断になるでしょう[3-80]。

ビジネス要件やコンプライアンス要件に従ってVPCエンドポイントの作成判断を心がけてください。

Column / なぜECRでは複数のVPCエンドポイントが必要になるのか

VPCエンドポイントを経由してECRにアクセスする場合、ECR用だけではなく、S3用のVPCエンドポイントも必要です[3-81]。

理由として、ECRに保存されるコンテナイメージは実態としてS3に保存されるためです[3-82]。これにより、コンテナイメージに対する優れたデータの耐久性が実現されています。

また、Fargateのプラットフォームバージョンにより、必要となるECRのVPCエンドポイントの種類が異なります。初期構築時には見逃しやすいポイントとなるので、留意しましょう。

◎「アプリケーションの脆弱性」への対策

コンテナの利用によらず、アプリケーション自体の脆弱性対策はセキュリティ対策の基本です。セキュアコーディングの実践や、「「コンテナからの無制限ネットワークアクセス」への対策」(142ページ)にて述べたWAFの設置はアプリケーションへの攻撃に対する基本的な対策として有効でしょう[3-83]。

ところで、ECSタスク定義では、コンテナのルートファイルシステムアクセスを読み取り専用に変更できます[3-84]。事前に読み取り専用化を考慮しておくことで、仮に不正なプログラムが混入した場合にも、ファイル改ざんに関する脅威を小さくできます。

---

*3-80 NATゲートウェイとインタフェースVPCエンドポイントでは処理データあたりのコストが異なります。大量のデータを処理するワークロードである場合、インタフェースVPCエンドポイントを積極的に利用する方が料金を節約できます。ワークロードの特性を踏まえつつ、データ処理に関するコストも留意してください。

*3-81 https://docs.aws.amazon.com/ja_jp/AmazonECR/latest/userguide/vpc-endpoints.html

*3-82 https://aws.amazon.com/jp/ecr/features/

*3-83 一例ですが、JPCERTがセキュアコーディングに関する情報を公開しています(https://www.jpcert.or.jp/securecoding/)。

*3-84 https://docs.aws.amazon.com/ja_jp/AmazonECS/latest/developerguide/task_definition_parameters.html#ContainerDefinition-readonlyRootFilesystem

アプリケーションの動作仕様として、ルートファイルシステム上へのファイル書き込みが発生しない場合はセキュリティ対策として忘れずに盛り込むことをオススメします。

◉「未承認のコンテナ」への対策

　ステージング環境やプロダクション環境等のガバナンスが意識される環境では、稼働するコンテナが適切な承認プロセスを経た上で、コンテナがデプロイされることを徹底しなければならないケースがあります。このケースへの対策として、IAMポリシーやリポジトリポリシーを駆使することで、未承認コンテナのデプロイを阻止できます。

　例として、次のような前提（環境、デプロイ条件）で未承認コンテナへの対策を検討してみましょう。

- 開発環境：CI/CDによるビルドコンテナイメージからのデプロイを基本とするが、手動でビルドおよびプッシュされたコンテナイメージからのデプロイを許容する
- ステージング環境：CI/CDによりビルドコンテナイメージからのデプロイを必須とし、それ以外のイメージからのデプロイは禁止する
- プロダクション環境：ステージング環境用CI/CDにてビルド・デプロイ済みイメージからのデプロイを必須とし、それ以外のイメージからのデプロイは禁止する

　「イメージのメンテナンス運用」（114ページ）でも取り上げたマルチアカウント構成をベースに考えると、次のように設計することで事前に定義されたコンテナを確実にデプロイできると考えられるのではないでしょうか。

- ステージング/プロダクション用ECRのリポジトリポリシーにて、CI/CD（CodeBuildに付与するIAMロール）以外のイメージプッシュを拒否する
- IAMユーザーに割り当てられるIAMポリシーにて、ECSタスク定義の更新を拒否する

　1つ目は、「リポジトリポリシーの活用」（138ページ）を実践することで実現できます。

　2つ目に関しては、ECSタスクの更新権限が与えられると、自由にデプロイ対象となるコンテナのイメージを指定できてしまいます。そのため、拒否ポリシー

を定義することで、未承認のコンテナデプロイを防ぐことができます。

　以上の内容を反映すると、次のような設計ができあがるでしょう。

▼図3-5-23　未承認コンテナ利用へのセキュリティ対策

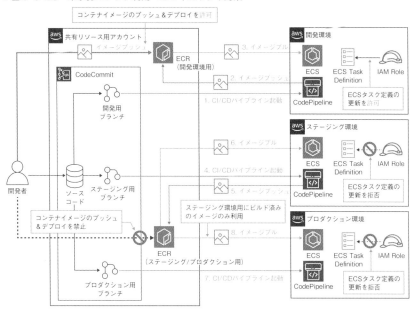

　これらは承認済みコンテナのみを確実に利用する際の一例です。

　AWSの各種ポリシーを上手に活用することが、イメージ改ざん等から守るポイントです。それぞれの環境に求められるセキュリティを定義し、承認プロセスを考慮しながら安全なコンテナをデプロイするように心がけましょう。

　以上、セキュリティに関する設計の紹介でした。

信頼性設計

本章3つ目のテーマは「信頼性」に関する設計です。信頼性に関するWell-Architectedフレームワークの設計原則[*3-85]を見てみると、次のような内容が掲げられています。

- 障害から自動的に復旧する
- 復旧手順をテストする
- 水平方向にスケールしてワークロード全体の可用性を高める
- キャパシティを推測することをやめる
- オートメーションで変更を管理する

特にポイントとなるキーワードが「障害」「復旧」「可用性」「自動」です。

システム全体を安定運用するために、さまざまなシステム障害を想定しておくことが迅速な復旧に繋がります。システム要件としての可用性を満たすために適切な構成を検討することは、コンテナのみならずアーキテクチャを検討する上で重要な観点でしょう。

本章では、次のようなトピックにフォーカスして設計を検討していきます。

▼図3-6-1 「信頼性」に沿った設計のポイント

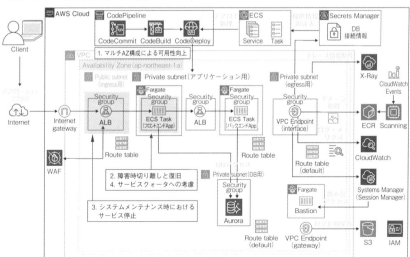

▷ マルチAZ構成による可用性向上

可用性を高めるための方法はいくつかありますが、その代表的な1つの方法が「マルチAZ構成」です。AZ（Availability Zone）[3-86] は複数のデータセンターで構成され、地理、電源、ネットワークが分離されています。マルチAZ構成とすることで、AWS側の物理的な障害や広域被災に対する可用性を高めることができます。既にAWSを利用されている方にとっては、馴染みのあるベストプラクティスの1つでしょう。

オンプレミス構成とクラウド利用においては「可用性」に対するとらえ方が異なります。

クラウド利用時においては、複数AZにまたがったアーキテクチャを構築することが容易です。ECS/FargateにおいてもマルチAZ構成でシステムを設計することにより、可用性を高めることができます。基本的な構成は次のようになります。

▼ 図3-6-2　マルチAZ構成によるECSタスクの配置

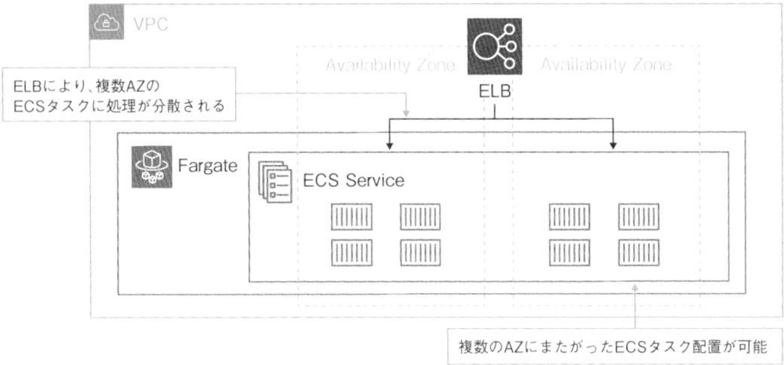

Fargateで ECS サービスを稼働させると、**ECSサービス内部のスケジューラーがベストエフォートでAZ間の負荷バランスを調整しながらECSタスクを配置**[3-87] してくれます。そのため利用者はタスクのAZ配置に関する戦略や作り込みをする必要がありません。

*3-85 https://docs.aws.amazon.com/ja_jp/wellarchitected/latest/reliability-pillar/design-principles.html

*3-86 https://aws.amazon.com/jp/about-aws/global-infrastructure/regions_az/

*3-87 https://docs.aws.amazon.com/ja_jp/AmazonECS/latest/developerguide/ecs_services.html#service_scheduler

▼図3-6-3　ECSサービススケジューラーによるECSタスクのAZ分散配置

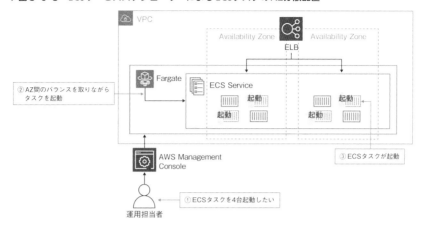

▷ 障害時切り離しと復旧

　Amazon.comのCTOであるWerner Vogels氏は「Everything fails all the time.」*3-88というメッセージを発信しています。「全ては壊れる」ことを前提としてシステム構成を検討すべきであり、クラウド上のシステム設計においても「Design for Failure」に従うことで堅牢なシステムとなります。

　当然ながらシステム障害を未然に防ぐことも重要ですが、障害を自動的に検知し、復旧できる仕組みを築くことができれば理想でしょう。AWSでコンテナを利用する場合においても、他のAWSサービスと連携することで障害時のスムーズな復旧が実現可能です。

◉CloudWatchを活用したECSタスクの障害検知

　ECSはCloudWatchを組み合わせることでECSタスクの障害やアプリケーションのエラーを検知できます。CloudWatch側にてECSの各種メトリクスが用意されていますが、これらをCloudWatchアラームと連携させることで通知を自動化できます。

---

*3-88　https://docs.aws.amazon.com/whitepapers/latest/running-containerized-microservices/design-for-failure.html

▼図3-6-4 CloudWatchによるECSタスク障害の検知

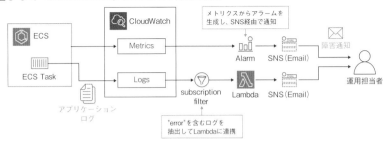

ECSタスク障害を検知するには、RunningTaskCountメトリクスもしくは
TaskCountメトリクスとCloudWatchアラームの組み合わせが有効です*3-89。こ
こで少し補足になりますが、RunningTaskCountメトリクスとTaskCountメトリ
クスの違いは **CloudWatchのディメンション**です。

▼表3-6-1 ECSタスク障害検知に利用可能なCloudWatchメトリクス

メトリクス名	ディメンション	説明
TaskCount	ECSクラスター	稼働しているタスク数
RunningTaskCount	ECSサービス	稼働しているタスク数

例として、ECSクラスター内にECSサービスが2つ定義されていると仮定しま
しょう。また、ECSサービスには属さず、ECSクラスター内にスタンドアローン
で稼働しているECSタスクが存在する場合、RunningTaskCountとTaskCountは
次のようになります。

---

*3-89 いずれのメトリクスもCloudWatch Container Insightsの有効化が必要です。CloudWatch
Container Insightsを有効化せずに標準メトリクスでECSタスク数に関する情報を取得する場合、
CPUUtilizationもしくはMemoryUtilizationのサンプル数を利用します（https://docs.aws.
amazon.com/ja_jp/AmazonECS/latest/developerguide/cloudwatch-metrics.
html#cw_running_task_count）。

▼図3-6-5　障害発生前のECSタスクとCloudWatchメトリクス

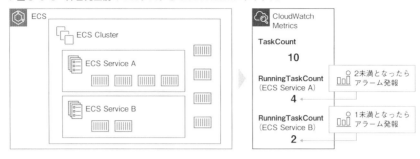

　ここで、各ECSサービスのRunningTaskCountごとにCloudWatchアラームを定義しましょう。仮にECSタスクが停止してメトリクスに変化があった場合、次のようになります。

▼図3-6-6　障害発生後のECSタスクとCloudWatchメトリクス

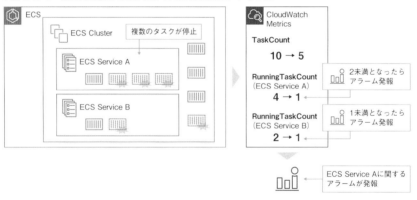

　このようにECS/Fargate構成時においても、CloudWatchは障害検出に関する重要な役割を担います。

　稼働しているタスクがECSサービスに属しているか、スタンドアローンかによって対象となるメトリクスが異なる点に留意しましょう。

◉ECSサービスによるECSタスクの自動復旧

　ECSサービスを利用した場合、ECSサービス作成時に指定したタスク数を維持しようとします。そのため、**停止されたECSタスクは自動で起動**されます。

AWS内部の一時的なハードウェア障害等によるECSタスク停止は、このスケジューラー設定で救われるケースがほとんどです。

▽図3-6-7　ECSサービスによるECSタスク自動復旧の様子

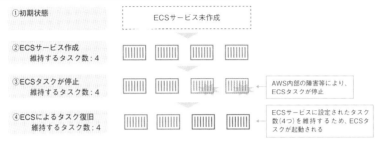

ECSタスクが自動復旧するのであればでわざわざアラーム通知しなくてもよいのでは、と思われる読者の方もいるのではないでしょうか。

次のような例では、ECSサービスによってすぐに復旧されるためビジネスへの影響が出ないと考え、単一のECSタスク停止時のアラーム通知は不要としてもよいケースもあります。

- 6つのECSタスクが稼働している
- かつ、1つのECSタスクが停止しても残りの5つでサービス継続が可能

ミッションクリティカルな機能を担うシステム例では、ECSタスクが1つでも停止した場合、アプリケーションやデータの不整合が発生していないか可能な限り迅速な状況確認が求められます。ゆえに、ECSタスク数変動に関するアラーム通知が必要となることも考えられます[3-90]。

ECSタスク障害時のアラーム要否はビジネスに強く依存します。業務影響への確認を優先してタスク停止自体を検知すべきか、自動復旧を見越して検知条件を和らげるか、ビジネス要件と照らし合わせながら設計しましょう。

＊3-90　少なくともECSによるWebアプリケーション機能を提供する場合、システム可用性が損なわれた場合に何らかのアクションを起こす目的から、利用者からの処理を十分に捌けないECSタスク数（ECSタスク数が1未満等）となる場合にアラームが通知されるようにCloudWatchアラームを定義するとよいと筆者は考えています。

⊙ALBと連動したECSタスクの切り離しと自動復旧

ECSサービス上でアプリケーションを稼働させる場合、ALBと組み合わせることで可用性を高める設計が可能です。

ALBターゲットグループにECSタスクを登録しておくと、ECSタスク障害時にALB側が対象のECSタスクをターゲットから自動的に除外します。ALBに対するリクエストは正常に稼働しているECSタスクにのみ振り分けられるため、サービス全体の可用性が向上します。

次の図は、ECSタスクが停止した際の流れになります。

▼図3-6-8　障害時におけるALBによるECSタスクの切り離し

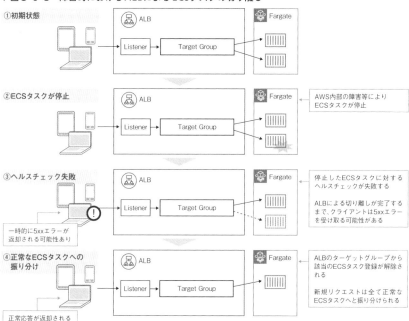

ECSタスク障害が発生すると、ALBターゲットグループからECSタスクに対するヘルスチェックが失敗します。そして、ALBはターゲットグループにより該当するECSタスクの登録を解除します。

ただし解除が完了するまでにクライアント側のリクエストが発生した場合、ALBは5xxエラー（502 Bad Gateway等）を返却する可能性があります[3-91]。登

*3-91　https://docs.aws.amazon.com/ja_jp/elasticloadbalancing/latest/application/load-balancer-troubleshooting.html#http-502-issues

録解除後は正常なECSタスクにのみ振り分けられますが、一時的なエラーが発生しうる点に注意してください。

○メンテナンスによるECSタスク停止への対処

ECSタスク自体の障害時だけでなく、コントロールプレーンからECSタスクに対して停止状態を指示された際のハンドリングに関しても考慮が必要です。

ECSは、AWS内部におけるハードウェア障害やセキュリティ脆弱性が存在するプラットフォームであると判断された場合、新しいECSタスクに置き換えるイベントを発生させます。

Fargate上で稼働しているECSタスクに関しては、必要なパッチ適用や内部のインフラストラクチャ更新に伴いメンテナンスイベントが発生します。メンテナンスイベントが実施される数日前に利用者に対して日付と対象のFargateタスクIDが通知がされ、Fargateタスクが停止される可能性があります[3-92]。処理の整合性が求められるビジネスでは、これらのイベントにより停止指示がなされた際、適切にアプリケーションをハンドリングすることが求められます。

ECSでは、ECSタスク停止を指示する際、対象のECSタスクに対してSIGTERMシグナル[3-93]を送信します。SIGTERMに対してアプリケーションの応答がない場合、デフォルト30秒でタイムアウト[3-94]し、その後SIGKILLシグナル[3-95]が発行されます。

---

*3-92 https://docs.aws.amazon.com/ja_jp/AmazonECS/latest/userguide/task-maintenance.html

*3-93 シグナルとはプロセスに対して送信される信号であり、SIGTERMは送信先に対してプロセスの終了を要求するシグナルです。つまり、ECSからSIGTERMが発行されると、ECSはアプリケーションに対して終了を指示することになります。

*3-94 ECS/Fargate構成においてSIGKILLシグナル発行までの待機時間はタスク定義パラメータ「stopTimeout」にて変更可能です。詳しくは公式ドキュメント（https://docs.aws.amazon.com/ja_jp/AmazonECS/latest/developerguide/task_definition_parameters.html#container_definition_timeout）を参照してください。

*3-95 SIGKILLはプロセスの強制終了を要求するシグナルです。

▼図3-6-9　メンテナンス時によるECSタスク停止指示の流れ

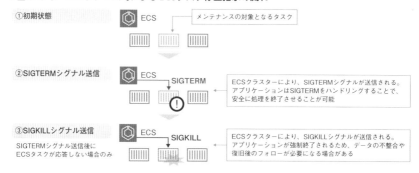

アプリケーションがSIGTERMをハンドリングする実装になっていない場合、SIGKILLにより強制終了されてしまいます。つまり、アプリケーション内部で仕かかり中の処理が突然終了するため、データが失われたり不整合が生じてしまうリスクに繋がります。裏を返せば、**SIGTERM発行後、デフォルトで30秒以内にアプリケーションが適切に終了した場合、SIGKILLは発行されません**[3-96]。

ECS/Fargateでアプリケーションを稼働させる場合、SIGTERMによりアプリケーションが安全に終了できるような実装を心がけてください。

▷システムメンテナンス時におけるサービス停止

アプリケーションやシステム構成、ビジネス上の理由により、リリース時にシステムメンテナンスが必要となるケースがあります。そのような状況に対応できるよう、利用者に対してはメンテナンスの旨を伝えつつも、リリース対象のアプリケーションにリクエストが届かないように配慮した設計が求められます。

具体的な対応策として、利用者に対してはメンテナンスである旨を伝えられるレスポンスやコンテンツを返却できることが理想でしょう。そのようなコンテンツは「Sorryコンテンツ」や「Sorryページ」等と呼ばれています。

ALBと組み合わせてECS/Fargateを利用している場合、SorryコンテンツをALBのリスナールールの定義に設定することで実現できます。

例えば次のように、ECSタスクが登録されているターゲットグループへの転送ルールとメンテナンス時の固定レスポンスを返却するルールを用意しておきます。そして、通常時はECSタスク転送側ルールの優先度を上げておきます。

*3-96　https://aws.amazon.com/jp/blogs/containers/graceful-shutdowns-with-ecs/

▼図3-6-10　通常利用時のALBリスナールール設定

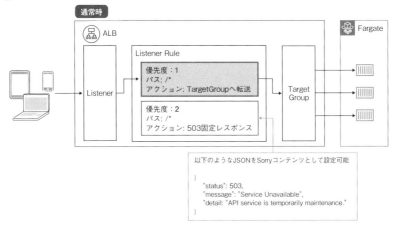

メンテナンスを実施する際は、マネジメントコンソールやLambdaを利用した API等からALBリスナールールの優先度を変更します。固定レスポンスの返却を優先することで、クライアント側にはSorryコンテンツを返却できます。

▼図3-6-11　メンテナンス時のALBリスナールール設定

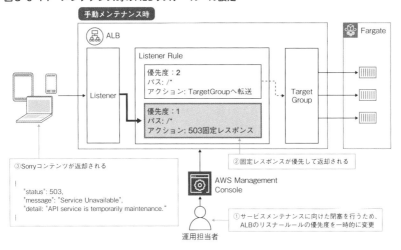

メンテナンス時においては、利用者に対して想定外のエラーを返却しないよう事前にSorryコンテンツの準備を検討し、アプリケーション側のハンドリング実装と併せて考慮しておくことをオススメします。

▶ サービスクォータへの考慮

AWSの各種サービスには、「クォータ」＊3-97と呼ばれる制限があります。

サービスクォータは意図しない利用による課金増加からの保護のために設けられており、ECS/Fargateにおいてもサービスクォータが定められています。昨今、コンテナ技術に関する利用ニーズの高まりから、ECS/Fargateにおいてもサービスクォータの上限値が段階的に引き上げられています＊3-98、99、100。

ECS/Fargateに関連する代表的なクォータとしては次の通りです。

▼表3-6-2　ECSとFargateにおける主要なサービスクォータ

サービスクォータ	説明	デフォルト値
クラスター	現在のリージョン内のこのアカウントのクラスターの最大数	10,000
クラスターあたりのサービス数	クラスターあたりのサービスの最大数	5,000
サービスあたりのタスク数	サービスあたりのタスクの最大数（必要な数）	5,000
Fargateオンデマンドリソース数	現在のリージョンのFargateで、同じアカウントで同時に実行されているECSタスクとEKSポッドの最大数	1,000
Fargate Spotリソース数	現在のリージョンのアカウントにてFargate Spotを同時に実行しているECS タスクの最大数	1,000

紹介したクォータはいずれもリクエストによる値の引き上げが可能です。一方、これらはECS/Fargateに関するサービスクォータ全体の一部です。その他については、オンラインドキュメント＊3-101を参考にしてください。

クォータに関する注意点として、ある程度のシステム規模に達するまでは十分な値ですが、**値の引き上げは自動で行われません**。Auto Scaling等によりECSタスク数が上限に達してしまうと、それ以上はスケールできず、サービス影響が発生してしまう可能性があります。AWSでは、クォータの使用率が80%を超える

＊3-97　https://docs.aws.amazon.com/ja_jp/general/latest/gr/aws_service_limits.html

＊3-98　https://aws.amazon.com/jp/about-aws/whats-new/2020/07/amazon-ecs-announces-increase-service-quota-limits/

＊3-99　https://aws.amazon.com/jp/about-aws/whats-new/2020/09/aws-fargate-increases-default-resource-count-service-quotas/

＊3-100 https://aws.amazon.com/jp/about-aws/whats-new/2021/02/aws-fargate-increases-default-resource-count-service-quotas-to-1000/

＊3-101 https://docs.aws.amazon.com/ja_jp/AmazonECS/latest/developerguide/service-quotas.html

とアラートを通知してくれるTrusted Advisorと呼ばれるサービスがありますが、残念ながらECS/Fargateのクォータ値は対象外です。

　クォータ引き上げが見込まれる規模になりそうなビジネスケースにおいては、CloudWatchメトリクスを活用することで、継続的にウォッチできるような仕組みを検討しましょう。

コンテナを利用したAWSアーキテクチャ

3-7 パフォーマンス設計

本章4つ目のテーマは「パフォーマンス効率」に関する設計です。ここでは、Well-Architectedフレームワークの設計原則からパフォーマンス要件を満たすための設計の流れを理解し、ステップごとにECS/Fargateにおける設計ポイントを押さえていきます。

▷ パフォーマンス設計の考え方

パフォーマンス設計で求められることは、**ビジネスで求められるシステムへの需要を満たしつつも、技術領域の進歩や環境の変化に対応可能なアーキテクチャを目指すこと**と筆者は考えています。

Well-Architectedフレームワークでは「パフォーマンス効率」の柱[3-102]で5つの設計原則を掲げています。それらの設計原則を解釈すると次のようになります。

▼表3-7-1 「パフォーマンス効率」の柱における設計原則

設計原則	筆者による解釈
高度なテクノロジーの民主化	専門知識が求められるテクノロジーはクラウドに委譲せよ
わずか数分でグローバル展開する	サービスに最適なAWSリージョンを選択し、利用者体験を向上させよ
サーバーレスアーキテクチャを使用する	サーバー管理の運用負荷を軽減せよ
より頻繁に実験する	柔軟にサイジングし、適切なリソース構成を見つけ出せ
メカニカルシンパシーを重視する[3-103]	各AWSサービスの利用ユースケースを把握してサービスを選択せよ

[3-102] https://docs.aws.amazon.com/ja_jp/wellarchitected/latest/performance-efficiency-pillar/welcome.html

[3-103] メカニカルシンパシーとは、F1レーシングドライバーであるJackie Stewart氏の「You don't have to be an engineer to be a racing driver, but you do have to have Mechanical Sympathy.」という言葉から由来しています。これは、自分の車がどのような動作をするか本質的に理解していれば、車を最大限に活用して故障を回避できることを表しています。AWSにおける開発者の視点からは、「AWSが提供するサービスの特性や仕組み、機能を深く理解することでサービスを最大限活用できるようになる」ということを表しています。パフォーマンス観点では、そのサービスが期待するユースケースを理解し、アプリケーションの動作との相性がよいかどうかを見極めることが重要となります。

ECS/Fargateを活用するという前提では、OSレイヤの管理が不要となります。そのため、EC2利用時と比較すると、サーバー管理の運用負荷が軽減されます。一方、コンピューティングに割り当てるリソースはEC2利用時と同様に発生し、ビジネス要件やアプリケーション仕様により設定すべきパフォーマンス設定内容は異なります。

以降では、需要に最適なパフォーマンスを満たしつつも、柔軟なサイジングを実現するための流れについて触れていきます。

○ 適切なリソース設計の流れ

適切なパフォーマンス設計の目的は、ビジネスで求められるシステムへの需要を満たすことでした。つまり、**ビジネス上の要件が前提**となります。

まずは、皆さまのビジネス上のパフォーマンス要件(性能目標)を把握するところから始めましょう。次に、そのパフォーマンスを満たすために必要なキャパシティプランニングを行います。

AWSを利用する場合、このタイミングにおいて厳密なリソースを見積もる必要はありません[*3-104]。なぜなら、**クラウドを活用する**ことで、**必要に応じてリソースを容易にスケールできる**からです。

とはいえ、クラウドではリソースを利用した分だけ支払いが発生します。当然ながら、ビジネスが継続できる程度にはリソースを見積もって割り当てなければいけません。現実的に割り当て可能なリソースサイズの概算を見積もったり、利用していないリソースは削除するように計画しておかないと、AWS利用料金に大きく影響してきます。利用者数やワークロードの特性を見極めつつ、性能目標から必要なリソース量を仮決めしておくべきでしょう。

AWSでは**利用者からの需要に応じて自動でリソーススケール可能な「Auto Scaling機能」が提供**されています。ECS/Fargate利用時においても Auto Scaling を活用することで、キャパシティを動的にコントロールできます。

Auto Scalingでは、スケーリングポリシーとしてどのような過程でスケールさせていくかを定めることができます。主要なポリシーとして、「ステップスケーリングポリシー」と「ターゲット追跡スケーリングポリシー」があります。これらのポリシー戦略のうちどれを活用するか事前に検討していくことで、コストとパ

[*3-104] 本番リリース前のシステムにおいて、厳密なリソース見積もりはほとんどのケースで困難である、と筆者は考えています。

フォーマンス観点でバランスの取れたスケール設計が可能となるでしょう。

　アーキテクチャをデザインする段階においては、仮定したリソースサイズや Auto Scalingのポリシーで要件を満たせることを判断できません。**既存のワークロードを模倣したベンチマークや負荷テストを実施し、パフォーマンス要件を満たすかどうかの確認が必要**です。さらには、テスト結果を考察し、スケール自動化の条件や割り当てたリソース値の妥当性を見直すことで最適な構成へと近付きます。

　整理すると、次のような流れとなります。

▼図3-7-1　パフォーマンス要件を満たすための適切なリソース設計の流れ

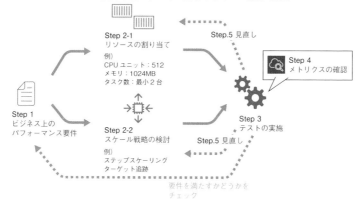

　次節では、リソースの割り当てとスケール戦略の検討に関して述べていきます。

▷ Step 1：ビジネス上のパフォーマンス要件

　まずはビジネス上の特性や要件を把握するところから始めます。例えば、次のようなシステム要件を想定しましょう。

- システムとしてAPIを提供する
- 日中時間帯は毎秒10リクエスト程度のAPIコールが発生する
- 夜間は日中の1/3程度のリクエスト数となる
- マーケティングの施策や広告等により、通常の10倍程度のピークリクエストが見込まれる

- マルチ AZ 構成を基本とするが、AZ障害時においてもマルチ AZ と同等のパフォーマンスを維持したい

　これら要件の場合、最低限10リクエスト/秒を処理できるようなECSタスクのリソース割り当てやタスク数を設定する必要があります。

　また、AZ障害時においても自動的にECSタスク数が維持される考慮も求められます。さらには、ピーク時アクセスを考慮し、スパイクを擬似的に発生させるためのテストや挙動（エラー発生せず処理の継続が可能であること）も確認するように計画します。

▷ Step 2-1：リソースの割り当て

　ECSタスクを立ち上げるためには、コンピューティングリソースの割り当てが必要です。ECSタスクは複数のコンテナを含むこともあります。**初期の検討タイミングでは、ある程度余裕を考えながらリソースを割り当てるのがよいでしょう。**

　「Step 2-2：スケール戦略の検討」で触れますが、Auto Scalingが発動する条件はCPUやメモリ等のコンピューティングリソースが一般的です。

　ちなみに、ECSでは起動するECSタスク定義に割り当てたCPU/メモリサイズ分の時間料金が発生します。余剰なリソースはコスト最適化の観点から避けた方が望ましい点はいうまでもありません。

　まずは、リソース割り当て後に単体でのアプリケーションの安定稼働を確認しましょう。その後、Step 3で実施するテスト結果を照らし合わせながら、コストとのバランスを見極めつつ適切な値を設定しましょう。

▷ Step 2-2：スケール戦略の検討

　ECS/Fargateのワークロードパフォーマンスを高める方法はいくつかありますが、大きくスケールアップとスケールアウトに大別されます。Step 2-2では、それぞれのスケール戦略の特徴を述べた上で、AWS上で実践可能な2つのスケールアウトに関するポリシーについて触れていきます。

○スケールアップとスケールアウト

　求められる需要に応じて適切なコンピューティングリソースを提供するため

に、ECS/Fargateではスケールアップとスケールアウトの戦略が選択できます。

　スケールアップとは、処理可能なコンピューティングリソースの単位を増やすことです。ECSタスクの割り当てCPUユニット数とメモリ値を増やすことで、リソースの増強が可能です。ただし、スケールアップを反映させるためには、稼働中のタスクの停止と起動が必要になります。

　次の図は、ECSタスクを具体的にスケールアップさせた例になります。

▼図3-7-2　スケールアップ前後におけるECSタスク内コンピューティングリソースの変化

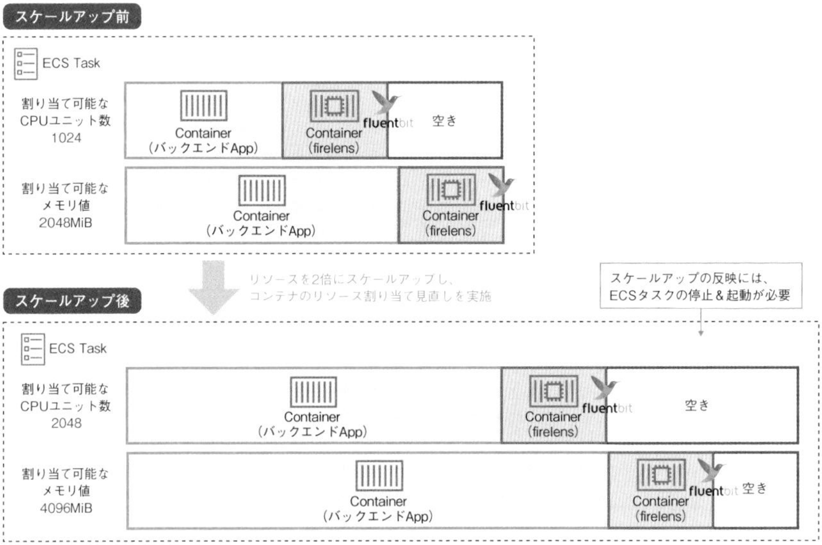

　一方、スケールアウト戦略では、ECSタスクの数を増やすことでタスク全体の処理能力を高めることが可能です。スケールアップとは異なり、**稼働中のタスク停止は不要**です[3-105]。

[3-105] ALBのスティッキーセッション機能を利用している等の場合は負荷が偏る状態となるため、既存のECSタスクを置き換える等の考慮が必要です。

▼図3-7-3　スケールアウト前後におけるECSタスク数の変化

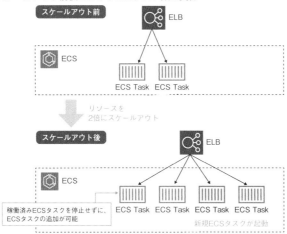

　では、スケールアップとスケールアウトのどちらがパフォーマンスを向上させる戦略として適切なのでしょうか。アプリケーションの特性に依存しますが、次のような理由から筆者は**スケーラビリティが高いスケールアウト構成を推奨**します。

- スケールアップは割り当て可能なリソース上限に到達しやすい[3-106]
- 既存のタスクを停止する必要がない
- Auto Scalingを活用することで簡単にスケール判断の自動化が可能
- パフォーマンス効率だけでなく、可用性と耐障害性が向上する

　Auto Scalingを組み合わせることで、サービスに対する需要に合わせてタスクの数が自動で調整されます（Auto Scalingの設計については次項にて詳細を取り扱います）。

　一方、スケールアップを自動化しようとした場合、さまざまなAWSサービスを連動させた仕組みを自作しなければなりません。アプリケーション稼働に必要十分なコンピューティングリソースをタスクに割り当て、スケールアウトを基本的な戦略として採用することで、コスト最適化にも繋がるでしょう。

---

*3-106 TCP/IPで利用される送信元エフェメラルポートが枯渇する等、CPU/メモリ以外のOSリソース上限による制約等が考えられます。

▼図3-7-4　リソースの需要に対するスケールアップとスケールアウトの違い

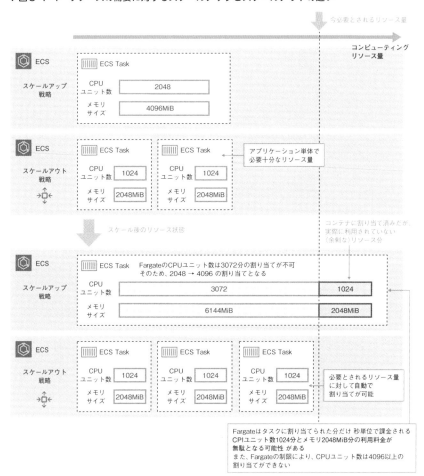

ECS/Fargateのスケールアウト戦略を採用する上での注意点の1つが「サービスクォータ」です。「サービスクォータへの考慮」(164ページ)でも触れた通り、AWSアカウントでリージョンあたり起動できるFargate上のECSタスク数はデフォルト1000となっています。

このクォータはリクエストにより上限緩和が可能です。AWSアカウントを他のワークロードと共用している場合や、サービス需要が高まり、アクセスがスパイク的に発生するケース等は事前に上限緩和も考慮しましょう。

また、Fargate上で稼働する全てのECSタスクにはENIが提供され、プライベー

172

トIPアドレスが割り当てられます[3-107]。

言い換えると、ECSタスクごとにVPCサブネット内のIPアドレスが消費されます。**小さなIPアドレスレンジを持つサブネットをECSサービスに割り当てているケースでは、急激なスケールアウトによるIPアドレス枯渇に注意しましょう。**

○Application Auto Scalingの活用

スケールアウト戦略を採用することで、最適なパフォーマンス効率に繋げられることを述べました。

また、「Application Auto Scaling」と組み合わせることで、需要の変化に合わせて求められるコンテナ起動数を自動調整できます[3-108]。運用負荷の軽減に繋がるだけでなく、コスト最適化も期待できます。

ECS/Fargateで利用可能なApplication Auto Scalingでは、CloudWatchアラームで定めたメトリクスのしきい値に従ってスケールアウトやスケールインが実行されます。概要図で示すと次のようになります。

▽図3-7-5 Application Auto Scalingによるスケールアウトの仕組み

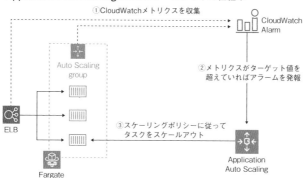

「適切なリソース設計の流れ」(167ページ)では、スケールアウトの内部動作を規定する方法として、ステップスケーリングポリシーとターゲット追跡スケーリングポリシーに触れました。

ここでは、それぞれのポリシーの特性について触れていきます。

*3-107 https://docs.aws.amazon.com/ja_jp/AmazonECS/latest/userguide/fargate-task-networking.html

*3-108 https://docs.aws.amazon.com/ja_jp/AmazonECS/latest/userguide/service-auto-scaling.html

ステップスケーリングポリシー

まず始めにステップスケーリングポリシーについて述べていきます。

これはその名の通り、**スケールアウトおよびスケールインさせる条件に「ステップ」を設けることで段階的にスケールアクションを設定できるポリシー**[*3-109] です。

次の例は、ステップスケーリングポリシーを選択した場合にどのように機能するかを示します。

▼図3-7-6　ステップスケーリングポリシーによるECSタスクのスケールアウトとスケールイン

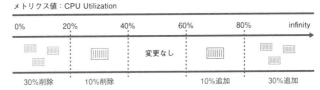

この例は、CPU Utilization（タスクの平均CPU使用率）をスケール条件として設定しています。CPU Utilizationが40％～60％の場合、タスクのスケール数に変動はなく、ECSタスク数が維持されます。

仮にCPU Utilizationが70％まで上昇した場合、Auto Scalingグループとして設定されているECSタスク数の10％を追加することでスケールアウトします。さらに90％まで上昇すると、別のステップが実行されてECSタスク数がさらに30％追加されます。

ここで重要なポイントは、**スケーリングイベントが発生している途中で別のイベントが発生しても応答するという点です。スケールアウト後も負荷が高まっている場合においても、ステップを複数定義しておくことで段階的にスケールアウトが可能**となります。

一方でCPU Utilizationが30％になるとタスクの10％が削除されます。追加と削除の両方のポリシーを設定することで、負荷に応じたタスク増減を制御できます。

---

*3-109 https://docs.aws.amazon.com/ja_jp/AmazonECS/latest/userguide/service-autoscaling-stepscaling.html

⊙ターゲット追跡スケーリングポリシー

　ターゲット追跡スケーリングポリシーは、**指定したメトリクスのターゲット値を維持するようにスケールアウトやスケールインが制御されるポリシー**[3-110]です。

　ECSタスクが自動的に増減する点ではステップスケーリングポリシーと同じですが、タスクをどれだけ増やせばよいかといった判断は不要になります。**AWS側が自動でタスク量を調整してくれるという観点ではステップスケーリングポリシーと比較してよりマネージドな戦略であり、管理も楽になるでしょう。**

　このポリシーに関する挙動について例を挙げてみます。

　評価対象とするCloudWatchメトリクスは、先ほどと同様にCPU Utilizationとします。CPU Utilizationの値が50%となるようにターゲット値を設定し、平均50%を超えていることを検知すると、スケールアウトが発動します。一方、ターゲット値を下回った場合は急にタスクが停止するのではなく、緩やかにスケールインする動きとなります。

　これらの動きを図で表すと次のようになるでしょう。

▼図3-7-7　ターゲット追跡スケーリングポリシーによるECSタスクのスケールアウトとスケールイン

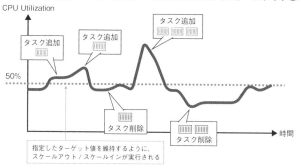

　ターゲット追跡スケーリングポリシーの利用時にはいくつか押さえておくべき仕様と制限があります。利用に際しては、次のことを押さえておくとよいでしょう。

*3-110 https://docs.aws.amazon.com/ja_jp/AmazonECS/latest/userguide/service-autoscaling-targettracking.html

- メトリクスがターゲット値を超えている場合のみスケールアウトする挙動となります。ターゲット値を下回っているときにスケールアウトする動きは定義できません。
- ターゲット追跡スケーリングポリシーでは、スケールアウトは高速に動作しますが、スケールインは緩やかに実行されます。これは急激なスケールインによるサービス可用性への影響を防ぐために配慮された設定[3-111]となっています。
- ターゲット追跡スケーリングポリシーでは複数メトリクスのターゲット値を定義できます。この場合、いずれかのターゲット値が超過するとスケールアウトが実行されます。ただしスケールインに関しては全てのターゲット値が下回っている場合に実行される挙動となります。

Column / **ターゲット追跡スケーリングポリシーのアラーム設定を覗いてみよう**

　ターゲット追跡スケーリングポリシーを設定すると、AWS内部で自動的にCloudWatchアラームが複数作成されます。

　試しにCPU Utilizationメトリクスのターゲット値を80%として指定した場合、スケールアウトとスケールイン用のCloudWatchアラームは次のように設定されるようです。

- 3分間の3データポイントのCPU Utilizationが80%より大きい場合にスケールアウト
- 15分間の15データポイントのCPU Utilizationが72%より小さい場合にスケールイン

　スケールインに関しては、ターゲット値より少し小さい値（今回の例では72%）が設定されているようです。これはスケールアウトと競合してタスク数増減のゆらぎ発生を防ぐために考慮された結果であると推察されます。

◉ステップスケーリングポリシー vs ターゲット追跡スケーリングポリシー

　筆者としてはECS/Fargateのスケール戦略として、まず「ターゲット追跡スケーリングポリシーによるスケール設計の検討」をオススメします[3-112]。

　理由としては、利用者側でチューニングすべき設定が最小限であり、作業負荷

---

*3-111 https://docs.aws.amazon.com/ja_jp/autoscaling/application/userguide/what-is-application-auto-scaling.html

を軽減できる点やコストとパフォーマンスのバランスが取れる状態に収束するからです。ターゲット値を下回った際により早くスケールインさせたい場合や、ターゲット追跡スケーリングの制約が許容できない場合については、ステップスケーリングポリシーの利用も検討する流れがよいでしょう。

▷ Step 3：テストの実施

Step 2にてリソース割り当てとスケール戦略を仮決めした後は、Step 1で定義したパフォーマンス要件が満たせるかどうかをテストします。

Locust[3-113]やApache HTTP server benchmarking tool（ab）[3-114]、Apache JMeter[3-115]等のツールを活用しながら、実際に想定されるリクエスト量を流します。

テストを実施する場合、事前に少量のリクエストを実行しつつ、併せて次のような確認観点をチェックするとよいでしょう。

- 期待する一連のCloudWatchメトリクスが取得できているか
- Auto Scalingのスケールアウトおよびスケールインは設定されているか
- アプリケーションからエラーが出力されていないか
- ログ出力の内容は適切か（欠損等はしていないか、ログレベルは妥当か）

▷ Step 4：メトリクスの確認

Step 3にてテストを実行しつつ、CloudWatchメトリクスを活用しながら次の内容を確認します。

- パフォーマンス要件で定義したリクエスト量が満たせているか
- ECSタスク定義に割り当てたCPU/メモリリソースに対して、余剰や逼迫が発生していないか
- ECSタスク定義内の各コンテナに割り当てたCPU/メモリリソースに対して、

---

*3-112 AWS公式ドキュメントにおいても、ECS利用時においてはステップスケーリングポリシーよりターゲット追跡スケーリングポリシーの利用が推奨されています。

*3-113 https://locust.io/

*3-114 https://httpd.apache.org/docs/2.4/programs/ab.html

*3-115 https://jmeter.apache.org/

余剰や逼迫が発生していないか

- Auto Scalingのスケールアウト・スケールインは正しく発動するか
- スケールアウトまたはスケールイン時にアプリケーションからエラーが出力されていないか

▶ Step 5：リソース割り当てやスケール戦略の見直し

Step 4の結果から、必要に応じてECSタスク定義のリソース割り当てやスケール戦略のしきい値を見直します。

Step 2〜5を繰り返すことで、最適なパフォーマンス設計を確定させていきましょう。

▶ パフォーマンス設計に必要なマインドセット

クラウドを利用した構成ではパフォーマンスに関するプロビジョニングは気にしなくてよい、という文献をたまに見かけます。

クラウド利用が当たり前になってからは、オンプレミスが主流の時代と比較してハードウェアリソースに対する投資が不要になりました。そのため、厳密にサイジングする必要はなく、突発的な需要にも耐えられるシステムを容易に構成できるようになりました。

クラウドにおけるパフォーマンス設計を行う上で重要な考慮ポイントの1つが**運用コストとのバランス**です。ECSタスクでは、Auto Scalingと組み合わせることで負荷に応じたタスク数の水平スケールが可能です。少し乱暴な言い方をすれば、とりあえずAuto Scalingを設定しておけば、容易にコンピューティングのパフォーマンスを高められるわけです。

しかし、ビジネス要件と照らし合わせながら、ある程度適切な需要を考慮しておかないと検討違いなリソースの割り当てとなります。その結果、無駄に利用料金が計上されたり、耐障害性観点で不十分な構成となってしまいます。**クラウドはスケール可能な能力を有しますが、どのように使いこなすかは利用者次第**です。

「適当なリソース割り当てと Auto Scalingだけ行って完了」では十分な検討がなされていないのと同じです。一方で、「パフォーマンス目標は明確に求められないが、可用性観点から Auto Scalingは設定しておく」という判断はビジネス要件

として考慮した結果です。これまで述べてきた通り、パフォーマンスとコストの
バランスを上手に見極めるためには、**最適なリソースを判断するために必要なメ
トリクスを収集し、適切なサイジングを行うことが重要**です。

　Well-Architectedフレームワークの「パフォーマンス効率」の柱では、「より頻
繁に実験する」という設計原則が掲げられています。これは、「AWSでは一時的
なリソースの変更や設定が容易にできる特性を活かしつつも、いろいろと試行錯
誤しながら最適な比較検証を行うべき」ということを示しています。システム構
築時だけでなく運用フェーズにおける継続的な監視やパフォーマンスチューニン
グも必要であり、「より頻繁に実験する」ことに対して組織やチーム内でコンセ
ンサスを得ておくことも重要なポイントでしょう。

　実際のワークロードを模倣した負荷をシステムに与え、収集されたメトリクス
値から適切と判断されるリソースやタスク数をECSに設定してあげることが適
切な設計へと繋がります。

3-8 コスト最適化設計

　本章最後のトピックは「コスト最適化」です。ECS/Fargate構成にてコスト削減を検討する上でポイントとなる内容をいくつか取り上げます。

▷ コスト最適化の考え方

　オンプレミス構成と異なり、クラウドサービスにおいて利用者は資産を所有するのではなく、借りる立場となります。そのため、コスト計上も固定費ではなく変動費として扱うケースがほとんどです。利用した分だけ費用計上していることから、コストの利用状況を上手に把握し、無駄を削減する視点も大切な設計ポイントとなります。

　また、サービスの利用方法次第では、クラウド利用の方が高くつく可能性もあるでしょう。クラウドで破産しないためにもコスト最適化は重要な観点です。

　Well-Architectedフレームワークにおける「コスト最適化」の柱では、次のような設計原則が掲げられています[3-116]。

▼表3-8-1 「コスト最適化」の柱における設計原則

設計原則	筆者による解釈
クラウド財務管理を実践する	既存のプログラムやプロセスを改善することで組織のコスト意識を浸透させよ
消費モデルを導入する	必要なときに必要なリソースだけを利用せよ
全体的な効率を測定する	実際に必要なコストを測定し、削減の余地を見いだせ
差別化に繋がらない高付加の作業に費用をかけるのをやめる	マネージドサービスを利用することで運用負荷を下げよ
費用を分析し帰属関係を明らかにする	コストの可視化を行い、合理的なコスト削減を目指せ

　ECS/Fargateのトピックに焦点を当てた場合、関連するのは、主に「消費モデルを導入する」です。

　例えば、ECSタスクのリソースタイプやリソースサイズ、リソース数の選択に

---

*3-116 https://docs.aws.amazon.com/ja_jp/wellarchitected/latest/framework/cost-dp.html

対する最適化やスポットまたはオンデマンドの選択等はコスト最適化に関する重要な部分です。また、データ転送料金に関する計画も大切な考慮点です。

本節では、次のような項目に対する対策を検討します。

- ECSタスク数とリソースのサイジング
- Compute Savings Plansの活用
- ECRコンテナイメージのメンテナンス
- 開発・ステージング環境のECS稼働時間帯の調整
- Fargate Spotの活用
- コンテナイメージサイズの削減

▷ ECSタスク数とリソースのサイジング

本書執筆時点（2022年4月）では、ECS/Fargateで起動したECSタスクのコンピューティングリソースとタスク数に応じて次のように料金が発生します[3-117、118]。

▼表 3-8-2　ECS/Fargateタスクのコンピューティングリソースに関する料金表

料金種別	料金（USD）	料金（日本円）
1時間あたりのvCPU料金	0.05056 USD	約6.57円
1時間あたりのGB料金	0.00553 USD	約0.72円

この料金テーブルを基にいくつかのリソースサイズで計算すると、1タスクを1か月間（31日）起動した場合の料金は次のようになります[3-119]。

▼表 3-8-3　ECS/Fargateタスク1台あたりのコンピューティングリソースに関する料金

ECSタスクリソース構成	月額料金（日本円）
0.25vCPU、0.5GB	約1,500円
0.5vCPU、1GB	約3,000円
1vCPU、2GB	約6,000円
2vCPU、4GB	約11,900円
4vCPU、8GB	約23,800円

＊3-117 https://aws.amazon.com/jp/fargate/pricing/

＊3-118 記載の料金（USD）はアジアパシフィック（東京）リージョンの内容です。料金（日本円）に関しては、1USD＝130円として計算し、小数点第三位を四捨五入した値を記載しています。

＊3-119 記載の月額料金（USD）は十の位を四捨五入した値を記載しています。

リソースサイズと料金は概ね比例します。ECS/Fargateを利用するにあたっては、**アプリケーションの稼働に必要十分なリソース量を定めることがコスト最適化の基本動作**です。「パフォーマンス設計」(166ページ)でも述べたように、まずはECSタスクの必要最低限なリソースを確認するところから始めましょう。

Compute Savings Plansの活用

Fargateを利用している場合、「Compute Savings Plans」により大幅な料金削減が期待できます[*3-120]。

Compute Savings Plansとは、**1年または3年のいずれかの期間で指定リソースの利用を事前コミットすることで、コミット内容に応じて割引き料金が適用される仕組み**です[*3-121]。

コミットしたリソース使用量を超過した分の料金は通常料金が適用されます。そのため、サービス提供である程度のコンテナ稼働が見込まれるシステムにおいては活用することでコスト最適化に大きく寄与できるでしょう。

本書執筆時点(2022年4月)におけるコミットメント期間ごとの割引き率は次の通りです。

▽表3-8-4　Compute Savings Plansにおけるコミット期間と支払い方法ごとの料金割引き率

コミット期間	支払い方法	割引き率
1年間	前払いなし	15%
1年間	一部前払い	20%
1年間	全額前払い	22%
3年間	前払いなし	40%
3年間	一部前払い	45%
3年間	全額前払い	47%

自分たちのワークロードの特性を見定めながら、Compute Savings Plansの活用を検討しましょう。

*3-120 https://aws.amazon.com/jp/savingsplans/compute-pricing/
*3-121 https://aws.amazon.com/jp/savingsplans/

ECRコンテナイメージのメンテナンス

イメージのメンテナンス運用」(114ページ)でも述べましたが、運用管理面の観点からECR上のイメージを適切に管理することはコスト観点でもメリットがあります。

実際、ECRは保存されるコンテナイメージサイズに比例した料金を支払う必要があります。適切なコンテナイメージ管理は、運用の管理やセキュリティ以外においても、最適なコスト設計の観点で合理的です。

開発・ステージング環境のECSタスク稼働時間帯の調整

「ECSタスク数とリソースのサイジング」(181ページ)で述べた通り、ECS/Fargateは起動しているECSタスクのリソースと時間に応じて料金が発生します。

開発環境やステージング環境を利用している構成では、24時間常に環境を利用可能な状態にしておく必要がないケースも多く、稼働が必要な時間帯を定めることで料金削減が見込めます。

例えば、次のようにCloudWatch Eventsから定期的にLambdaを起動させて、ECSサービスのタスク数を更新することで、夜間にECSタスクを停止させておくことも可能です。

▼図3-8-1 特定時刻のLambda実行によるECSタスクの停止・起動

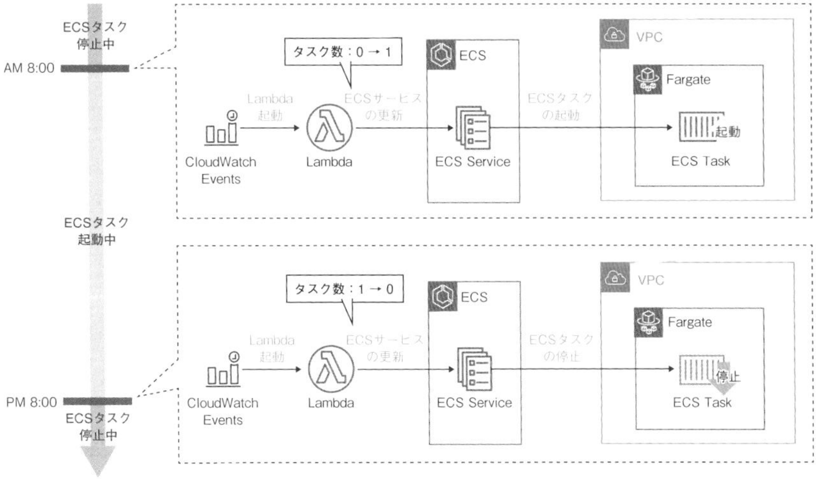

また、開発環境においてはアプリケーションの稼働確認等を目的に利用されるケースがほとんどでしょう。そのため、ECSタスクに割り当てるリソースも最小限にし、可用性の考慮もある程度割り切りができるのであればECSタスクを最小限にしておく等で、さらなるコスト最適化に繋がります。

読者の皆さまそれぞれの開発環境やステージング環境等の稼働要件に合わせて工夫してみてください。

▌▷ Fargate Spotの活用

開発環境やステージング環境において、停止をある程度許容できる場合、Fargate Spotを活用するのも有効な一手です。

Fargate Spotとは、ECSタスクが中断される可能性を許容することで、AWS上の空きキャパシティにより格安でECSタスクを利用できるサービスです。

どのぐらい安いかというと、通常のECSタスク（オンデマンド）と比較して次の通りです。

▽表3-8-5　Fargate Spotに関する料金割引き率

料金種別	Fargate Spot	オンデマンドに対する割引き率
1時間あたりのvCPU単位	0.01579985 USD	68.75%
1時間あたりのメモリ値のGB単位	0.00172811 USD	68.75%

つまり、Fargate Spotを活用することでおおよそ7割引きの料金にて利用できます。ただ、オンデマンドECSタスクのみ利用する場合と異なり、次の2点に留意が必要です。

◎キャパシティプロバイダの構成

Fargate Spotを利用する場合、ECSサービスにキャパシティプロバイダ戦略の設定が必須となります[3-122]。

これは、事前にECSタスクの起動に関するルールを定めておき、ECSクラスター内に設定することでECSタスク数の増減を詳細にコントロールするための仕組みです。

---

*3-122 https://docs.aws.amazon.com/ja_jp/AmazonECS/latest/developerguide/fargate-capacity-providers.html

キャパシティプロバイダ戦略は、複数のキャパシティプロバイダから構成されます。通常のオンデマンドタスクは「FARGATE」、Fargate Spotタスクは「FARGATE_SPOT」としてそれぞれのキャパシティプロバイダが事前にAWS側で定義されています。そして、これらキャパシティプロバイダはECSクラスターに紐付けられています。複数のキャパシティプロバイダを1つの戦略として束ね（これをキャパシティプロバイダ戦略と呼びます）、どちらの種別をどの程度増減させていくかを決めるわけです。

キャパシティプロバイダの概要を図で表現すると次のようになります。

▼ 図3-8-2 　キャパシティプロバイダにおけるECSタスク起動の仕組み

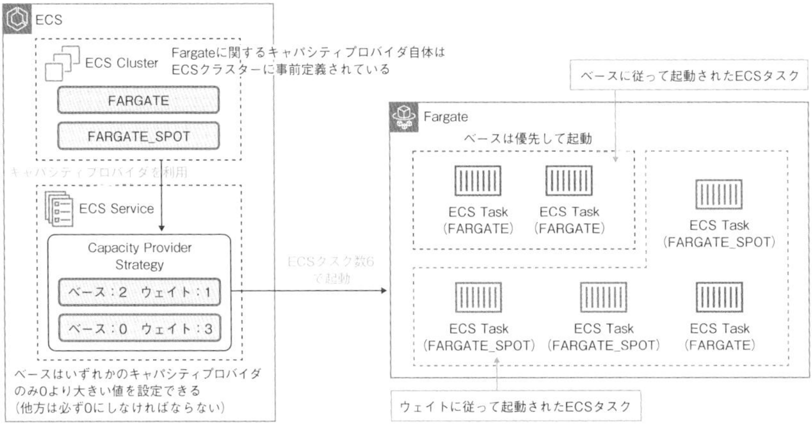

前述の通り、キャパシティプロバイダ自体はECSクラスターに定義されています。これらを束ねてキャパシティプロバイダ戦略としてECSサービスに指定しますが、この際、それぞれのキャパシティプロバイダにベースとウェイトを設定します[3-123]。

ベースは優先的に起動するキャパシティプロバイダです。図の例では、Fargate Spotよりも先に、オンデマンドタスクが2つまで起動されることになります。

ウェイトはベースで指定した数のデプロイが満たされた後に起動されている比率です。ここでは、FARGATEが1、FARGATE_SPOTが3のウェイトで指定され

[3-123] https://docs.aws.amazon.com/ja_jp/AmazonECS/latest/developerguide/cluster-capacity-providers.html

ていることから、オンデマンド：Fargate Spot＝1：3の割合で起動されていく流れになります。

このようにして、Fargate Spotを活用する場合はキャパシティプロバイダを上手に使いこなす必要がある点に注意しましょう。

○終了通知に対する考慮

Fargate SpotはECSタスクが中断される可能性を許容することで利用できます。つまり、利用者の意とは反する形でAWSによりECSタスクが停止される可能性があります。

ECSタスクが停止する前には2分間の猶予が与えられ、CloudWatch EventsにてECSタスクの状態変更がイベント通知されるとともに、実行中のタスクに対してSIGTERMシグナルが送信されます。

「障害時切り離しと復旧」(156ページ) で触れた通り、アプリケーションに対してSIGTERMシグナルのハンドリングロジックを組み込むことで安全に停止させることができます。EC2スポットインスタンスの利用経験がある方においては、同じようなユースケースで利用することになります。

ハンドリングや通知の実装を適宜考慮しつつ、利用を検討しましょう。

▷ コンテナイメージサイズの削減

NATゲートウェイ経由によるアウトバウンド通信やインタフェース型VPCエンドポイントを利用したAWSサービスと通信する場合、データ量に応じて料金が加算されます。仮にECSがECRからコンテナイメージを取得する場合、これらのネットワークサービスを経由するため課金されます。

現在の仕様では、Fargateは取得したコンテナイメージをキャッシュしません[3-124]。例えば、オートスケーリングの発動時やECSタスクダウンに伴うECSタスク復旧時等はECRからコンテナイメージが都度取得されます。

このとき、NATゲートウェイもしくはインタフェース型VPCエンドポイントを経由する場合、次のように料金が発生することになります。

[3-124] Fargateのイメージキャッシュについて、AWSが提供するコンテナロードマップにおいても利用者からのニーズとして実装が検討されています(https://github.com/aws/containers-roadmap/issues/696)。

▼図3-8-3　イメージキャッシュが効かないことによるデータ処理課金

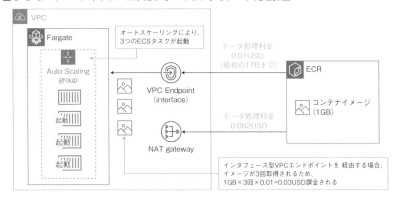

　スケールアウトやスケールインが頻繁に発生するワークロードかつコンテナイメージのサイズが大きい場合、想定より多くのデータ処理料金が計上されることになります。

　また、Fluent BitやX-Ray等のコンテナをサイドカー構成として組み込んでいる場合、データ処理量としてこれらコンテナサイズ分も計上されます。そのため、アプリケーションコンテナは可能な限り最小構成を維持することが推奨されます。

　コンテナ構成を最小限にすることでデータ処理量を減らせるためコストメリットが発生するだけでなく、イメージのダウンロード時間は短くなり、起動時間が短縮されます。また、最小のベースイメージや不要なライブラリを取り除くことで、堅牢なコンテナイメージとなります。

　とはいえ、一時的に大量のリクエスト等が発生すると、サービス可用性観点からスケールアウトによるコンテナが起動されます。データ処理量自体にあまり神経質になる必要はありませんが、コンテナイメージの最小化がコスト改善に関するポイントに繋がるものだと留意しておくとよいでしょう。

まとめ

　本章ではWell-Architectedフレームワークを手本としたECS/Fargateのコンテナアーキテクチャについて紹介しました。

　「運用上の優秀性」観点からは、モニタリング設計やCI/CD設計、さらにはBastion利用に関する設計についてAWSの各種サービスをインテグレーションしながら設計例を示しました。

　「セキュリティ」観点では責任共有モデルとNIST SP800-190に基づき、「ネットワーク設定」「ECSタスク」「コンテナ」「アプリケーション」「利用者管理のIAM」の設計ポイントを述べました。

　「信頼性」では、マルチAZによる可用性向上の構成を始めとし、ECSタスク障害時の復旧やアプリケーション開発の考慮ポイントまで踏み込んでいます。

　また、「パフォーマンス効率」の観点では、オートスケーリングの組み方からスケーリング戦略の考え方を一例として取り上げました。

　最後に「コスト最適化」ではリソース最適化や不要リソースの削減の要所、そしてコンテナイメージ最小化の重要性について触れました。

　これらの設計ポイントを全て盛り込むと、本章の冒頭で紹介したサービス構成例は次のように進化を遂げます。

▽ Well-Architectedフレームワークを参考にしながら検討したAWS構成図

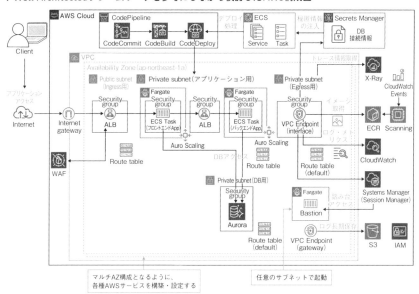

188

次章以降のハンズオンにて手を動かしながらこれら設計の要所を学んでいきます。紙面の都合上、全てをハンズオンで網羅することはかなわないのですが、次の項目を実践の対象とします。

▼5章でハンズオンを実践する項目

設計の柱	設計項目		4～5章のハンズオンに関する対応	
			実施有無	内容
運用上の優秀性	ロギング設計		○	FireLensによるログ運用 ※Fluent Bitカスタム定義作成によるS3・CloudWatchへのログ出力
			×	CloudWatchアラームによる通知の実装
	メトリクス設計		○	Cloud Watch Container Insightsの有効化
			×	CloudWatchアラームによる通知の実装
	トレース設計		×	X-Rayの導入とサービスマップの可視化
			×	APMの取得
	CI/CD設計		○	Code系サービス利用による単一AWSアカウントのCI/CD構築
			×	マルチアカウント構成におけるCI/CD構築
			×	承認プロセスの実装
			×	S3アーティファクトバケットのアクセス制御
	イメージのメンテナンス運用		○	ECRイメージのライフサイクル運用 ※commit hashによるタグ付け運用・イメージタグのImmutable設定
			×	マルチアカウント構成におけるイメージ管理運用
			×	ECRリポジトリポリシーの設定
	Bastion設計		○	ECSタスクによるBastionホストの構築
セキュリティ	イメージ	イメージの脆弱性	○	CI/CDパイプラインにおけるTrivyスキャンの実装
			○	ECRのプッシュ時イメージスキャン有効化
			×	ECRイメージの日次スキャン
		イメージ設定の不具合	○	Dockleによるイメージチェック

設計の柱	設計項目		4～5章のハンズオンに関する対応	
		実施有無	内容	
セキュリティ	イメージ	埋め込まれたマルウェア対策	○	信頼されたベースイメージの利用※暗黙的にOfficial Imageを選択
			×	GuardDutyの有効化
		埋め込まれた平文の秘密情報	○	Secrets Managerによる秘密情報の管理
		信頼できないイメージの使用	×	コンテナイメージの署名検証
	レジストリ	レジストリ内の古いイメージ	○	ECRイメージのライフサイクル運用
			○	イメージタグのImmutable設定
		不十分な認証・認可制限	○	IAMポリシーの設定
			○	プライベートリポジトリの選択
			×	ECRパブリックリポジトリの操作禁止
			×	ECRリポジトリポリシーの設定
	オーケストレータ	無制限の管理アクセス	×	IAMによるECSクラスターへのアクセス制御
		コンテナ間ネットワークトラフィックの不十分な分離	○	ECSタスク間の通信※セキュリティグループによる制限
	コンテナ	コンテナからの無制限ネットワークアクセス	○	パブリックネットワーク→VPCへの通信制御※セキュリティグループとWAFによるアクセス制御
			○	VPC→パブリックネットワークへの通信制御
			○	VPCエンドポイントによるプライベート通信
			×	NATゲートウェイによるパブリック通信
		アプリケーションの脆弱性	○	ECSタスク定義におけるルートファイルシステムの読み取り専用化
		未承認のコンテナ	×	ECRリポジトリポリシーの設定
			×	IAMによるECSタスク定義更新制限
信頼性	マルチAZ構成による可用性向上		○	ECSタスクのマルチAZ配置
	障害時切り離しと復旧		×	ECSタスク障害・復旧の確認
	安全なコンテナの停止		○	SIGTERMシグナルのハンドリング※サンプルアプリに実装済み
	システムメンテナンス時におけるサービス停止		×	ALBリスナールール切り替えによるメンテナンス
パフォーマンス効率	Auto Scaling		○	Auto Scalingターゲット追跡スケーリングポリシーの設定とテスト
コスト最適化	不要なリソースの削除		×	利用時間外のECSタスク停止
	コンテナサイズ削減		○	alpineによるコンテナイメージサイズ削減

chapter

04

コンテナを構築する
（基礎編）

4章では、コンテナとオーケストレータをメインにAWS上でWebシステムを構築していきます。3章で触れた設計ポイントを意識しつつ、ECS/Fargateによる標準的なシステム構成を取り上げます。ECS上で動かすフロントエンドアプリケーション、バックエンドアプリケーションといったデータベース接続ありのWebアプリケーション構築を経験しましょう。

ハンズオンで作成するAWS構成

　本書のハンズオンは、AWSが提供するAWS マネジメントコンソール上で行います。

　本章で作成するAWS構成を、図4-1-1に示します。ECSやFargateを稼働させるネットワークと、サンプルアプリケーションの構築となります。それぞれを図4-1-2のステップで構築します[*4-1]。

▼図4-1-1　4章で構築する簡易アーキテクチャ図

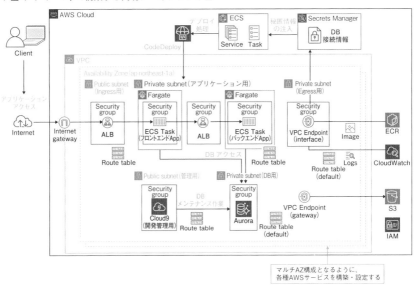

[*4-1]　本書では、構築する各種AWSリソースに対する接頭子として「sbcntr」を利用します。

▽図4-1-2　4章のハンズオンの流れ

Step 1 ネットワークの構築	・VPCとサブネットの作成 ・インターネットゲートウェイの作成 ・ルーティングテーブルの作成 ・セキュリティグループの作成
Step 2 アプリケーションの構築	・サンプルアプリケーションの概要確認 ・サンプルアプリケーションの取得
Step 3 コンテナレジストリの構築	・ECRの作成 ・VPCエンドポイントの作成 ・サンプルアプリケーションの登録
Step 4 オーケストレーションの構築	・ネットワーク関連設定 ・タスク定義の作成 ・ECSクラスター/ECSサービスの構築 ・サンプルアプリケーションのデプロイ確認
Step 5 データベースの構築	・DBネットワークの作成 ・DBインスタンスの作成 ・テーブルの作成 ・バックエンドアプリケーションとの接続
Step 6 全体の動作確認	・フロントエンドアプリケーションの更新 ・疎通確認

4章のハンズオンでは一部のリソースについて「AWS CloudFormation」（以降、CloudFormation）で生成します。

CloudFormationは、AWSのリソースをコードから生成するサービスです。CloudFormation実行時にはさまざまなAWSサービスの権限が求められるため、AWS マネジメントコンソール上での操作はAdministratorAccessに近い、強い権限を持つユーザーで進めてください。

▷ CloudFormationテンプレートによる構築

本書のハンズオンでは、基本的にAWS マネジメントコンソール上でリソースを作成していきます。一方、昨今ではCloudFormationのようにコードを利用してAWSリソースを構築するケースが増えてきています。

背景の1つとして、同じような環境を複数構築するニーズが多いためです。特に開発環境、ステージング環境はできるだけプロダクション環境と近いものを作るケースです。これをAWS マネジメントコンソールによって各環境の構成を作ることは非常にたいへんです。その他の背景として、必要なときにリソースを用意し、不要になったらすぐに破棄したいニーズ等が挙げられます。

これらのニーズを実現するためには、アーキテクチャ構成をコードで管理し、

コードを実行して作成する方法があります。これは「Infrastructure as Code」(以降、IaC) と呼ばれます。

AWSでIaCを実現する方法は複数ありますが、公式で用意されているサービスが「CloudFormation」*4-2となります。また、「Cloud Development Kit(CDK)」*4-3もAWS公式のアーキテクチャ構築ツールです。CDKはCloudFormationと異なり、自分の使い慣れたプログラミング言語でIaCを実現できます。

対応しているプログラミング言語は2022年4月時点では次の通りです*4-4。

- TypeScript
- JavaScript
- Python
- Java
- C#
- Golang(Developer Preview)*4-5

特定の用途になりますが、Lambdaを中心としたサーバレス環境を構築するための「SAM(AWS Serverless Application Model)」*4-6というAWS公式のツールもあります。

これ以外にもサードパーティ製ツールとしては「Terraform」*4-7、「Pulumi」*4-8、「ecspresso」*4-9等があります。

実運用でIaCを実施する際はプロジェクトやエンジニアの特性に合わせて、ツールを選定してください。

---

*4-2　https://aws.amazon.com/jp/cloudformation/

*4-3　https://aws.amazon.com/jp/cdk/

*4-4　https://docs.aws.amazon.com/cdk/v2/guide/getting_started.html

*4-5　https://aws.amazon.com/blogs/developer/getting-started-with-the-aws-cloud-development-kit-and-go/

*4-6　https://aws.amazon.com/serverless/sam/

*4-7　https://www.terraform.io/

*4-8　https://www.pulumi.com/

*4-9　https://github.com/kayac/ecspresso

4-2 ネットワークの構築

　ステップ1として、「コンテナを稼働させるためのネットワーク」を構築します。

　なお、本書はコンテナにフォーカスした書籍となります。AWSのネットワークリソースであるVPCやサブネットの作成はそれなりに手間がかかる作業です。よって、ネットワーク構築については、リソース構築のサービスである「CloudFormation」を利用します。

　一方、プロダクションレディな構築を正しく理解していくために、構築するネットワークの思想について、次に述べていきます。

▷ VPCとサブネット

　AWSでは事前にデフォルトVPCとデフォルトサブネット*4-10 が用意されていますが、適切なセキュリティ対策を施すために、今回はこれらを利用せずに新規でVPCを構築します。

　まず、AWSの東京リージョンに新規VPCを作成し、マルチAZ構成を前提に構築を進めていきます。

　AZごとに「パブリックサブネット」と「プライベートサブネット」を作成します。パブリックサブネットはインターネットとの通信が発生するため、「インターネットゲートウェイ」も併わせて作成します。

　次のサブネットをそれぞれのAZに作成します。

- インターネットからのリクエストを受けるIngress（ALB）用パブリックサブネット
- フロントエンドアプリケーション、内部ALBやバックエンドアプリケーション稼働用のプライベートサブネット
- データベース用のプライベートサブネット
- 管理サーバーやBastion等の運用管理用パブリックサブネット

　図で表現すると、図4-2-1のような形になります。

*4-10　https://docs.aws.amazon.com/ja_jp/vpc/latest/userguide/default-vpc.html

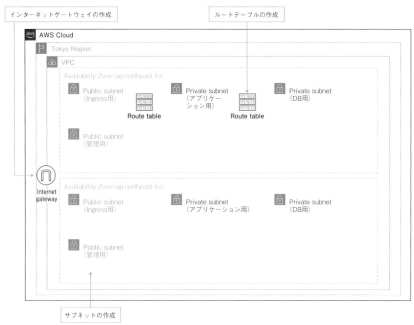

サブネットやルーティング設定をする際、事前に**各サブネットへ割り当てる IPv4 CIDRブロックを検討しておく**ことをオススメします。

　理由として、場当たり的にCIDRブロックのレンジを決めるといくつか問題が発生するからです。例えば、新規サブネット割り当てに必要なIPアドレスがいつの間にか枯渇していたり、拡張時にレンジが飛び飛びになってアドレスの管理負荷が高くなるケースがあります。将来の拡張性を意識して最初の段階でCIDR割り当ての全体方針決めを心がけることが大切です。

　しかし、最初からサブネットごとにどの程度のアドレス数が必要かは予測しづらいものです。特にFargate上で稼働するコンテナは、コンテナごとにElastic Network Interface（ENI）と呼ばれる仮想NICがアタッチされます。そのENIごとにIPアドレスが割り当てられることから、スケールアウト時のIPアドレス消費も考慮しておく必要があります。コンテナに割り当て可能な全体数とのバランスを意識しながら、**IPv4 CIDRブロックごとに余力を持たせておく**ことが望ましいです。

　この段階では、次のようにVPCのCIDRとサブネットごとのIPv4 CIDRブロックを設定します。

VPC名	IPv4 CIDR
sbcntrVpc	10.0.0.0/16

▽表4-2-1　各サブネットごとのIPv4 CIDRブロックの設定

用途	NW区分	AZ	CIDR	サブネット名（名前タグ）
Ingress用	Public	1a	10.0.0.0/24	sbcntr-subnet-public-ingress-1a
	Public	1c	10.0.1.0/24	sbcntr-subnet-public-ingress-1c
アプリケーション用	Private	1a	10.0.8.0/24	sbcntr-subnet-private-container-1a
	Private	1c	10.0.9.0/24	sbcntr-subnet-private-container-1c
DB用	Private	1a	10.0.16.0/24	sbcntr-subnet-private-db-1a
	Private	1c	10.0.17.0/24	sbcntr-subnet-private-db-1c
管理用	Public	1a	10.0.240.0/24	sbcntr-subnet-public-management-1a
管理用（予備）	Public	1c	10.0.241.0/24	sbcntr-subnet-public-management-1c

　ここでは、各サブネットに同じIP数だけ割り当てられるように「/24」でレンジを統一しました。実際にはサービスの規模に応じて適宜レンジを調整してください。

Column／デフォルトVPCの削除

　AWSでは各リージョンにあらかじめデフォルトVPCとデフォルトサブネットが作成されています。昔はデフォルトVPCは一度削除するとAWSサポートに連絡しなければ作成できませんでした。

　そのため、当時はデフォルトVPCは削除しない慣習がありました。しかし、2017年にAWS マネジメントコンソールからデフォルトVPCは再作成できるようになっています*4-11。

　また、デフォルトVPCはデフォルトルートの宛先がAny（0.0.0.0/0）となっており、プロダクション環境のネットワーク設定として使うには不十分です。設定ミスを防ぐためにも近年は、アカウント作成後にデフォルトVPCは削除する人も多いです。

　本書のハンズオンでもリソース作成に伴うミスを防ぐためにも、デフォルトVPCは削除しておきましょう。

---

*4-11　https://aws.amazon.com/about-aws/whats-new/2017/07/create-a-new-default-vpc-using-aws-console-or-cli/

　　ap-northeast-1c側の管理用サブネットは、Cloud9の予備用として予約する
のみであり、実際にはこのサブネットを利用するようなAWSリソースは用意し
ません（コスト削減の観点からap-northeast-1a側にのみCloud9インスタンス
を起動します）。なぜ利用しないサブネットを作るのでしょうか？

　　その理由は**AZ障害時への備え**です。

　　2019年8月23日に東京リージョンの単一AZにて大規模障害が発生し[4-12]
し、多くのサービスが不安定な状態となりました。仮に、今回構築するサービ
スに障害が発生してしまうと、サブネット設計がなければCloud9インスタン
スを起動する際に、サブネット割り当てから行う必要があり時間を要してしま
います。

　　AZ障害は頻繁に発生するわけではないですが、基本的にはAZ間で対称構造
となるように各サービスを設計しておくことを強くオススメします。そうする
ことで、単一AZ障害時でも耐えうる高可用な設計となります。

▷ インターネットゲートウェイ

　　インターネットゲートウェイは、VPC内のリソースがインターネットと通信
する際に必要となるネットワークリソースです。VPCごとに1つだけ紐付けが可
能です。

　　こちらは特に設計を考える必要がありません。今回はインターネット側との通
信が発生するため素直に作成します[4-13]。

▷ ルートテーブル

　　ルートテーブルとは、ネットワークの経路を設定するためのリソースです。

　　ルートテーブルをサブネットに関連付けることでサブネットごとに経路を制御
できますが、新規のルートテーブルを作成した時点では、VPC内リソース間の
通信しか設定されていません。そのため、パブリックサブネットがインターネッ
ト側と通信できるようにルーティングの設定を行います。

　　ルーティングとしては、宛先としてデフォルトゲートウェイ（0.0.0.0/0）が指

---

*4-12　https://aws.amazon.com/jp/message/56489

*4-13　VPCにインターネットゲートウェイを紐付けるだけでは、VPCに対してインターネットから通信可能と
　　　　なるわけではありません。後述するルートテーブルやセキュリティグループの適切な設定が必要です。

定された場合にインターネットゲートウェイへ向けるルールを追加します。

　共通のルーティングテーブルを1つ作成し、各パブリックサブネットに関連付けます。ルーティングに付与する名前はサブネットごとに依存させず、通信の特性を示すネーミングの方が望ましいでしょう。

▷ セキュリティグループ

　次にセキュリティグループを生成します。

　アウトバウンドルールは「0.0.0.0/0」を許可し、インバウンドのIngressは最小限のルールを許可します。

▽図4-2-2　ステップ1で構築するセキュリティグループ

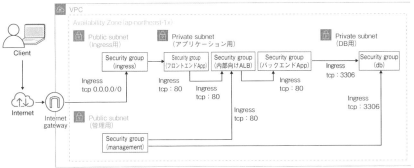

全セキュリティグループでアウトバウンドルールは全て「0.0.0.0/0」とする

▷ CloudFormationによるリソースの作成

　CloudFormationを利用してリソースを作成しましょう。CloudFormationのテンプレートファイル（network_step1.yml）は次のURLより入手してください。また、本書のサポートページ（https://isbn2.sbcr.jp/07654/）でも配布しています。

https://github.com/uma-arai/sbcntr-resources/blob/main/cloudformations/
network_step1.yml

　AWS マネジメントコンソール上部の[サービス]タブより「CloudFormation」を選択します。CloudFormationダッシュボードで、[スタックの作成]をクリッ

クして作成を開始しましょう[*4-14]。

▼図4-2-3　CloudFormationスタックの作成開始

テンプレートソースとして、GitHubから入手したテンプレートファイル
（network_step1.yml）をアップロードします。

▼図4-2-4　テンプレートの指定

スタックの名前は、本書のハンズオンで利用することが判別できるようにします。

設定項目	設定値
スタックの名前	sbcntr-base

▼図4-2-5　スタックの詳細を指定

［スタックの名前］を入力

　「スタックオプションの設定」では、アクセス権限のIAMロールを指定できます。今回は、現在使用しているIAMユーザーの権限で実行するため、指定していません。また、スタック保護等のさまざまな設定も可能ですが、今回は指定不要です。そのまま［次へ］をクリックして先に進んでください。

　確認画面で設定値を確認し、画面下部の［スタックの作成］をクリックして構築を開始します。

　CloudFormationが実行され、図4-2-6のようにダッシュボード上で「CREATE_IN_PROGRESS」と表示されればOKです。1分ほど待ちましょう。

▼図4-2-6　CloudFormationの実行開始後の画面

[イベント]タブを見ると、複数のリソースが作成されていることがわかります。図4-2-7のように、左側のスタックエリアにある対象のスタックが「CREATE_COMPLETE」となれば完了です。

▼図4-2-7　CloudFormationの実行完了の画面

これでVPCやサブネット、ルートテーブル等の各種リソースの作成が完了しました。

なお、この時点でプライベートサブネットのルーティング設定は行いません。プライベートサブネット上でコンテナが稼働するようにコンテナレジストリ向けのルーティング設定が必要になりますが、後続の構築手順で設定を追加しますので、現時点では気にしなくてOKです。

4-3 アプリケーションの構築

本ステップでは「コンテナ上で動作させるフロントエンドのアプリケーションとバックエンドのアプリケーション」を構築します。

具体的には、今回構築するそれぞれのアプリケーションの簡単な説明と、各アプリケーションをGitHubから取得するところまで実施します。

▷ サンプルアプリケーションの概要

フロントエンドアプリケーションとして、Blitz.js*4-15 を用いたReact*4-16 製のWebアプリケーションを作成します。

バックエンドのアプリケーションとして、Golang製のAPIサーバーを作成します。

アプリケーションの全体像は、図4-3-1となります。

▼図4-3-1　サンプルアプリケーションの全体像

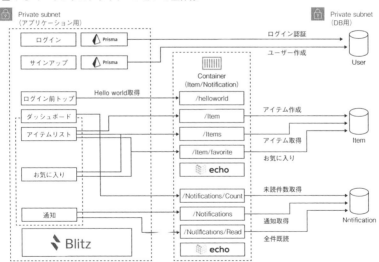

*4-15　https://blitzjs.com/

*4-16　https://ja.reactjs.org/

Blitz.jsは、Brandon Bayer氏[4-17]が開発した、JavaScript版のRuby on Rails[4-18]を目指して開発されたフルスタックReactフレームワークです。内部コンポーネントとして基本的にはNext.js[4-19]が利用されています。

Next.jsは、Server Side Rendering(SSR)やStatic Site Generation(SSG)の構成のアプリケーションを実装可能なReact製のフレームワークです。今回はSSRを利用したフロントエンドアプリケーションを作成します。

Golang製のAPIサーバーでは、LabStack社が開発したecho[4-20]というフレームワークを活用してREST APIのサーバーアプリケーションを作成します。

1つのAPIサーバーではなくマイクロサービスを少し意識し、ItemとNotificationという2つのAPIサービス(APIエンドポイント)を作成します。

通常はサービス単位でECSサービスを分ける必要がありますが、**今回はハンズオンのため1つのECSサービスにItemとNotificationを包含**させます。プロダクションで活用する場合は、サービスのライフサイクルやスケーリングを考慮して、各サービスを異なるECSサービス、ECSタスク上で別コンテナとして起動するようにしましょう。

Blitz.jsで配信するWebページからAPIコールやデータベースアクセスを介して、WebアプリケーションとバックエンドのAPIアプリケーションの動作を確認していきます。

今回提供するサンプルアプリケーションについての考え方や構成について気になる方は、213ページのコラム「今回利用するサンプルアプリケーションについて」を参照してください。

▷ サンプルアプリケーションの取得

本書では、ローカル環境ではなくAWS上で実行可能なWebIDEであるAWS Cloud9(以降、Cloud9)を利用します。

皆さまの開発環境(Windows、Linux、macOS等)に影響せずハンズオンを進めるためです。AWSの開発に慣れている方は、自身のローカル環境を利用して手順を実施しても問題ありません。

---

*4-17 https://twitter.com/flybayer
*4-18 https://rubyonrails.org/
*4-19 https://nextjs.org/
*4-20 https://echo.labstack.com/

それでは、各アプリケーションをそれぞれダウンロードしていきましょう。

● フロントエンドアプリケーション

Webアプリケーションとして利用する「フロントエンドアプリケーション」を
取得します。

AWS マネジメントコンソールの [サービス] タブから「Cloud9」を選択して、
[Create environment] をクリックします。Cloud9にフロントエンドアプリ
ケーションをダウンロードしてみましょう。

▽ 図4-3-2　Cloud9の開始

[Create environment]を
クリック

Cloud9の名前は、本書のハンズオンで利用することが判別できるようにしま
す。

設定項目	設定値
Name	sbcntr-dev
Description	Cloud9 for application development

▼図4-3-3　Cloud9の名称設定

▼図4-3-4　Cloud9のインスタンスタイプ選択

VPCは、先ほどCloudFormationを使って作成したものを選択します。

[Network settings（advanced）] を展開し、サブネットは先ほど作成したも

のの中から、「management-1a」という名前が付くものを選択します。AWSの内部状況によっては、Cloud9が「management-1a」に作成できないケースが確認されています。その場合は「management-1c」を指定してください。

▼図4-3-5　Cloud9の起動/ロール/ネットワーク設定

一連の設定をした後、レビュー画面で各種設定を確認できます。

また、Cloud9の実体はEC2インスタンスです。Cloud9上で編集するソースコードのバックアップやインスタンスのアップデートはユーザー自身ですべきであると述べられています。

これを理解し、[Create environment]をクリックして作成しましょう。

▼図4-3-6　Cloud9環境を作成

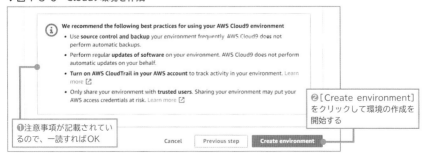

環境作成中の画面が表示され、数分後に図4-3-7のような画面下部のターミナ
ルが表示されればEC2インスタンスの起動が完了している状態です。

▼図4-3-7　Cloud9の起動完了画面

　Cloud9の環境作成と合わせて、EC2インスタンスに関連付けられるセキュリ
ティグループが自動作成されています。今回はCloudFormationから作成したセ
キュリティグループを同時に利用するため、セキュリティグループを追加しま
しょう。
　図4-3-8の箇所からCloud9のダッシュボード→AWS マネジメントコンソール
へと戻り、AWS マネジメントコンソールの[サービス]タブより「EC2」を選択
します。

▼図4-3-8　Cloud9のIDEから戻る

EC2ダッシュボードの左側ナビゲーションメニューから[インスタンス]を選択し、名前が「aws-cloud9-sbcntr」から始まるインスタンスを選択して設定を行います。

▼図4-3-9　Cloud9で作成したインスタンスのセキュリティグループを変更

▼図4-3-10　セキュリティグループの追加

再びCloud9の画面に戻ります。画面下部のターミナルより次のコマンドを実行します。作成したCloud9インスタンスにアプリケーションのファイルをGitHubから取り込みます。まずはフロントエンドアプリケーションから始めます。

◆フロントエンドアプリケーションのソースコード取得

```
$ pwd
/home/ec2-user/environment

$ git clone https://github.com/uma-arai/sbcntr-frontend.git
```

今回のフロントエンドアプリケーションでは、最終的にデータベースに接続して、ユーザーの作成やログイン、データの取得を実施します。

デフォルトブランチではデータベースが必要ですが、現時点ではデータベースは未作成です。データベースが未作成の状態でも動作可能なコード（helloworld）を格納しているブランチに移動します。

```
$ cd /home/ec2-user/environment/sbcntr-frontend
$ git branch -a
* main
  remotes/origin/HEAD -> origin/main
  remotes/origin/feature/#helloworld
  remotes/origin/main

$ git checkout feature/#helloworld
Branch 'feature/#helloworld' set up to track remote branch
'feature/#helloworld' from 'origin'.
Switched to a new branch 'feature/#helloworld'

# ターミナルに~/environment/sbcntr-frontend (feature/#helloworld)と
表示されていることを確認
```

　GitHubから取得したアプリケーションを確認します。Dockerfileやpackage.json等が含まれていることを確認してください。

◆フロントエンドアプリケーションの取得結果の確認

```
$ ls
app              blitz.config.js  docker-compose.yml  integrations
package.json  README.md  tsconfig.json  utils
babel.config.js  db              Dockerfile          jest.
config.js  public          test      types.ts      yarn.lock
```

　最後に動作環境の下準備として、**Node.jsとYarnを導入**し、フロントエンドアプリケーション内で読み込むパッケージを取得しておきます。

　本手順は、**本章の後半の「テーブルとデータの作成」で必要となる手順**です。

◆node14系とYarnの導入

```
$ pwd
/home/ec2-user/environment/sbcntr-frontend

$ node -v
v10.24.1

$ npm i -g nvm
npm WARN deprecated nvm@0.0.4: This is NOT the correct nvm. Visit
http://nvm.sh and use the curl command to install it.
```

```
/home/ec2-user/.nvm/versions/node/v10.24.1/bin/nvm -> /home/
ec2-user/.nvm/versions/node/v10.24.1/lib/node_modules/nvm/bin/nvm
+ nvm@0.0.4
added 1 package from 1 contributor in 0.851s

# 14系のLTS版が存在することを確認
$ nvm ls-remote | grep v14.16.1
       v14.16.1   (Latest LTS: Fermium)

# v14.16.1をインストール
$ nvm install v14.16.1
Downloading https://nodejs.org/dist/v14.16.1/node-v14.16.1-
linux-x64.tar.xz...
Now using node v14.16.1 (npm v6.14.12)

# デフォルトバージョンをv14.16.1へ変更
$ nvm alias default v14.16.1
default -> v14.16.1

# node14系に切り替わったことを確認
$ node -v
v14.16.1

# Yarnのインストール
$ npm i -g yarn

> yarn@1.22.10 preinstall /home/ec2-user/.nvm/versions/node/
v14.16.1/lib/node_modules/yarn
> :; (node ./preinstall.js > /dev/null 2>&1 || true)

/home/ec2-user/.nvm/versions/node/v14.16.1/bin/yarn -> /home/
ec2-user/.nvm/versions/node/v14.16.1/lib/node_modules/yarn/bin/
yarn.js
/home/ec2-user/.nvm/versions/node/v14.16.1/bin/yarnpkg -> /home/
ec2-user/.nvm/versions/node/v14.16.1/lib/node_modules/yarn/bin/
yarn.js
+ yarn@1.22.10
added 1 package in 0.794s

# Yarnのインストールの確認
$ yarn -v
1.22.10
```

```
# フロントエンドアプリケーションで利用する各種モジュールのインストール
$ cd /home/ec2-user/environment/sbcntr-frontend
$ yarn install --pure-lockfile --production
 ⋮
Done in 93.86s.

# Blitz がインストールされたことを確認
$ npx blitz -v
You are using beta software - if you have any problems, please
open an issue here:
        https://github.com/blitz-js/blitz/issues/new/choose

Linux 4.14 | linux-x64 | Node: v14.16.1

blitz: 0.33.1 (local)
 ⋮
```

各種ツールのインストールまで確認できたら次へ進んでください。

◉バックエンドアプリケーション

次に、バックエンドアプリケーションを取得します。フロントエンドアプリケーションと同様の手順で実施します。

◆バックエンドアプリケーションのソースコード取得

```
$ cd /home/ec2-user/environment

$ git clone https://github.com/uma-arai/sbcntr-backend.git
```

バックエンドアプリケーションはこのままのブランチで問題ありません。
GitHubから取得したアプリケーションを確認します。DockerfileやMakefile等が含まれていることを確認してください。

◆バックエンドアプリケーションの取得結果確認

```
$ cd /home/ec2-user/environment/sbcntr-backend; ls
Dockerfile  domain  go.mod  go.sum  handler  infrastructure
interface  main.go  Makefile  README.md  usecase  utils
```

アプリケーションのダウンロードを確認できたら次へ進んでください。

今回利用するサンプルアプリケーションについて

今回利用するサンプルアプリケーションについての概要を紹介しておきます。興味がある方はご一読ください。

• sbcntr-frontend

サンプルのフロントエンドアプリケーションでは、SSRを利用したWebアプリケーションを作成します。言語はTypeScriptとなります。

通常、SSRの仕組みを構築する際には、レンダリング用のサーバー（JavaScriptではExpress等）を用意する必要があります。今回は、この部分にBlitz.jsを利用し、フロントエンドのコンテナアプリケーションを実装します。

また、SSRのWebアプリケーションはSingle Page Application（SPA）と異なり、APIコールをサーバー側で実行してクライアントにその結果を返すことができます。これにより、フロントエンドアプリケーションからプライベートサブネットにあるデータベースの直接操作することも可能としています。

今回はフロントエンドアプリケーションから、ユーザーのサインアップやログインを実施します。

ユーザー情報はデータベースに保管されており、TypeScriptの型安全の仕組みを十分発揮させるためにO/Rマッパを導入しています。今回はPrisma[*4-21]と呼ばれるO/Rマッパを利用します。Prismaのトップページには、「Next-generation Node.js and TypeScript ORM」と記載されています。

今後のサーバーサイドのTypeScript開発において非常に優秀なO/Rマッパとなっています。データベースのマイグレーション機能も備えており、サンプルアプリケーションのテーブル作成やサンプルデータ投入でもPrismaの機能を利用しています。

フロントエンドアプリケーションはダッシュボード形式のUIとしています。オフィスに導入したアイテムをアイテムリストとして表示して共有して閲覧するようなUIをイメージしています。バックエンドアプリケーションと通信するためのサンプルとして活用するために、アイテムの追加も可能としています。

本来であれば、ユーザーを新規登録可能とするにはドメイン制御をしたりメール認証等もすべきです。今回はサンプルであるため、このような機能要件は省いています。

備えている画面は次の通りです。

• ログイン前トップページ（index.tsx）
DB接続なしで画面表示をするために用意した画面です。いわゆるウェルカムページの役割で、「Hello world」を表示するために利用します。

＊4-21　https://www.prisma.io/

- ログインページ（auth/login.tsx）、サインアップページ（auth/signup.tsx）

  ユーザーログイン用途です。現状はログインユーザーごとでログイン後画面の表示制御はしていないですが、認証済みユーザーでないとメインコンテンツページには遷移できないという意図で作成しています。

- アイテムリストページ（top.tsx）

  認証済みユーザーがデータベースに追加したアイテム一覧を表示するためのページです。気に入ったアイテムはお気に入りマークを付けることができます。本来、ユーザーごとにお気に入りをしたアイテムを分けるべきですが、今回はその部分まで作り込んではいません。

  さらに、新しいアイテムの登録もできます。

- お気に入りページ（farovite.tsx）

  お気に入りマークが付いたアイテムを表示するページです。

- 通知ページ（notification.tsx）

  認証済みユーザーにお知らせをするための通知ページです。未読通知を既読にできます。

- sbcntr-backend

  echoフレームワークを利用した、Golang製のAPIサーバーです。

  Golangには数多くのフレームワークがあります。REST APIサーバーを実装するためにシンプルかつ十分な機能が備わっていることや、ドキュメントが充実していることから今回echoを選択しています。

  APIサーバーとDB（MySQL）の接続はO/Rマッパライブラリである GORM[*4-22]を利用しています。

  バックエンドアプリケーションは次の2つのサービスを備えています。また、各APIエンドポイントの接頭辞として、「/v1」が付与されます。

- Itemサービス（アイテムサービス）

  ・DB接続なしで画面表示をするための「Hello world」を返却します（/helloworld）。

  ・Itemテーブルに登録されているデータを返却します（/Items）。

  ・フロントエンドから入力した情報を基にItemを新規作成します（/Item）。

  ・Itemへお気に入りマークのOn/Offを可能とします（/Item/favorite）。

---

*4-22　https://gorm.io/

- **Notificationサービス（通知サービス）**
  - Notificationテーブルに登録されているデータを返却します（/ Notifications）。クエリパラメータでidを渡すことで特定のデータのみを返却します。
  - 通知バッジを表示するために未読の通知件数を返却します（/ Notifications/Count）。
  - 未読の通知を一括で既読に変更します（/Notifications/Read）。

- **全体像**

フロントエンドアプリケーションとバックエンドアプリケーションの全体像となります。

本来、フロントエンドアプリケーションとバックエンドアプリケーションは別サブネットに置くことが多いのですが、今回はわかりやすさを重視し、図の見た目上は分割していますが同一サブネットとしています。

▼図4-3-11　サンプルアプリケーションの全体像（再掲）

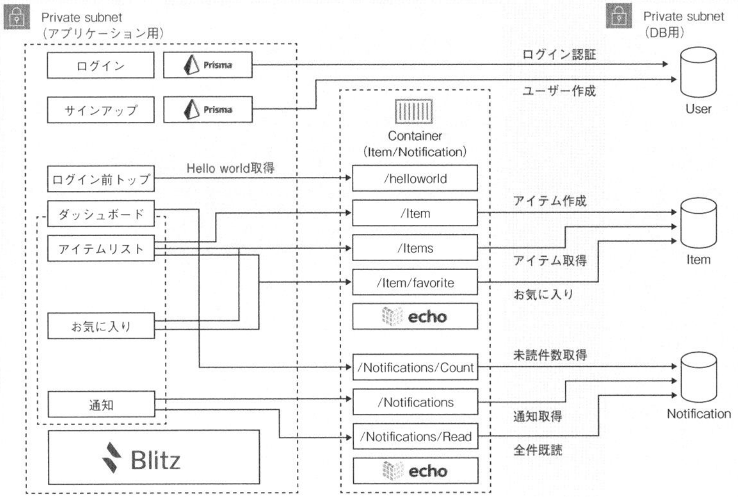

コンテナレジストリの構築

さて、いよいよ本ステップではコンテナを扱っていきます。コンテナを利用するために、大きく次の流れに沿って進めていきます。

① コンテナレジストリの作成
② コンテナレジストリへのネットワーク作成
③ アプリケーションのビルド
④ コンテナビルド（コンテナイメージの作成）
⑤ コンテナイメージをコンテナレジストリに登録（プッシュ）
⑥ コンテナレジストリからイメージを取得（プル）後にデプロイ

▼図4-4-1　コンテナレジストリの構成とアプリケーションの追加

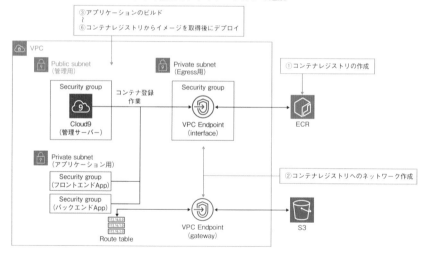

このステップでは、「コンテナイメージを登録するためのコンテナレジストリ」を構築します。「AWSが提供するコンテナサービス」（34ページ）で述べた通り、AWSではマネージドなコンテナレジストリとして「ECR」を提供しています。本書でもECR（Elastic Container Registry）を利用します。

また、Cloud9からEC2インスタンスを起動し、管理サーバーとして見立てて

216

前述した手順を実行していきます。具体的には、用意したサンプルアプリケーションを構築します。加えて、少しネットワークに変更を加えます。

インタフェース型VPCエンドポイントが属するサブネットはバックエンドアプリケーションやDBから分離する目的で、次のような新しいサブネットを作成します。

▼表4-4-1　作成するサブネット

用途	NW区分	AZ	CIDR	サブネット名（名前タグ）
Egress用	Private	1a	10.0.248.0/24	sbcntr-subnet-private-egress-1a
	Private	1c	10.0.249.0/24	sbcntr-subnet-private-egress-1c

後ほど作成するECSがインターネットを経由せずにECRからイメージを取得するために、ECR向けのVPCエンドポイント、S3向けのエンドポイントを作成します。

そして、GolangのAPIアプリケーションをダウンロードしてビルド後、コンテナビルドを行い、ECRに対して登録（プッシュ）を行います。

最後にECRから管理サーバー上にコンテナイメージを取得（プル）し、管理サーバー上にコンテナをデプロイして動作確認を行います。

なお、本節の手順ではフロントエンドアプリケーションの稼働確認は実施しません。それでは順に構築を進めていきましょう。

▷ コンテナレジストリの作成

ECRのコンテナレジストリ作成から始めていきます。

今回作成するリポジトリについては、シンプルにデフォルト設定のまま作成します。ただし、暗号化設定のみ有効にします。暗号化設定はリポジトリの作成後に変更または無効にできないためです。

では、AWS マネジメントコンソールの [**サービス**] タブより「Elastic Container Registry」を選択しましょう。既にECRで他のリポジトリを作成されている方は、ECRサービス画面右上の [**リポジトリを作成**] から開始してください。

コンテナを構築する（基礎編）

▽ 図4-4-2　ECRの作成開始

　リポジトリの名前は、本書のハンズオンで利用することが判別できるようにします。

設定項目	設定値
リポジトリ名	sbcntr-backend

▽ 図4-4-3　ECRの設定

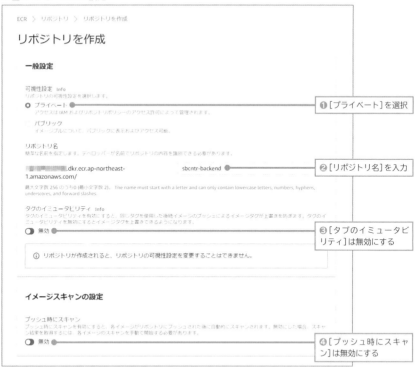

暗号化設定

KMS 暗号化
デフォルトの暗号化設定を使用する代わりに、AWS Key Management Service (KMS) を使用して、このリポジトリに保存されているイメージを暗号化できます。

◯ 有効

ⓘ KMS 暗号化設定は、リポジトリの作成後に変更または無効にすることはできません。

KMS 暗号化キーの設定
お客様のデータはデフォルトで、お客様のアカウントの AWS 管理キーで暗号化されます。別のキーを選択するには、暗号化設定をカスタマイズしてください。詳細 [

☐ 暗号化設定をカスタマイズする (高度)

キャンセル　**リポジトリを作成**

⑤[KMS暗号化]は有効にする

⑥今回は自身で管理する鍵で暗号化する要件ではないので、デフォルトキーを使用する

▼ 図4-4-4　ECRの作成完了

ECRリポジトリが作成されたことを確認する

この流れでフロントエンドアプリケーション用のリポジトリも作成します。リポジトリ名を「sbcntr-frontend」として、それ以外は先ほどと同様の設定項目で作成してください。

バックエンド、フロントエンド用のECRが作成できたら次へ進みます。

設定項目	設定値
リポジトリ名	sbcntr-frontend

▼ 図4-4-5　2つのECRリポジトリを作成

リポジトリ名 ▲	URI	作成時刻 ▽	タグのイミュータビリティ	プッシュ時にスキャン
sbcntr-backend	...dkr.ecr.ap-northeast-1.amazonaws.com/sbcntr-backend	2021年8月13日、17:16:11 (UTC+09)	無効	無効
sbcntr-frontend	...dkr.ecr.ap-northeast-1.amazonaws.com/sbcntr-frontend	2021年8月13日、17:21:10 (UTC+09)	無効	無効

▷ コンテナレジストリへのネットワーク作成

ECRへのネットワーク経路となるVPCエンドポイントを追加していきます。

◉ VPCエンドポイント作成前の下準備

インタフェース型VPCエンドポイントの作成に必要なサブネットとセキュリティグループを作成します。

ここでは、「ネットワークの構築」(195ページ)で利用したCloudFormation定義を更新し、CloudFormationを実行してリソースを作成します。次のURLから新しいCloudFormationテンプレートファイル(network_step2.yml)を取得します。また、本書のサポートページ(https://isbn2.sbcr.jp/07654/)でも配布しております。

https://github.com/uma-arai/sbcntr-resources/blob/main/cloudformations/network_step2.yml

新しいテンプレートファイル(network_step2.yml)を取得後、AWS マネジメントコンソールの[サービス]タブから「CloudFormation」を選択して、CloudFormationの画面からスタック(sbcntr-base)を更新しましょう。その際に、誤ってCloud9用のスタックを選択しないように注意してください。

▼図4-4-6　CloudFormationのスタック更新を開始

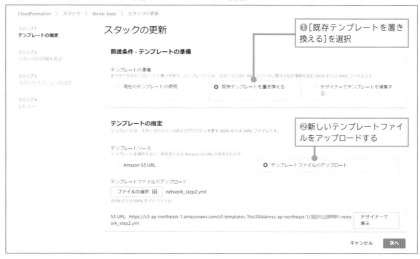

「ステップ2：スタックの詳細を指定」「ステップ3：スタックオプションの設定」では特に何もせず、[次へ] へをクリックして進みます。「ステップ4：レビュー」では更新内容を確認できます。[スタックの更新] をクリックして、CloudFormationを実行しましょう。

▼図4-4-8　CloudFormationのスタック更新の内容を確認可能

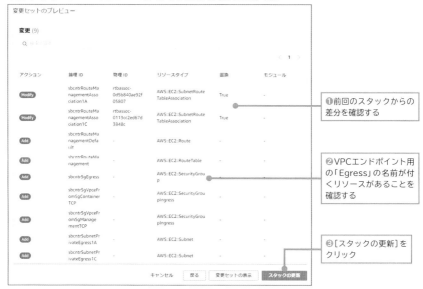

CloudFormationが実行され、ダッシュボード上で「UPDATE_IN_PROGRESS」と表示されればOKです。「UPDATE_COMPLETE」となるまでしばらく待ちましょう。

▼図4-4-9　CloudFormationのスタック更新完了

❷「UPDATE_COMPLETE」となったことを確認する

❶実行直後は「UPDATE_IN_PROGRESS」と表示される

●VPCエンドポイントの作成

事前の準備が整ったところでVPCエンドポイントを作成していきます。

ところで、ECRはVPC内ではなくリージョンごとに存在するリージョンサービスです。VPC内の管理サーバ上からECRにアクセスするためには、インターネット向けのOutbound通信が可能か、VPCエンドポイントによる内部アクセスが必要となります。

ここでは、管理サーバーであるCloud9インスタンスはパブリックサブネットに配置されているため、ECRへの接続目的から照らし合わせるとVPCエンドポイントは必要ありません。しかし、後ほどハンズオンで登場するECSサービスからECRに接続するためにVPCエンドポイントを利用する場合、Cloud9からECRへのアクセスもVPCエンドポイント経由となってしまいます。セキュリティグループ等を正しく設定しておかないと、Cloud9からECRに接続できなくなってしまいます。そのため、本書ではこのタイミングでVPCエンドポイントの作成やCloud9に関するセキュリティグループを事前に設定し、この問題に対処するようにします。

VPCエンドポイントには種類がいくつかあります。ECRへコンテナイメージ登録や取得するためには次の3つが必要です。

- インタフェース型

  com.amazonaws.[region].ecr.api

  ※「aws ecr get-login-password」コマンド等のECR APIの呼び出しに利用されます。

  com.amazonaws.[region].ecr.dkr

  ※「docker image push」コマンド等のDockerクライアントコマンドの呼び出しに利用されます。

- ゲートウェイ型

  com.amazonaws.[region].s3

  ※Dockerイメージの取得に利用されます。

詳しい内容はドキュメント [*4-23] を参考にしてください。

それでは、インタフェース型VPCエンドポイントから作成していきます。

●インタフェース型VPCエンドポイントの作成

VPCエンドポイントはVPCダッシュボードから作成します。

AWS マネジメントコンソールの[サービス]タブから「VPC」を選択します。VPCダッシュボードの左側ナビゲーションメニューから[エンドポイント]を選択し、[エンドポイントの作成]をクリックします。

▼図4-4-10　VPCエンドポイントの作成開始

❶[エンドポイント]を選択　　❷[エンドポイントの作成]をクリック

*4-23　https://docs.aws.amazon.com/ja_jp/AmazonECR/latest/userguide/vpc-endpoints.html

次の手順は「com.amazonaws.ap-northeast-1.ecr.api」サービスの作成例です。

▼図4-4-11　VPCエンドポイントのサービスとネットワークの選択

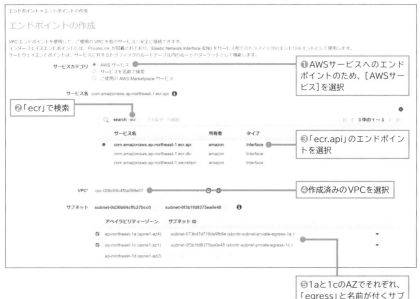

▼図4-4-12　VPCエンドポイント用のセキュリティグループの選択

VPCエンドポイントでは明確に名称を設定する項目がありません。名称の設定のためにはNameタグを利用します。名称を設定しなければ一覧上から判別がしづらいため、Nameタグを付与しましょう。

タグキー	設定値
Name	sbcntr-vpce-ecr-api

▼図4-4-13　VPCエンドポイントのNameタグの設定

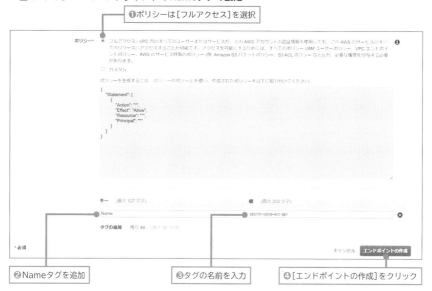

❶ポリシーは［フルアクセス］を選択

❷Nameタグを追加

❸タグの名前を入力

❹［エンドポイントの作成］をクリック

VPCエンドポイントが作成され、VPCエンドポイントIDが表示されます。［閉じる］をクリックすると、ダッシュボード上に新規VPCエンドポイントが表示されます。ステータスが「使用可能」になれば完了です。

▼図4-4-14　VPCエンドポイントの作成完了画面

❶Nameタグで設定した名前のVPCエンドポイントが作成されていることを確認する

❷「使用可能」となれば完了

「**com.amazonaws.ap-northeast-1.ecr.dkr**」サービスについても同様の手順を繰り返して作成します。サービス名は「com.amazonaws.ap-northeast-1.ecr.dkr」を選択し、Nameタグの値は「sbcntr-vpce-ecr-dkr」としてください。その他の入力項目は同じになります。

タグキー	設定値
Name	sbcntr-vpce-ecr-dkr

▼図4-4-15　com.amazonaws.ap-northeast-1.ecr.dkrのエンドポイントも作成

「dkr」のエンドポイントも作成する

●ゲートウェイ型VPCエンドポイントの作成

　ゲートウェイ型のエンドポイントを作成する際には、ルートを追加するルートテーブルIDを把握しておく必要があります。事前に対象のルートテーブルIDをメモしておきます。

　VPCダッシュボードの左側ナビゲーションメニューから［ルートテーブル］を選択します。「sbcntr-route-app」のルートテーブルIDをメモしてください。「rtb-」以降の5文字ほどでOKです。

　次にVPCダッシュボードの左側ナビゲーションメニューから［エンドポイント］を選択し、表示画面上部の［エンドポイントの作成］をクリックします。

　2021年2月にAWS PrivateLink for Amazon S3がGAとなり＊4-24、タイプに「Gateway」と「Interface」が表示されています。**Gatewayのタイプを選択する**ようにしてください。

＊4-24　https://aws.amazon.com/jp/blogs/news/aws-privatelink-for-amazon-s3-now-available/

▼図4-4-16　ゲートウェイ型VPCエンドポイントの作成開始

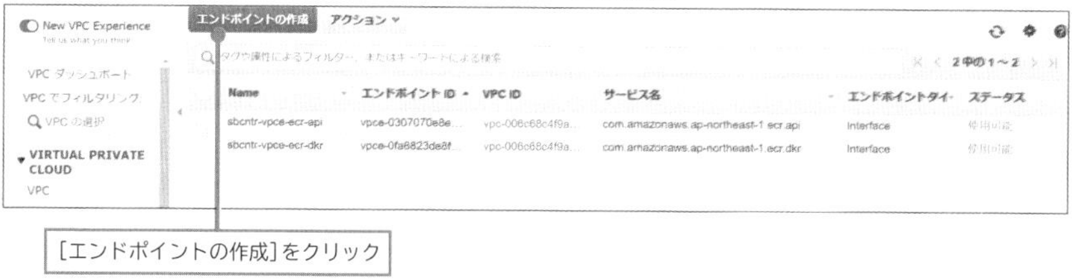

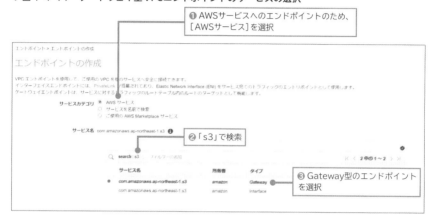

エンドポイントの作成
［エンドポイントの作成］をクリック

▼図4-4-17　ゲートウェイ型VPCエンドポイントのサービスの選択

❶ AWSサービスへのエンドポイントのため、［AWSサービス］を選択
エンドポイントの作成
サービスカテゴリ
AWS サービス
サービス名
❷「s3」で検索
❸ Gateway型のエンドポイントを選択

▼図4-4-18　ゲートウェイ型VPCエンドポイントのネットワークの設定

❶ VPCを選択
VPC*
ルートテーブルの設定
❷事前にメモしておいたルートテーブルIDを選択

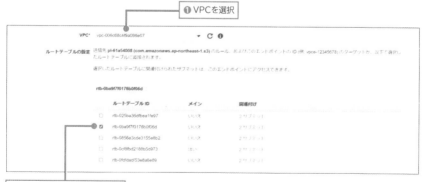

タグキー	設定値
Name	sbcntr-vpce-s3

▼図4-4-19　ゲートウェイ型VPCエンドポイントのNameタグの設定

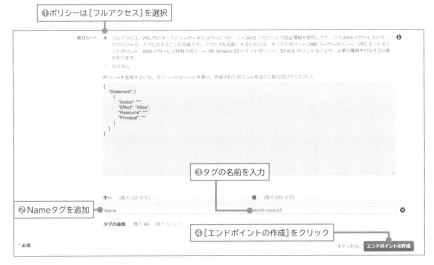

この時点では、次の図4-4-20のように3つのエンドポイントが表示されていればOKです。

▼図4-4-20　3つのVPCエンドポイントの作成を確認

▷アプリケーションの登録

コンテナイメージをコンテナレジストリに登録します。その後、コンテナレジストリからイメージを取得後にデプロイすることで、ECRにコンテナイメージが正しく登録されていることを確認します。

●Cloud9のディスク領域の確保

Cloud9インスタンスの実体はEC2であるため、ディスクは「EBS」となります。**デフォルト状態のCloud9インスタンスには10GBのボリュームしかアタッチ**されていません。コンテナイメージを作成する際にディスク容量が足りなくなるため、EBSのボリュームをアタッチしてディスク領域を拡張します。

この作業は、**EBSのボリュームサイズを変更する権限**を持ったIAMユーザーで行います。または、Cloud9のEC2にアタッチしたIAMロールが権限を持っている必要があります。冒頭で記載の通り、Administrator権限を持ったユーザーで実施している場合はここの意識は不要です。

次の作業内容は公式ドキュメント*4-25でも言及されている方法となります。

AWS マネジメントコンソールの**[サービス]**タブから「Cloud9」を選択します。Cloud9ダッシュボードから「アプリケーションの構築」(203ページ)で作成したCloud9インスタンスを選択して、IDEを起動します。

▼図4-4-21　作成したCloud9のIDEを起動

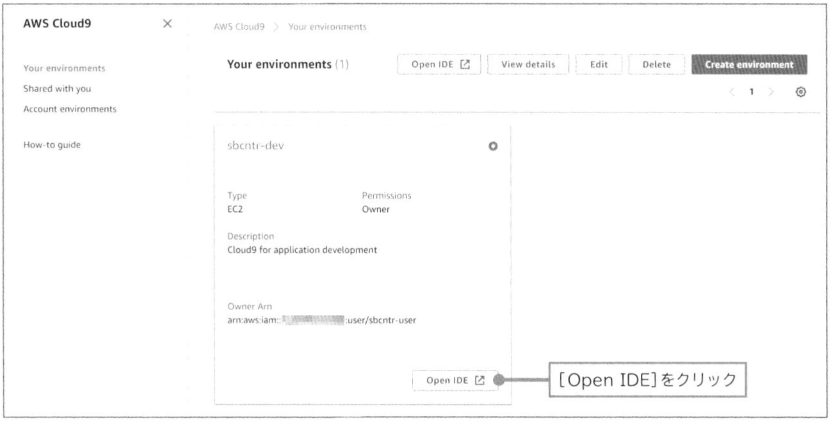

IDE画面の下部にあるターミナルから次のコマンドを実行し、空き領域を確認しましょう。次の例では81%が使用されており、残り2GB程度しか空きがありません。

---

*4-25　https://docs.aws.amazon.com/ja_jp/cloud9/latest/user-guide/move-environment.html

◆空き領域の確認

```
$ cd /home/ec2-user/environment

$ df -h
Filesystem      Size  Used Avail Use% Mounted on
devtmpfs        474M     0  474M   0% /dev
tmpfs           492M     0  492M   0% /dev/shm
tmpfs           492M  456K  492M   1% /run
tmpfs           492M     0  492M   0% /sys/fs/cgroup
/dev/xvda1       10G  8.1G  2.0G  81% /
tmpfs            99M     0   99M   0% /run/user/1000
```

　次のシェルファイルを作成します。名称は「resize.sh」としてください。シェルファイルは、本書のサポートページ（https://isbn2.sbcr.jp/07654/）でも配布しています。

◆ resize.sh

```
#!/bin/bash

# Specify the desired volume size in GiB as a command line
argument. If not specified, default to 20 GiB.
SIZE=${1:-20}

# Get the ID of the environment host Amazon EC2 instance.
INSTANCEID=$(curl http://169.254.169.254/latest/meta-data/
instance-id)
REGION=$(curl -s http://169.254.169.254/latest/meta-data/
placement/availability-zone | sed 's/\(.*\)[a-z]/\1/')

# Get the ID of the Amazon EBS volume associated with the
instance.
VOLUMEID=$(aws ec2 describe-instances \
  --instance-id $INSTANCEID \
  --query "Reservations[0].Instances[0].BlockDeviceMappings[0].
Ebs.VolumeId" \
  --output text \
  --region $REGION)

# Resize the EBS volume.
aws ec2 modify-volume --volume-id $VOLUMEID --size $SIZE
```

```
# Wait for the resize to finish.
while [ \
  "$(aws ec2 describe-volumes-modifications \
    --volume-id $VOLUMEID \
    --filters Name=modification-state,Values="optimizing","comple
ted" \
    --query "length(VolumesModifications)"\
    --output text)" != "1" ]; do
sleep 1
done

#Check if we're on an NVMe filesystem
if [[ -e "/dev/xvda" && $(readlink -f /dev/xvda) = "/dev/xvda" ]]
then
  # Rewrite the partition table so that the partition takes up
all the space that it can.
  sudo growpart /dev/xvda 1

  # Expand the size of the file system.
  # Check if we're on AL2
  STR=$(cat /etc/os-release)
  SUB="VERSION_ID=\"2\""
  if [[ "$STR" == *"$SUB"* ]]
  then
    sudo xfs_growfs -d /
  else
    sudo resize2fs /dev/xvda1
  fi

else
  # Rewrite the partition table so that the partition takes up
all the space that it can.
  sudo growpart /dev/nvme0n1 1

  # Expand the size of the file system.
  # Check if we're on AL2
  STR=$(cat /etc/os-release)
  SUB="VERSION_ID=\"2\""
  if [[ "$STR" == *"$SUB"* ]]
  then
    sudo xfs_growfs -d /
  else
```

```
       sudo resize2fs /dev/nvme0n1p1
    fi
  fi
```

シェルスクリプトの作成については、本ページのコラム「Cloud9のIDEから
シェルスクリプトを作成する」を参考にしてください。

resizeシェルを実行してディスク容量を確保します。「data blocks changed」と
表示されればOKです。再度dfコマンドを実行し、ディスクの空き領域が増えて
いることも確認しておきます[*4-26]。

◆resizeシェルの実行

```
$ cd /home/ec2-user/environment
$ ls
README.md   resize.sh   sbcntr-backend   sbcntr-frontend

$ sh resize.sh 30
  ⋮
data blocks changed from 2620923 to 7863803

$ df -h
Filesystem       Size  Used Avail Use% Mounted on
devtmpfs         474M     0  474M   0% /dev
tmpfs            492M     0  492M   0% /dev/shm
tmpfs            492M  456K  492M   1% /run
tmpfs            492M     0  492M   0% /sys/fs/cgroup
/dev/xvda1        30G  8.1G   22G  27% /
tmpfs             99M     0   99M   0% /run/user/1000
```

以上で、Cloud9のディスク領域の確保が完了です。

Column / **Cloud9のIDEからシェルスクリプトを作成する**

Cloud9のIDEからシェルスクリプトを作成して、インスタンスのディレク
トリ内に保存することができます。

IDEの画面左側のツリー表示から、ファイルを追加するディレクトリを右ク
リックして[New File]を選択します。後は、ファイル名を指定して、ファイ
ルの内容を入力・保存すればOKです。

▼図4-4-22　IDEからファイルを作成する

ファイルを追加するディレクトリ
を右クリックして、[New File]
を選択

●ECRログインのための準備

Cloud9からECRをVPCエンドポイント経由で使う場合、追加で細工が必要になります。その細工とは、「IAMロールの関連付け」です。

EC2の認証設定といえば、インスタンスプロファイル経由でIAMロールを付与したり、OS内に永続的なAWS認証情報を埋め込む等の方法があります。なお、**AWSの認証情報をOSに埋め込むことはバッドプラクティス**です。可能な限り控えるべきです。

一方、**Cloud9はデフォルトではログインしたAWSユーザーの権限で自動的に認証権限が設定される仕組み**を持っています。これは「AWS Managed Temporary Credentials」(以降、AMTC) [4-27] と呼ばれるものです。AMTCを利用することでEC2認証設定が不要になるだけでなく、Cloud9側がクレデンシャル情報を定期更新してくれる特徴があります。

しかし、今回のCloud9インスタンスからVPCエンドポイント経由でECRを利用する場合では、AMTCを利用できません。理由については後のコラムに記載しています。ここではIAMロールを作成してCloud9インスタンスに紐付けをします。

それでは、IAMロールの作成と関連付けを行いましょう。

AWSマネジメントコンソールの**[サービス]** タブより「IAM」を選択して、IAMダッシュボードから作業を始めます。

---

*4-26　ディスクの空き容量追加が反映されない場合、「sudo shutdown -r now」にてCloud9インスタンスを再起動し、再度「df -h」にてディスクサイズを確認してみてください。

*4-27　https://docs.aws.amazon.com/ja_jp/cloud9/latest/user-guide/how-cloud9-with-iam.html#auth-and-access-control-temporary-managed-credentials

▽図4-4-23　Cloud9用のIAMポリシーの作成

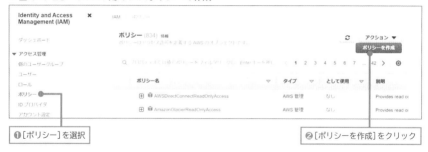

Identity and Access Management (IAM)
ポリシー (834) 情報
アクション
ポリシーを作成
アクセス管理
ユーザー
ロール
ポリシー
ポリシー名
タイプ
として使用
説明
AWSDirectConnectReadOnlyAccess
AWS 管理
なし
Provides read o
AmazonGlacierReadOnlyAccess
AWS 管理
なし
Provides read o
❶[ポリシー]を選択
❷[ポリシーを作成]をクリック

ポリシーの作成画面にて、[JSON]タブに切り替えた後、公式ドキュメント[*4-28]の記載の通りに、次のようなJSONを記述して[ポリシーの確認]をクリックします。本書のサポートページ(https://isbn2.sbcr.jp/07654/)でも、該当のファイルを配布しています。

今回は少し緩めのポリシーを設定しています。厳格に制御をする場合は、操作可能なリポジトリを絞ってください。**JSON内の[aws_account_id]の部分については、自身のAWSアカウントIDで置き換えて実行**してください。

▽図4-4-24　Cloud9用のIAMポリシーをJSONで記述

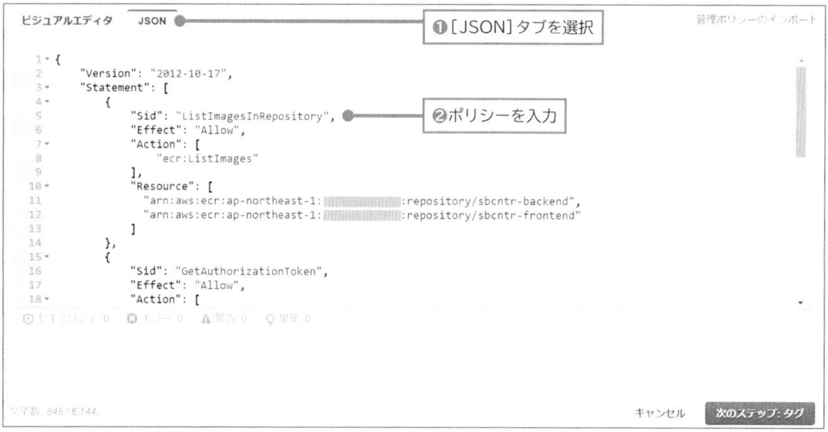

ビジュアルエディタ
JSON
❶[JSON]タブを選択
管理ポリシーのインポート
{
"Version": "2012-10-17",
"Statement": [
{
"Sid": "ListImagesInRepository",
"Effect": "Allow",
"Action": [
"ecr:ListImages"
],
"Resource": [
"arn:aws:ecr:ap-northeast-1::repository/sbcntr-backend",
"arn:aws:ecr:ap-northeast-1::repository/sbcntr-frontend"
]
},
{
"Sid": "GetAuthorizationToken",
"Effect": "Allow",
"Action": [
❷ポリシーを入力
キャンセル
次のステップ: タグ

*4-28　https://docs.aws.amazon.com/AmazonECR/latest/userguide/security_iam_id-based-policy-examples.html

◆ Cloud9用IAMロールに紐付けるポリシー

```json
{
    "Version": "2012-10-17",
    "Statement": [
        {
            "Sid": "ListImagesInRepository",
            "Effect": "Allow",
            "Action": [
                "ecr:ListImages"
            ],
            "Resource": [
                "arn:aws:ecr:ap-northeast-1:[aws_account_id]
:repository/sbcntr-backend",
                "arn:aws:ecr:ap-northeast-1:[aws_account_id]
:repository/sbcntr-frontend"
            ]
        },
        {
            "Sid": "GetAuthorizationToken",
            "Effect": "Allow",
            "Action": [
                "ecr:GetAuthorizationToken"
            ],
            "Resource": "*"
        },
        {
            "Sid": "ManageRepositoryContents",
            "Effect": "Allow",
            "Action": [
                "ecr:BatchCheckLayerAvailability",
                "ecr:GetDownloadUrlForLayer",
                "ecr:GetRepositoryPolicy",
                "ecr:DescribeRepositories",
                "ecr:ListImages",
                "ecr:DescribeImages",
                "ecr:BatchGetImage",
                "ecr:InitiateLayerUpload",
                "ecr:UploadLayerPart",
                "ecr:CompleteLayerUpload",
                "ecr:PutImage"
            ],
            "Resource": [
```

```
                "arn:aws:ecr:ap-northeast-1:[aws_account_id]
    :repository/sbcntr-backend",
                "arn:aws:ecr:ap-northeast-1:[aws_account_id]
    :repository/sbcntr-frontend"
            ]
        }
    ]
}
```

　「タグを追加（オプション）」は追加設定を行わずに、そのまま[次のステップ：確認]をクリックして先に進みます。
　「ポリシーの確認」では、ECRへの権限があるポリシーと判別できる名前を設定します。

設定項目	設定値
名前	sbcntr-AccessingECRRepositoryPolicy
説明	Policy to access ECR repo from Cloud9 instance

▼図4-4-25　Cloud9用のIAMポリシーの設定内容の確認

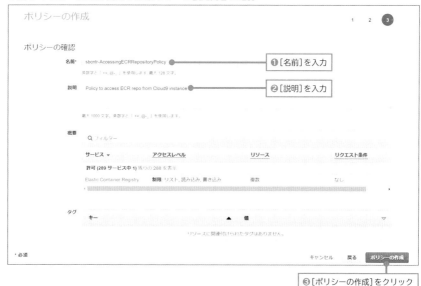

　確認後、IAMポリシー作成の旨が表示されます。続けて作成したポリシーとロールを紐付けましょう。

▽図4-4-26　Cloud9用のIAMロールの作成

②[ロールを作成]をクリック

①[ロール]を選択

▽図4-4-27　Cloud9用のIAMロールの信頼関係の設定

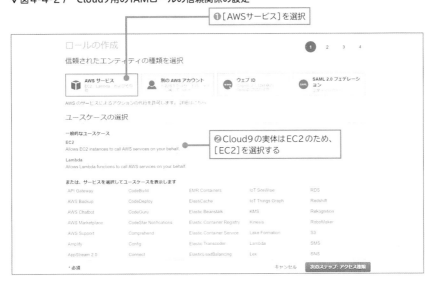

①[AWSサービス]を選択

②Cloud9の実体はEC2のため、[EC2]を選択する

▽図4-4-28　Cloud9用のIAMロールへ作成したIAMポリシーを紐付け

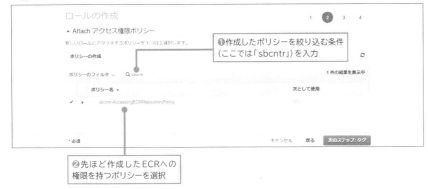

①作成したポリシーを絞り込む条件（ここでは「sbcntr」）を入力

②先ほど作成したECRへの権限を持つポリシーを選択

「タグを追加（オプション）」は追加設定を行わずに、そのまま[次のステップ：確認]をクリックして先に進みます。

「ポリシーの確認」では、Cloud9用のIAMロールと判別できる名前を設定します。

設定項目	設定値
ロール名	sbcntr-cloud9-role

▼図4-4-29　Cloud9用のIAMロールの設定内容の確認

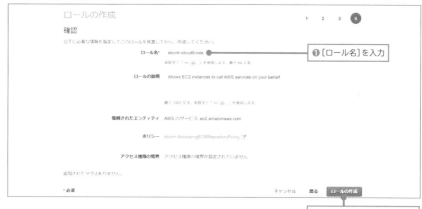

続けて、Cloud9インスタンスへのIAMロールの関連付けを行います。AWSマネジメントコンソールの[サービス]タブから「EC2」を選択して、EC2ダッシュボードへ移りましょう。

▼図4-4-30　Cloud9インスタンスのIAMロールを変更①

▼図4-4-31　Cloud9インスタンスのIAMロールを変更②

❶Cloud9用として作成したIAMロール（sbcntr-cloud9-role）を選択

❷[保存]をクリック

▼図4-4-32　Cloud9インスタンスのIAMロールの変更を確認

❶Cloud9のインスタンスを選択

❷IAMロールが指定されていることを確認する

最後にCloud9のAMTCを無効化します。

AWS マネジメントコンソールの[サービス]タブから「Cloud9」を選択し、Cloud9ダッシュボードから先ほど作成したCloud9インスタンスを選択して、IDEを起動しましょう。その後、IDE内の設定画面からAMTCを無効化します。

chapter 04

コンテナを構築する（基礎編）

▽図4-4-33　Cloud9のAMTCの利用をOFF

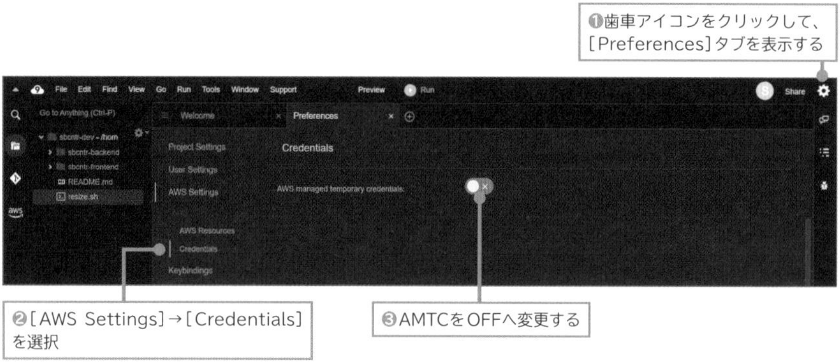

❶歯車アイコンをクリックして、
　[Preferences]タブを表示する

❷[AWS Settings]→[Credentials]
　を選択

❸AMTCをOFFへ変更する

　以上で、Cloud9 EC2環境からVPCエンドポイント経由でECRを利用する準備
が整いました。

Column / **AMTCを使用しない理由**

　Cloud9にてAMTCを使用したAWS APIへのリクエストでは、リクエスト元
がCloud9環境のIPアドレスに制限されています。また、Cloud9のターミナ
ルからVPCエンドポイント経由でECRのAPIをリクエストされると、送信元が
VPC内サブネットから払い出された環境のIPアドレスではなくなります。その
ため、UnrecognizedClientExceptionエラーが発生するとの情報がAWSサ
ポートより回答がありました。

　いずれは対応されるものと期待していますが、本書執筆時点ではAMTCで
VPCエンドポイントを利用する場合の対応策がありません。よって本書ではイ
ンスタンスプロファイルを使用する手順としています。

▷ コンテナアプリケーションの登録

　ECRにコンテナイメージを登録するための準備が完了しました。

　それでは、**Cloud9インスタンス上からDockerビルドをした後、ECR上に
バックエンドアプリケーションを登録**してみましょう。また、ECRに登録され
たコンテナイメージを取得し、起動&動作確認するところまでを実施します。

　ここまで実施することで、次のオーケストレーション構築時のハマりを減らす
ことができます。

　まず、Cloud9のターミナルから次のコマンドを実行して、事前にCloud9上で
用意された不要なコンテナイメージを削除しておきます。

◆Cloud9インスタンスからコンテナイメージを削除

```
$ docker image rm -f $(docker image ls -q)
Deleted: sha256: ・・・・

$ docker image ls
REPOSITORY     TAG          IMAGE ID     CREATED     SIZE
```

コマンドでコンテナイメージを作成します。Dockerファイルの中でGoのビルドに必要なOSライブラリやGoライブラリのダウンロードが行われ、Goアプリケーションのビルド処理が行われます。また、コンテナイメージサイズの最適化処理も行っています。

ビルドが完了すると、作成されたGoバイナリはランタイム用の別のDockerベースイメージ上に追加され、実行可能な状態でコンテナイメージが作成されます。ビルドが正しく完了すると「Successfully tagged sbcntr-backend:v1」と表示されます。

◆コンテナイメージの作成

```
$ cd /home/ec2-user/environment/sbcntr-backend

$ docker image build -t sbcntr-backend:v1 .
```

作成されたコンテナイメージを確認しましょう。次の例では、IMAGE IDが「dc17c61e5702」となっているものがECRへ登録予定のコンテナイメージとなります。Dockerレジストリ上では、REPOSITORYとTAGの組み合わせで一意なコンテナイメージと識別されるため、今回作成したイメージは「sbcntr-backend:v1」で表現されます。

◆コンテナイメージの確認

```
$ docker image ls --format "table {{.ID}}\t{{.Repository}}\t{{.
Tag}}"
IMAGE ID            REPOSITORY              TAG
dc17c61e5702        sbcntr-backend          v1
148d9f1e35df        <none>                  <none>
59fe0488e74e        golang                  1.16.8-alpine3.13
af31651e48fe        gcr.io/distroless/base-debian10    latest
```

ECRに登録するためには、もうひと工夫必要です。AWSではECR内のコンテナイメージをAWSアカウントごとに識別している関係上、IMAGE IDとして決められた形式で登録する必要[*4-29]があります。そのため、作成されたコンテナイメージに対して次のように別名のタグ（v1）を付けましょう。

◆コンテナイメージへタグ付け

```
$ AWS_ACCOUNT_ID=$(aws sts get-caller-identity --query 'Account'
--output text)

$ docker image tag sbcntr-backend:v1 ${AWS_ACCOUNT_ID}.dkr.ecr.
ap-northeast-1.amazonaws.com/sbcntr-backend:v1
$ docker image ls --format "table {{.ID}}\t{{.Repository}}\t{{.
Tag}}"
IMAGE ID            REPOSITORY              TAG
dc17c61e5702        123456789012.dkr.ecr.ap-northeast-1.
amazonaws.com/sbcntr-backend       v1
  ⋮
```

　ECRでは登録する際にAWS CLIではなく、Docker CLIベースで実施できます。ただし、登録する際には事前の認証処理が必要となるため、次のコマンドで認証します。「Login Succeeded」と表示されれば認証成功です。

◆Dockerへの認証

```
$ aws ecr --region ap-northeast-1 get-login-password | docker
login --username AWS --password-stdin https://${AWS_ACCOUNT_ID}.
dkr.ecr.ap-northeast-1.amazonaws.com/sbcntr-backend
WARNING! Your password will be stored unencrypted in /home/ec2-
user/.docker/config.json.
Configure a credential helper to remove this warning. See
https://docs.docker.com/engine/reference/commandline/
login/#credentials-store

Login Succeeded
```

　docker image pushコマンドを利用して、ECRにコンテナイメージを登録します[*4-30]。

[*4-29] https://docs.aws.amazon.com/ja_jp/AmazonECR/latest/userguide/docker-push-ecr-image.html

◆ ECRへコンテナイメージを登録

```
$ docker image push ${AWS_ACCOUNT_ID}.dkr.ecr.ap-northeast-1.
amazonaws.com/sbcntr-backend:v1
The push refers to repository [123456789012.dkr.ecr.ap-
northeast-1.amazonaws.com/sbcntr-backend]
bc87b46eb57c: Pushed
f83ec8332183: Pushed
⋮
```

登録した結果を確認しましょう。

AWS マネジメントコンソールに戻り、［**サービス**］タブより「Elastic Container Registry」を選択します。ECRダッシュボード上の一覧からリポジトリ名「sbcntr-backend」のリンクを選択すると、先ほど登録したコンテナイメージが表示されているはずです。

▼図4-4-34　ECRへ登録されたコンテナイメージ

最後に、ECRに登録したコンテナイメージを取得してCloud9インスタンス上でデプロイしてみましょう。

＊4-30　「docker image push」の実行結果として、「denied: User: arn:aws:sts::123456789012: assumed-role/sbcntr-cloud9-role/*** is not authorized to perform」と表示される場合、IAMポリシーで定義した権限が不足している可能性があります。作成済みのIAMポリシー「sbcntr-AccessingECRRepositoryPolicy」のJSON内容を見直してみてください。

Cloud9のIDEに戻ります。

ECRから取得したイメージであることを確実にするため、先ほどビルドしたコンテナイメージを削除します。

◆ビルド済みのコンテナイメージを削除

```
$ docker image rm -f $(docker image ls -q)
Untagged: 123456789012.dkr.ecr.ap-northeast-1.amazonaws.com/
sbcntr-backend:v1
Untagged: sbcntr-backend:v1
Deleted: sha256:5a3592fee57cd50f2e9e5b1e86b25c15889d9b263d60ae3d9
1a0be3fe2a35fe3
 ⋮

$ docker image ls --format "table {{.ID}}\t{{.Repository}}\t{{.
Tag}}"
IMAGE ID               REPOSITORY             TAG
```

ECRに登録したコンテナイメージを取得しましょう。

◆ECRからコンテナイメージを取得

```
$ docker image pull ${AWS_ACCOUNT_ID}.dkr.ecr.ap-northeast-1.
amazonaws.com/sbcntr-backend:v1
v1: Pulling from sbcntr-backend
89d9c30c1d48: Pull complete
 ⋮
Status: Downloaded newer image for 123456789012.dkr.ecr.ap-
northeast-1.amazonaws.com/sbcntr-backend:v1
```

次のコマンドにて取得したコンテナイメージからコンテナをデプロイし、アプリケーションの動作を確認します。curlコマンドの結果として「Hello world」が返却されれば成功です。

◆取得したコンテナイメージのコンテナを起動

```
$ docker container run -d -p 8080:80 ${AWS_ACCOUNT_ID}.dkr.ecr.
ap-northeast-1.amazonaws.com/sbcntr-backend:v1
ba4100d4698c3e22f10c00e6d85242bf695166434d36b154260039220a7b8600

$ docker container ls --format "table {{.ID}}\t{{.Image}}\t{{.
Status}}\t{{.Ports}}"
```

```
CONTAINER ID         IMAGE            STATUS           PORTS
ba4100d4698c         123456789012.dkr.ecr.ap-northeast-1.amazonaws.
com/sbcntr-backend:v1    Up About a minute    0.0.0.0:8080->80/tcp

# 起動した API サーバーにリクエストを送信
$ date; curl http://localhost:8080/v1/helloworld
Sat May 22 06:37:04 UTC 2021
{"data":"Hello world"}
```

　同様の手順でフロントエンドアプリケーションのコンテナイメージも作成して
ECRに登録しましょう。登録のみでデプロイの確認はいったん不要です。

◆フロントエンドアプリケーションのコンテナイメージの登録まで

```
$ cd /home/ec2-user/environment/sbcntr-frontend
# ビルドコマンド実行中に赤文字の Warning が表示されます。
# 依存しているライブラリ側とのバージョン不整合で表示される
# 警告であり今回のハンズオンの動作に影響はないため、
# 気にせずとも問題ありません。
$ docker image build -t sbcntr-frontend .
Sending build context to Docker daemon  40.81MB
Step 1/21 : FROM node:14.16.0-alpine3.13 AS builder
 ⋮
Successfully built 7beefa5678a6
Successfully tagged sbcntr-frontend:latest

$ docker image tag sbcntr-frontend:latest ${AWS_ACCOUNT_ID}.dkr.
ecr.ap-northeast-1.amazonaws.com/sbcntr-frontend:v1
$ aws ecr --region ap-northeast-1 get-login-password | docker
login --username AWS --password-stdin https://${AWS_ACCOUNT_ID}.
dkr.ecr.ap-northeast-1.amazonaws.com/sbcntr-frontend
 ⋮
Login Succeeded

$ docker image push ${AWS_ACCOUNT_ID}.dkr.ecr.ap-northeast-1.
amazonaws.com/sbcntr-frontend:v1
```

　コンテナイメージの作成から、コンテナレジストリへの登録とイメージ取得&
デプロイの流れを実行していきました。

　次のステップでは今回作成したコンテナイメージをECS/Fargate上で実行して
いきます。

いよいよ本章のメイントピックであるECS/Fargate上でコンテナを実行をしていきます。2章にて述べたECSとFargateのサービス説明を思い出しながら進めていきましょう。

ECSは、稼働するコンテナのスケールや死活監視等の管理をする「コントロールプレーン」と定義されていました。一方、Fargateは「サーバーレスコンピューティングエンジン」と定義されていました。また、Fargateはコンテナが実際に稼働するリソース環境を提供することから「データプレーン」と呼んでいました。加えて、前節で構築したECRは、コンテナイメージの置き場所としての役割でした。

これらの関係性をあらためて確認し、各アプリケーションを動かしていきましょう。

▷ ECS on Fargateの動作イメージの確認

開発者がECRにコンテナイメージを登録（プッシュ）した後、登録したコンテナイメージをデプロイするようにECS上のコンテナ「定義」をアップデートします。

指示を受けたECSは、コンテナ定義内で指定されたコンテナイメージ情報を参照し、Fargateに対してコンテナのデプロイを指示します。

Fargateでは、コンテナごとにFirecracker[4-31]と呼ばれるマイクロVMを起動させ、マイクロVM上でコンテナが稼働します。正確には、「タスク」と呼ばれる複数のコンテナをグループ化した単位ごとにマイクロVMが稼働します。

流れとしては、図4-5-1のようになります。

---

*4-31 https://github.com/firecracker-microvm/firecracker

▼図4-5-1　ECS動作イメージの確認

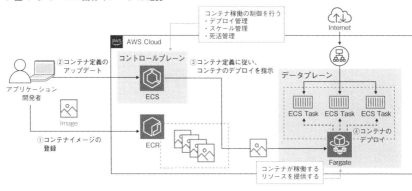

さて、ECS/Fargateのコンポーネントの再確認をしました。それではAWS側の作業内容を確認しましょう。バックエンドアプリケーションをECS/Fargateで動かすことを目指します。

▷ オーケストレータの構築内容の確認

今回構築するバックエンドアプリケーションの内容は、図4-5-2となります。実際にはマルチAZ構成ですが、図として煩雑になってしまうので片方のAZのみ記載しています。

▼図4-5-2　コンテナオーケストレータの構築内容

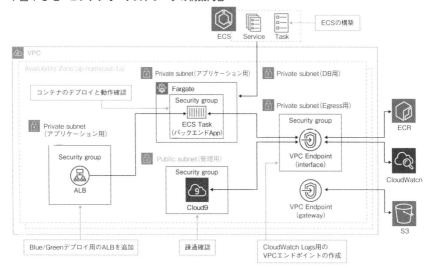

次のような段取りで作業を進めていきます。フローで表すと、図4-5-3のような段取りになります。

▽図4-5-3　コンテナオーケストレータ構築のフロー

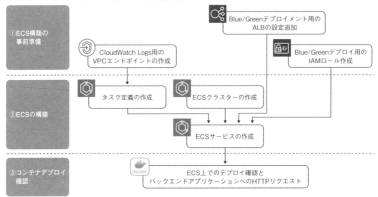

① コンテナからログを転送するために、CloudWatch用のインタフェース型VPCエンドポイントを作成します。
② フロントエンドアプリケーションからリクエストを受け付けるロードバランサーである内部向けALBを作成します。
③ ECSの作業としてタスク定義、ECSクラスター、ECSサービスの順番に設定を追加します。
④ 最後に、ECSがECRからコンテナを取得してFargate上にデプロイするところまでを確認します。

　4章では**コンテナのログの保存先としては「CloudWatch Logs」を利用**します。また、**コンテナをデプロイする方法としては「Blue/Green デプロイメント」**を採用します。
　Blue/Green デプロイメントによるコンテナリリースを採用した場合、デプロイ時とデプロイ後の切り戻しをダウンタイムなしで切り替えることが可能です。ECSでは、ALBの複数リスナーと付随するルールやターゲットグループを連携させることで実現可能です。

▼図4-5-4　Blue/Greenデプロイメントの内部挙動

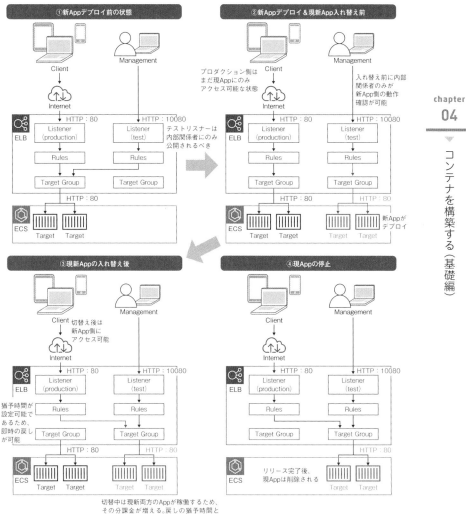

それでは AWS サービスの構築作業を再開しましょう。

▷ CloudWatch Logs用のVPCエンドポイントの作成

ECR同様、CloudWatch Logsもインタフェース型のVCPエンドポイントが提供されています。**Fargateのログの転送経路として、VPCエンドポイントを経由させる**ようにします。

それでは、AWS マネジメントコンソールの[**サービス**]タブから「VPC」を選択して、VPCダッシュボードからエンドポイントを作成します。

▼図4-5-5　エンドポイントの作成

❶[エンドポイント]を選択　　❷[エンドポイントの作成]をクリック

▼図4-5-6　CloudWatch Logs用のVPCエンドポイントのサービスとネットワークの選択

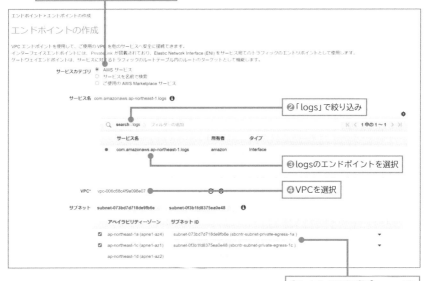

❶AWSサービスへのエンドポイントのため、[AWSサービス]を選択する

❷「logs」で絞り込み

❸logsのエンドポイントを選択

❹VPCを選択

❺1aと1cでそれぞれ「egress」と名前の付くサブネットを選択する

▼図4-5-7　CloudWatch Logs用のVPCエンドポイントのセキュリティグループを選択

❶[プライベートDNS名を有効にする]をチェック
プライベート DNS 名を有効にする
このエンドポイントで有効にする
セキュリティグループ
sg-0c351acaa8f80a974
セキュリティグループ を選択
グループ ID
グループ名
VPC ID
説明
所有者 ID
❷「egress」を選択
❸[フルアクセス]を選択
ポリシー*
フルアクセス
カスタム
閉じる

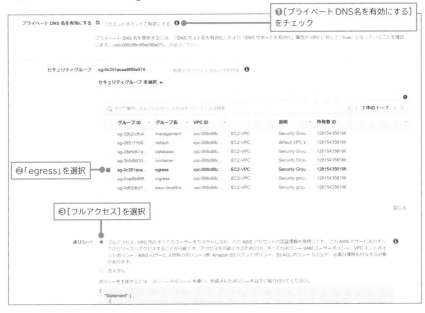

タグキー	設定値
Name	sbcntr-vpce-logs

▼図4-5-8　CloudWatch Logs用のVPCエンドポイントのNameタグの設定

キー
値
Name
sbcntr-vpce-logs
タグの追加
* 必須
キャンセル
エンドポイントの作成
❶一覧上からわかりやすくするため
Nameタグを追加する
❷[エンドポイントの作成]をクリック

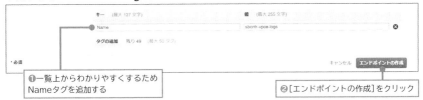

以上で作成完了です。これまで作成したVPCエンドポイントと合わせて、次の図4-5-9のようになっていることを確認しましょう。

▼図4-5-9　4つのVPCエンドポイントの作成を確認

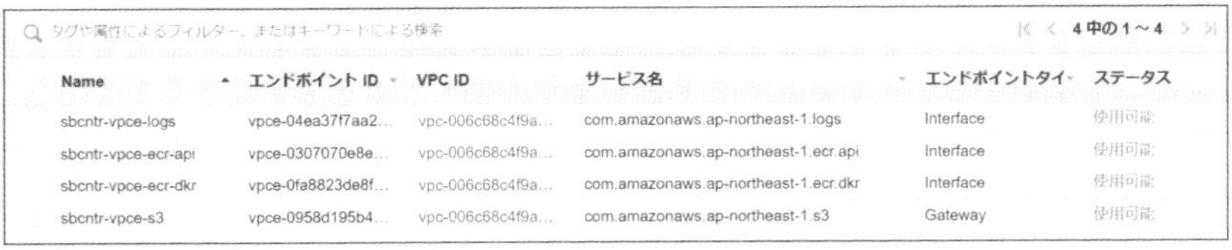

Name
エンドポイント ID
VPC ID
サービス名
エンドポイントタイ
ステータス
sbcntr-vpce-logs
vpce-04ea37f7aa2...
vpc-006c68c4f9a...
com.amazonaws.ap-northeast-1.logs
Interface
使用可能
sbcntr-vpce-ecr-api
vpce-0307070e8e...
vpc-006c68c4f9a...
com.amazonaws.ap-northeast-1.ecr.api
Interface
使用可能
sbcntr-vpce-ecr-dkr
vpce-0fa8823de8f...
vpc-006c68c4f9a...
com.amazonaws.ap-northeast-1.ecr.dkr
Interface
使用可能
sbcntr-vpce-s3
vpce-0958d195b4...
vpc-006c68c4f9a...
com.amazonaws.ap-northeast-1.s3
Gateway
使用可能

▷ Blue/Green デプロイメント用のALBの追加

ここからは、ECSでBlue/Green デプロイメントを行うために、図4-5-10の形でALBを追加します。

Blue/Green デプロイメントをECSに組み込む際、プロダクションリスナーの他にテストリスナーをALBへ設定できます。 テストリスナーの作成は任意ですが、アプリケーションリリース前に内部関係者からのみ事前確認ができるようにしておく上でも作成することをオススメします。

ここでは、最初に作成したリスナーをプロダクションリスナーとし、それに紐付くターゲットグループをBlue側として扱い、テストリスナーとそれに紐付くターゲットグループをGreen側として作成していきます。

▼図4-5-10　ALBの各コンポーネント間の関係図

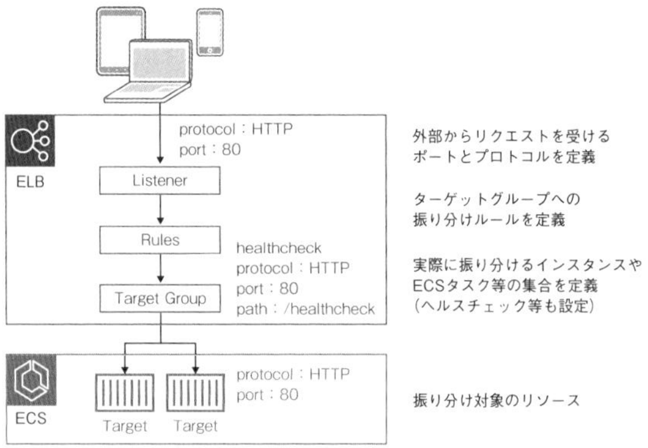

ALBの作成、ターゲットグループの作成に進みましょう。

●ALBの作成

ロードバランサーはEC2ダッシュボードから確認できます。

AWS マネジメントコンソールの [**サービス**] タブより「EC2」を選択して、ALBの作成に進みましょう＊4-32。

＊4-32　2021年9月よりALB作成のUIが変更されています。本書では、古いUIを使用して作業を行っています。古いUIへは、ダッシュボード左上の「New EC2 Experience」から切り替えることができます。

▼図4-5-11　ロードバランサーの作成

①[ロードバランサー]を選択　②[ロードバランサーの作成]をクリック

▼図4-5-12　ALBを選択

本書ではALBを作成する

設定項目	設定値
名前	sbcntr-alb-internal

▼図4-5-13　手順1：ロードバランサーの設定

①[名前]を入力

②内部向けALBのため、[内部]を選択する

253

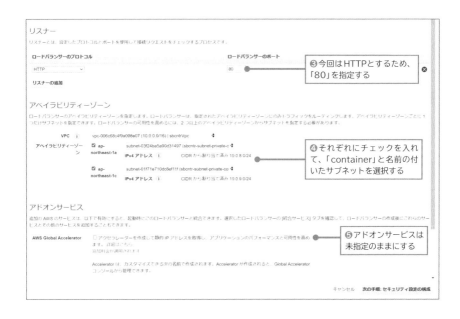

③今回はHTTPとするため、「80」を指定する

④それぞれにチェックを入れて、「container」と名前の付いたサブネットを選択する

⑤アドオンサービスは未指定のままにする

「手順2：セキュリティ設定の構成」では、リスナーのプロトコルとしてHTTPSを選択した場合、適用する証明書情報等を指定します。今回はコンテナの構築や解説に重点を置く関係上、HTTPによるアクセスとするため、証明書の作成や適用は省略します。[次の手順：セキュリティグループの設定]をクリックして先に進みます。

▼図4-5-14　手順3：セキュリティグループの設定

内部ALB向けである「internal」を選択する

ターゲットグループの名前は、Blue側のものであることが判別できるようにします。[成功コード] は今回のアプリケーションの成功コードである「200」を設定します。

設定項目	設定値
名前	sbcntr-tg-sbcntrdemo-blue
ヘルスチェックパス	/healthcheck

設定項目	設定値
正常のしきい値	3
非正常のしきい値	2
タイムアウト	5
間隔	15
成功コード	200

▼ 図4-5-15　手順4：ルーティングの設定

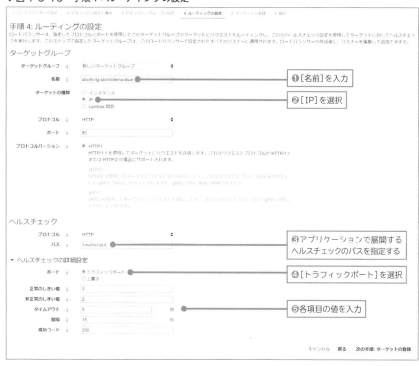

255

「手順5：ターゲットの登録」では、ターゲットを未選択のままで、[次の手順：確認]をクリックして先に進みます。

▼図4-5-16　手順6：確認

各設定項目を確認して、[作成]をクリックする

作成したALBの状態が「Provisioning」から「Active」に変わると、利用可能な状態となります。初期作成時ではルールの設定はできません。ルールの設定は、ALBが作成された後に必要に応じて実施します。

これでALBの設定が完了しました。今回はセキュリティグループとしてポート80しか許可しませんでしたが、ICMPを許可することで作成したロードバランサーに対してping確認も可能となります。

◎Green側のターゲットグループとリスナーの作成

先ほどのALB作成では、Blue側のターゲットグループのみ作成しました。次にGreen側の設定を追加しましょう。

▼図4-5-17　ターゲットグループの作成

ターゲットグループの名前は、Green側のものと判別できるようにします。

設定項目	設定値
ターゲットグループ名	sbcntr-tg-sbcntrdemo-green
パス	/healthcheck

▼図4-5-18　ターゲットグループの詳細の指定

257

ヘルスチェックの設定値はデフォルトから少し変更しています。[正常のしきい値]と[タイムアウト]を少し小さくし、ALBにターゲットが素早く取り込まれるようにしています。

設定項目	設定値
正常のしきい値	3
非正常のしきい値	2
タイムアウト	5
間隔	15
成功コード	200

▼図4-5-19　ターゲットグループのヘルスチェックの指定

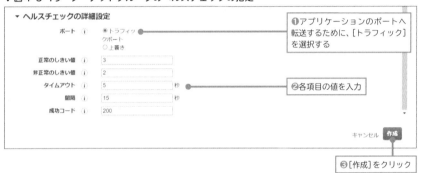

以上でGreen側のターゲットグループの作成は完了です。

最後にテストリスナーを作成し、この転送先としてGreen側のターゲットグループを指定します。

▼図4-5-20　リスナーの追加

❷作成したALBを選択

❸[リスナー]タブを選択

❶[ロードバランサー]を選択　　❹[リスナーの追加]をクリック

▼図4-5-21　リスナーのプロトコルとアクションの選択

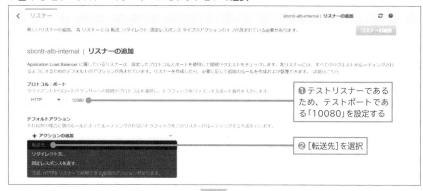

❶テストリスナーであるため、テストポートである「10080」を設定する

❷[転送先]を選択

❺[リスナーの追加]をクリック

❸Green側のターゲットグループへルーティング

❹このリスナーの全てのトラフィックをGreen側へ流す(「1」を設定)

▼図4-5-22　リスナー作成完了

❶正常に作成されたことを確認する

❷[<]をクリックして元の画面へ戻る

　2つのリスナーが作成されたことを確認しましょう。この際、10080ポート側のリスナーには警告マークが表示されます。これはまだ10080ポート向けのセキュリティグループの設定をしていないためです。気にせずとも問題ありません。

▼図4-5-23　2つのリスナーが作成されていることを確認

▷ Internal用のセキュリティグループの変更

　作成したテストリスナーは、プロダクションに切り替わる前の確認用ポートです。これはインターネット公開や外部アプリケーションからアクセスされるべきでなく、管理用途として限定すべきです。

　そこで、テストリスナーのポートには管理サーバーからのみアクセスできるように、Internal用のセキュリティグループの設定を変更します。

▼図4-5-24　Internal用セキュリティグループの設定変更

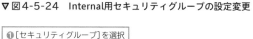

設定項目	設定値
説明オプション	Test port for management server

▼図4-5-25　ポート10080のインバウンドルールを追加

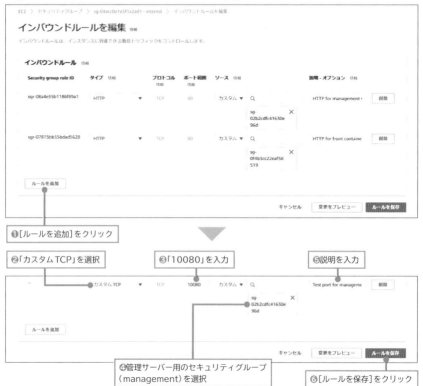

▼図4-5-26　Internal用セキュリティグループの設定変更完了

以上でセキュリティグループの設定が完了です。

▶ Blue/Green デプロイメント用のIAMロールの作成

ECS構築前の最後の下準備は、ECSがBlue/GreenデプロイメントをALB等と連携して実行するためのIAMロールの作成です。

AWS側でドキュメント*4-33が公開されており、こちらを参考に追加していきます。

AWSマネジメントコンソールの[サービス]タブより「IAM」を選択して、IAMロールの作成を進めます。

▼図4-5-27　IAMロールの作成

❶[ロール]を選択　　❷[ロールを作成]をクリック

▼図4-5-28　IAMロールを利用するサービスを選択

❶[AWSサービス]を選択　　❷[CodeDeploy]を選択

---

*4-33　https://docs.aws.amazon.com/ja_jp/AmazonECS/latest/developerguide/
codedeploy_IAM_role.html

263

▼図4-5-29　IAMロールを利用するユースケースを選択

ECSを利用するCodeDeployのユースケースである、
[CodeDeploy - ECS]を選択する

▼図4-5-30　Blue/Green デプロイメント用のIAMロールが利用するポリシーを確認

ここをクリックすると権限の
詳細を確認可能

「タグの追加（オプション）」では、タグの追加は行わずにそのまま[次のステップ：確認]をクリックして先に進みます。

「確認」では、ロール名を設定します。ECSからデプロイするロールは他のユースケースでも使われるため、汎用的な名称にします。

設定項目	設定値
ロール名	ecsCodeDeployRole

▼図4-5-31　IAMロールの設定内容の確認

以上で、Blue/Green デプロイメント用のIAMロールの作成が完了しました。これでECSの構築前の全ての準備が完了しました。

▷ ECSの構築

「**タスク定義の作成**」「**ECSクラスターの作成**」「**ECSサービスの作成**」の順で実施します。ECSサービスの中で利用するタスク定義を指定するため、ECSサービスはECS構築作業の最後に実施する必要があります。設定項目が非常に多いですが頑張って構築していきましょう。

なお、ECSのコンソールは2020年12月にUIが新しく刷新されています[4-34]。しかし、新しいコンソールではローリングアップデートのデプロイタイプしかサポートされていません。Blue/Green デプロイメントを使用するには古いコンソールを使うように示唆されているため[4-35]、**本書では古いコンソールのキャプチャを利用した手順としています。**

AWS マネジメントコンソールの[**サービス**]タブから「Elastic Container Service」を選択し、ECSダッシュボード画面の左側にあるパネルから、古いUIを

*4-34 https://aws.amazon.com/jp/about-aws/whats-new/2020/12/amazon-elastic-container-service-launches-new-management-console/

*4-35 https://docs.aws.amazon.com/ja_jp/AmazonECS/latest/userguide/create-service-console-v2.html

選択していることを確認してください。

▼図4-5-32　ECSダッシュボードの新旧コンソールの選択

● タスク定義の作成

「タスク定義」は複数のコンテナ定義を含んだタスクのテンプレートの扱いでした。コンテナ定義は「コンテナアプリケーションの登録」(240ページ)で登録したバックエンドの「sbcntr-backend」イメージを指定します。

▼図4-5-33　タスク定義の作成

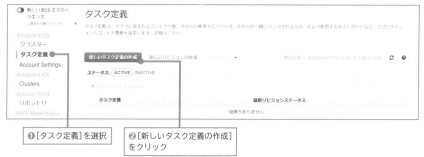

▼図4-5-34　起動タイプはFargateを選択

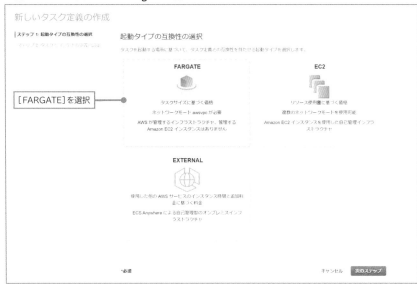

「タスクとコンテナの定義の設定」にて、まず画面中央の[コンテナの追加]を
クリックし、コンテナの追加画面を立ち上げます。

▼図4-5-35　コンテナの追加画面を立ち上げる

かなり多くの設定があることがわかります。項目の内容をいくつかピックアップして見てみましょう

- プライベートレジストリの認証
  認証が必要なプライベートレジストリからイメージを取得する場合に指定します。**ECRのプライベートリポジトリから取得する場合は不要**です。

- ヘルスチェック
  ECSが指定したコマンドを実行することでコンテナのヘルスチェックを実行します。今回構築するアプリケーションでは、**ALB側のヘルスチェック機能で充足するため設定不要**です。

- 基本
  タスク内のコンテナのうち、1つでも起動の失敗・停止するとタスク内のコンテナ全てを停止するかどうかを指定します。今回はコンテナが1つしかありませんが、**特段理由がない限り常に適用**するとよいでしょう。

- コンテナタイムアウト
  タスク内に複数コンテナがあり起動に依存関係を持たせる際の待ち時間を指定します。今回は**コンテナが1つしかないため設定不要**です。

- ネットワーク設定
  コンテナ内のネットワークを指定できます。**Fargateではawsvpcモードとなり、このネットワーク設定はサポートされないため設定不要**です。

- ストレージ設定
  ストレージ利用を指定できますが今回は利用しないため設定不要です。

このようにコンテナ起動に関わる設定を比較的細かく設定できることがわかります。では、各種入力が必要な箇所について、設定を進めていきます。[aws_account_id] は自身のAWSアカウントIDを設定してください。

設定項目	設定値
コンテナ名	app
イメージ	[aws_account_id].dkr.ecr.ap-northeast-1.amazonaws.com/sbcntr-backend:v1
メモリ制限	ソフト制限、512
ポートマッピング	80

▼図4-5-36　コンテナ定義の基本設定

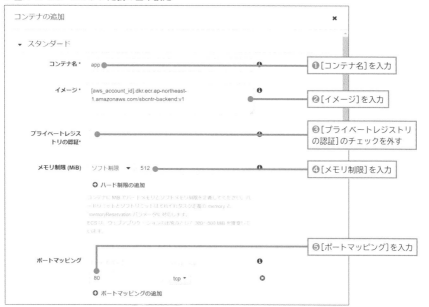

　その他、設定のポイントとなる箇所を示します。それ以外の箇所は、デフォルトの設定のままで大丈夫です。

設定項目	設定値
CPUユニット数	256
読み取り専用ルートファイルシステム	チェックあり

▼図4-5-37　コンテナ定義の環境設定

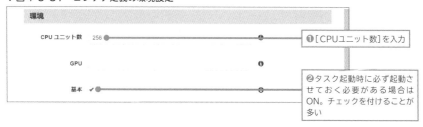

▼図4-5-38　コンテナ定義のストレージとログ設定

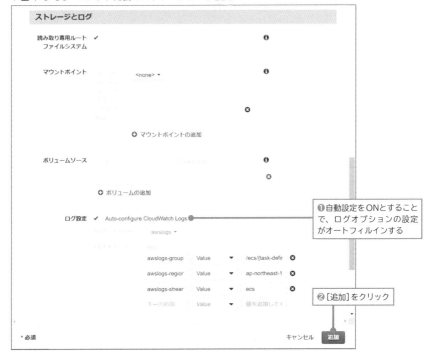

コンテナ定義が追加されると、タスク定義側にコンテナ定義が表示されます。

▼図4-5-39　タスク定義内のコンテナ定義作成後

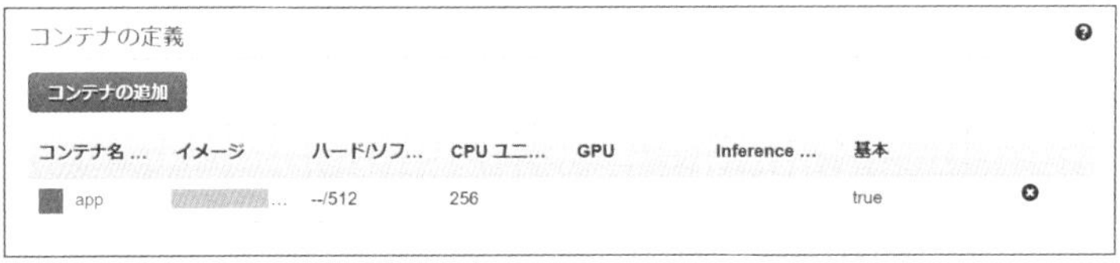

それでは、タスク定義の作成に戻りましょう。

4章ではシンプルなコンテナを起動するために最小限の設定としています。タスク定義の名前は、バックエンドアプリケーションであることが判別しやすいようにします。

設定項目	設定値
タスク定義名	sbcntr-backend-def

▼ 図4-5-40　タスクとコンテナ定義の設定

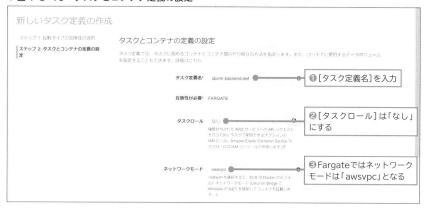

設定項目	設定値
タスクメモリ	1GB
タスクCPU	0.5 vCPU

▼ 図4-5-41　タスクの実行IAMロール

▼図4-5-42　その他

「起動ステータス」画面にてタスク定義の作成状況が確認できます。

　AWSマネジメントコンソールからタスク定義を新規作成すると、タスクを生成するタスクエージェントが利用するタスク実行ロールや、CloudWatch Logsのログループも生成されます。

　全て作成された後に[タスク定義の表示]をクリックすると、ダッシュボード上に新規タスク定義が表示されます。作成した最新リビジョンのステータスが「Active」となっていれば、タスク定義が有効な状態です。

▼図4-5-43　タスク定義の確認

●ECSクラスターの作成

次に、「ECSクラスター」を作成します。

ECSダッシュボードの左側ナビゲーションメニューから[クラスター]を選択し、[クラスターの作成]から進めていきます。

▼図4-5-44　ECSクラスターの作成

▼図4-5-45　ECSクラスターのテンプレート選択

クラスターの名前は、バックエンドアプリケーションのものと判別できるようにします。

ECSはCloudWatch Container Insightsという機能を利用することでタスクに関する詳細なメトリクスを取得できます。基本的なCPUやメモリ使用率以外に、ネットワーク使用率やコンテナ起動失敗情報等の有益な情報が取得できることも

あるため、本書でも有効化します[4-36]。

設定項目	設定値
クラスター名	sbcntr-ecs-backend-cluster

▼図4-5-46　ECSクラスターの設定

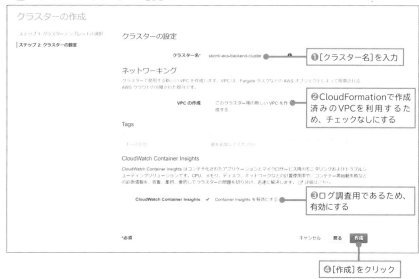

「起動ステータス」画面で[クラスターの表示]をクリックすると、作成したクラスターが表示されます。

▼図4-5-47　ECSクラスターの作成完了

*4-36　既存のECSクラスターに対しては、AWS CLIから有効化可能です。
　　　aws ecs update-cluster-settings --cluster myCICluster --settings name=container
　　　Insights,value=enabled

●ECSサービスの作成

最後は大物の、「ECSサービス」の作成です。

ECSサービス自体の定義、ネットワークやALBの定義、Auto Scaling定義と設定内容が多いワークです。**ECSサービス＝ALBと連携してタスク動作をコントロールする**の意識を持ちながら設定に臨みましょう。

ECSクラスターの作成完了の画面から、引き続き作業を行います。

▼図4-5-48　ECSサービスの作成

［作成］をクリック

サービス名はクラスターと同様の考え方で、バックエンドアプリケーションのものと判別できるようにします。その他の設定項目についてはキャプチャに沿って登録します。

設定項目	設定値
タスク定義	sbcntr-backend-def
クラスター	sbcntr-ecs-backend-cluster
サービス名	sbcntr-ecs-backend-service

［タスク数］は可用性を意識して「1」ではなく「2」とします。最低1タスク、最大2タスク動くように、［最小ヘルス率］は「100」、［最大率］は「200」にします。［デプロイサーキットブレーカー］は、ローリングアップデート用の設定であるため「無効」を選択します。

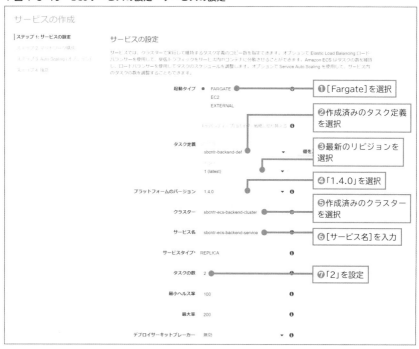

設定項目	設定値
デプロイメント設定	CodeDeployDefault.ECSAllAtOnce
CodeDeployのサービスロール	ecsCodeDeployRole

　[デプロイメント設定]はカナリアリリースを行うかどうか等の、デプロイメントオプションを選択するための設定です。今回はシンプルなBlue/Green デプロイメントとするために「ECSAllAtOnce」を選択します。

　AWS側で用意されたタグを付けるように、[ECSで管理されたタグを有効にする]をチェックします。

▼図4-5-50　ECSサービスの設定：デプロイメント

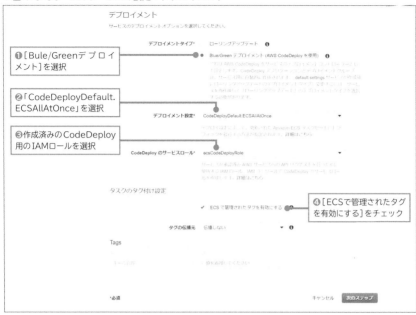

❶［Bule/Greenデプロイ
メント］を選択

❷「CodeDeployDefault.
ECSAllAtOnce」を選択

❸作成済みのCodeDeploy
用のIAMロールを選択

❹［ECSで管理されたタグ
を有効にする］をチェック

　作成するコンテナはプライベートサブネット上で動作し、直接インターネット
からの接続は受け付けないため、［パブリックIPの自動割り当て］は無効化
（DISABLED）する点に注意してください。

　［サブネット］には、アプリケーション用に用意した「container」と名前の付く
プライベートサブネットを2つ（1aと1c）を選択します。

　［編集］をクリックしてセキュリティグループを選択します。設定内容は、図
4-5-52を参照してください。

　［ヘルスチェックの猶予時間］の入力を行う前に、次項目にある［ロードバラン
サーの種類］の設定が必要になります。猶予時間はデフォルトでは「0」になって
いますが、それだとコンテナサイズによってはうまく起動しないことがあるの
で、ここでは「120」を設定しています。

▼図4-5-51　ECSサービスのネットワーク構成

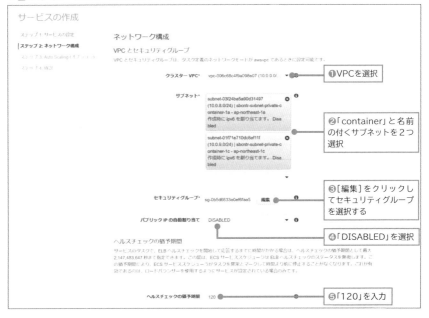

▼図4-5-52　ECSサービスのセキュリティグループの選択

設定項目	設定値
ロードバランサー名	sbcntr-alb-internal
コンテナ名：ポート	app:80:80

　また、Blue/Green デプロイメントの説明で述べた通り、次の図4-5-53のように テストリスナーポートを有効化します。こうすることで、新しいコンテナをパブリックに公開する前に、内部関係者のみがテストリスナーポート経由でコンテナの動作確認ができます。

　「ロードバランス用のコンテナ」で、[ロードバランサーに追加]をクリックして各種設定を進めてください。

▼図4-5-53　ECSサービスのロードバランサーの設定

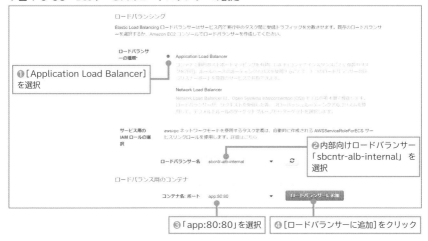

設定項目	設定値
プロダクションリスナーポート	80:HTTP
テストリスナーポート	10080:HTTP

　本番向けのトラフィックは、HTTPプロトコルのデフォルトポートである「80」 を選択します。テストリスナーは確認用として設定しておいた「10080」ポートを 使用します。

▼図4-5-54　ECSサービスのリスナー設定

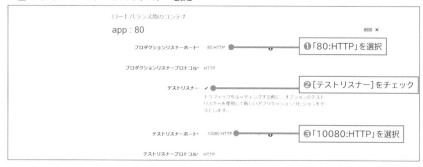

追加設定においても画面の入力内容に沿って、設定を進めます。

ターゲットグループの設定は少しわかりづらいですが、カーソルを当てて少し待つと名称が表示されます。

設定項目	設定値
ターゲットグループ1の名前	sbcntr-tg-sbcntrdemo-blue
ターゲットグループ2の名前	sbcntr-tg-sbcntrdemo-green

▼図4-5-55　ECSサービスのネットワークの追加設定

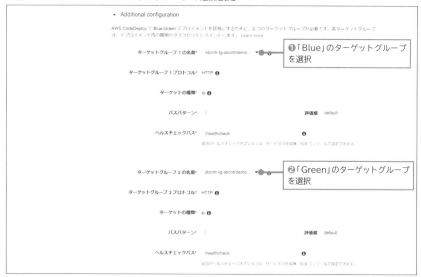

ECSサービスを他のサービスから検出するための設定をします。今回は必須ではないですが、設定タイミングがECSサービス作成時しかないため、ここで作成しておきます。

　[名前空間]は、新しいサービスであるために新規にリソースを作成します。また、内部通信であるため「プライベート」を選択します。[名前空間名]は内部向けとわかるように「local」とします。

　内部的には、「AWS Cloud Map」と呼ばれるサービスが生成されます。[サービスの検出名]の値を用いて、他サービスが当該サービスを参照します。今回は次の値を設定してください。

設定項目	設定値
名前空間	新しいプライベート名前空間の作成
名前空間名	local
サービスの検出名	sbcntr-ecs-backend-service

▼図4-5-56　ECSサービスのサービスの検出設定（オプション）

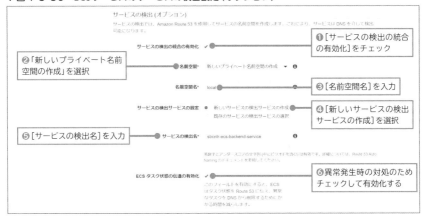

▼図4-5-57　ECSサービスのサービスの検出設定（DNSレコード）

4章ではあえてシンプルな設定にしたいので、Auto Scalingの設定はしません。
[サービスの必要数を直接調整しない]を選択しましょう。

▼図4-5-58　ECSサービスのAuto Scaling設定

表示された内容を確認し、[サービスの作成]をクリックします。

▼図4-5-59　ECSサービスの設定内容の確認

「起動ステータス」画面で、サービスの作成状況が確認できます。

作成された後に[サービスの表示]をクリックすると、ダッシュボード上に新規ECSサービスが表示されます。[タスク]タブに切り替えるとタスクが2つ起動しているのが確認できます。最終的に2つのタスクの[前回のステータス]が「RUNNING」に遷移していることを確認してください。

▼図4-5-60　ECSサービス作成完了の状態

「RUNNING」になっていることを確認できたら、[イベント]タブの最新メッセージを確認します。

「service sbcntr-ecs-backend-service has reached a steady state.」と表示されれば、コンテナの起動は成功です。表示されるまで若干時間がかかります。

▼図4-5-61　ECSサービス起動完了状態を示すログ

一方、このメッセージが表示されない場合、タスクの起動がFAILEDになるか、RUNNING後にACTIVATINGへ再度遷移して起動できていない可能性があります。この場合は原因の切り分けを行う必要があります。

ECSサービス作成後は、Blue/Green デプロイメント用にCodeDeploy定義が自動生成されます。デフォルトでは入れ替え時の待機時間は0分となっているため、アプリケーションリリース後は即座に切り替わります。今回は切り替えに10分程度の猶予を設定してみます。切り替え後の待機時間は1時間のままで問題ありません。

AWS マネジメントコンソールの[サービス]タブより「CodeDeploy」を選択し、CodeDeployダッシュボードより設定をしましょう。

▼図4-5-62　CodeDeployにあるECSで作成されたアプリケーション

▼図4-5-63　CodeDeployのECSで作成されたデプロイグループ

▼図4-5-64 デプロイグループの設定変更を実施

[編集]をクリック

　変更後、アプリケーションのトラフィックに切り替えるまでに、10分の猶予
時間を設定します。

▼図4-5-65 ECS用のCodeDeploy設定変更

❶[トラフィックを
再ルーティングする
タイミングを指定し
ます]を選択

❷「10」を選択

❸[変更の保存]をクリック

以上でECSの設定は完了です。

▶ コンテナのデプロイの確認

ECSの構築とバックエンドアプリケーションのデプロイが完了しました。実際に正しくデプロイされているか、次の手順で確認してみましょう。

① バックエンドアプリケーションへ直接HTTPリクエストを送信することで応答を確認してみます。

「Cloud9インスタンス→内部ALB→バックエンドアプリケーションの経路」で確認します。

② フロントエンドアプリケーションからHTTPリクエストを送信することで応答を確認してみます。確認前にフロントエンド疎通のためのリソース追加も実施します。

「インターネット向けALB→フロントエンドアプリケーション→内部ALB→バックエンドアプリケーションの経路」で確認します。

▼図4-5-66　アプリケーション疎通確認

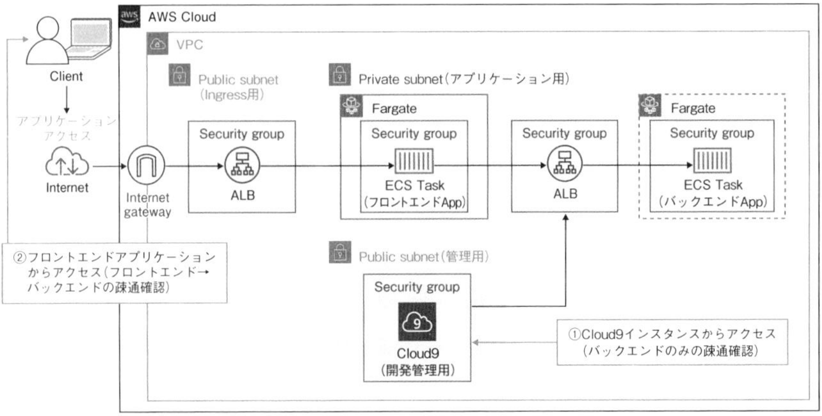

◉ バックエンドアプリケーションの疎通確認

まずは①の手順を実施して、バックエンドアプリケーションの疎通を確認しましょう。

AWS マネジメントコンソールの[サービス]タブから「EC2」を選択し、 EC2ダッシュボードの左側ナビゲーションメニューから[ロードバランサー]を選択します。一覧から先ほど作成した「sbcntr-alb-internal」を選択して[説明]タブ内

のDNS名を確認し、コピーします。

▼図4-5-67 ロードバランサーのDNS名の確認

次に、AWSマネジメントコンソールの[**サービス**]タブから「Cloud9」を選択して、Cloud9のIDEに画面を移します。

Cloud9のIDE画面下部のターミナルから、curlコマンドでAPIリクエストを送信します。[ALBのDNS名]はコピーしたDNS名で置き換えてください。

◆バックエンドアプリケーションへのALB経由の疎通確認

```
$ curl http://[ALBのDNS名]:80/v1/helloworld
{"data":"Hello world"}
```

アプリケーションまでリクエストが到達しているか、CloudWatch Logsから確認してみましょう。アプリケーションのアクセスログは標準出力される設定となっており、CloudWatch Logsに蓄積されています。

AWS マネジメントコンソールの[**サービス**]タブより「CloudWatch」を選択します。

▼図4-5-68 ログを確認

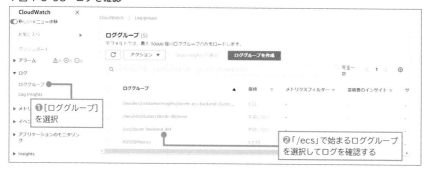

[イベントフィルター]欄に「alb」または「helloworld」と入力してエンターキーを押すと、先ほどCloud9インスタンスから実行したリクエストがいくつか確認できます。

▼図4-5-69　リクエストの確認

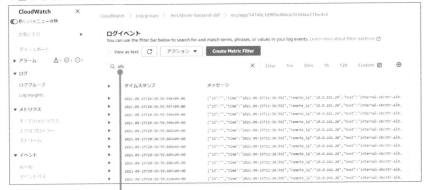

「alb」と入力してエンターキーを押す

　以上の流れで、ECS/Fargate上にデプロイしたバックエンドアプリケーションの疎通が確認できました。

●フロントエンドアプリケーションからの一気通貫確認

　最後に②の手順を実施して、「フロントエンドアプリケーション→バックエンドアプリケーションの疎通」を確認します。

　「コンテナアプリケーションの登録」(240ページ)でバックエンドアプリケーションと同様の手順でフロントエンドアプリケーションもECRへプッシュ済みです。しかし、フロントエンドアプリケーションをWebページとして確認できるようにデプロイしていません。これからフロントエンドアプリケーションのデプロイを行います。

　まず、図4-5-70の通り、**フロントエンドアプリケーション用にALB、ECSクラスターを別に作成する必要**があります。

▼図4-5-70　サンプルアプリケーションの全体像

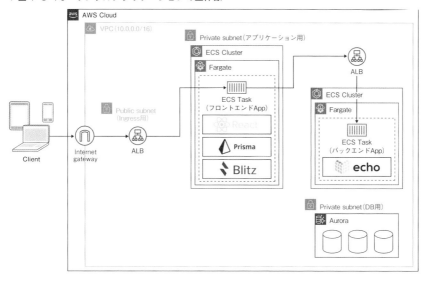

　ALBやECSクラスターの作成は既にハンズオン済みで、類似した手順となり
冗長です。ここではフロントエンド用に用意したCloudFormationのテンプレー
トを実行し、フロントエンドアプリケーション向けの環境を構築します。

　**通常はフロントエンドにおいてもスケーリングは重要であるため、ECSサー
ビス上にタスクを立ち上げてアプリケーションをデプロイ**すべきです。しかし、
今回はECSサービスを作成せずに**ECSクラスター上へタスクを単体で立ち上げ
て、フロントエンドアプリケーションをホスティング**することにします[*4-37]。

　それでは、ネットワーク構築をした際の手順と同様に、CloudFormationのテ
ンプレート（frontend.cf.yml）を次のURLより入手してください。テンプレート
は、本書のサポートページ（https://isbn2.sbcr.jp/07654/）でも配布しています。

https://github.com/uma-arai/sbcntr-resources/blob/main/cloudformations/
frontend.cf.yml

　AWS マネジメントコンソールの[**サービス**]タブから「CloudFormation」を選
択し、CloudFormationの画面で入手したテンプレートを利用して新しいスタッ

---

*4-37　フロントエンドでECSサービスを使わなかった理由の1つが、設計というよりハンズオンのボリュー
　　　ムが大きくなることです。また、筆者の周囲でECSタスクはECSサービス上にしか起動できないと
　　　認識していた人もおりました。ECSタスクはクラスター上に単独で起動できるということを実際に体
　　　験していただきたかったという理由からこのような構成としています。

クを構築してください。スタック名は「sbcntr-frontend-stack」とします（スタックの作成手順は、199ページを参照してください）。

すると、各種パラメータの入力が求められます。基本的にはテンプレートファイルの説明箇所に記載の通りですが、表4-5-1に設定内容を示します。

設定項目	設定値
スタックの名前	sbcntr-frontend-stack

▼表4-5-1　フロントエンドアプリケーション用CloudFormationへの設定値

パラメータ	設定
ALBSecurityGroupId	「ingress」と名前の付くセキュリティグループを選択
ALBSubnetId1	sbcntr-subnet-public-ingress-1aを選択
ALBSubnetId2	sbcntr-subnet-public-ingress-1cを選択
BackendHost	先ほど作成した内部ALBのDNS名を入力
Prefix	（変更不要）
VpcId	「sbcntr」と名前の付くVPCを選択

パラメータ入力後、次へ進めてスタックの作成を開始してください。

スタックの作成後、作成が完了したことを確認します。フロントエンドアプリケーション用のリソースの作成完了後、**ECSクラスター上でタスクを起動し、ALBに紐付けることで動作を確認**します。

AWS マネジメントコンソールの**[サービス]**タブから「Elastic Container Service」を選択してECSダッシュボードに移動し、先ほどCloudFormationによって作成した「sbcntr-frontend-cluster」上にECSタスクを起動します。

▼図4-5-71　フロントエンドアプリケーションのECSタスクの作成

❶[クラスター]を選択　　❷「sbcntr-frontend-cluster」を選択

③[タスク]タブを選択

サービス　タスク　ECSインスタンス　メトリクス　タスクのスケジューリング　Tags　キャパシティープロバイダー

新しいタスクの定義　停止　すべてを停止　アクション ▾

必要なタスクのステータス: (Running) Stopped

タスク　タスク定...　コンテナ...　前回のス...　必要なス...　開始時刻　開始元　グループ　起動タイ...　プラット...

結果がありません

④[新しいタスクの実行]をクリック

▼図4-5-72　フロントエンドアプリケーションのECSタスクの起動

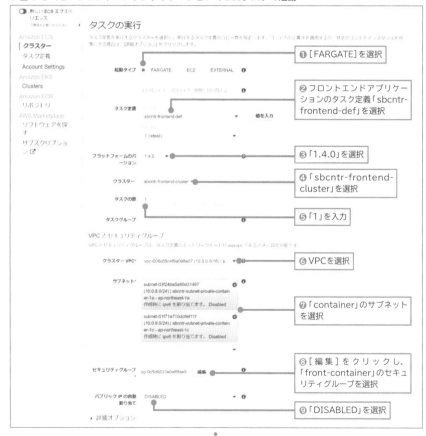

タスクの実行

❶[FARGATE]を選択

起動タイプ　● FARGATE　EC2　EXTERNAL

❷フロントエンドアプリケーションのタスク定義「sbcntr-frontend-def」を選択

タスク定義　sbcntr-frontend-def

❸「1.4.0」を選択

プラットフォームのバージョン　1.4.0

❹「sbcntr-frontend-cluster」を選択

クラスター　sbcntr-frontend-cluster

❺「1」を入力

タスクの数　1

タスクグループ

VPCとセキュリティグループ

❻VPCを選択

クラスターVPC*　vpc-006c68c4f9a098e07 (10.0.0.0/16)

❼「container」のサブネットを選択

サブネット　subnet-03f24ba5a90d31497
(10.0.8.0/24) | sbcntr-subnet-private-container-1a - ap-northeast-1a
作成時に ipv6 を割り当てます。 Disabled

subnet-01f71e710dc8ef11f
(10.0.9.0/24) | sbcntr-subnet-private-container-1c - ap-northeast-1c
作成時に ipv6 を割り当てます。 Disabled

❽[編集]をクリックし、「front-container」のセキュリティグループを選択

セキュリティグループ　sg-0b5d6633e0ef6fae5　編集

❾「DISABLED」を選択

パブリックIPの自動割り当て　DISABLED

▶ 詳細オプション

タスクの作成直後は「PROVISIONING」となっています。しばらく待って「RUNNING」となることを確認してください。

「RUNNING」となった後、タスクのプライベートIPを確認します。対象タスクのリンクを押下し、タスク詳細に遷移してください。

▼図4-5-73　フロントエンドアプリケーションのECSタスクの起動確認

タスクの詳細画面でタスクのプライベートIPをコピーします。これは、次のALBの設定で利用します。

▼図4-5-74　フロントエンドアプリケーションのECSタスクの詳細

AWS マネジメントコンソールの[サービス]タブから「EC2」を選択してEC2ダッシュボードに移動し、ALBの設定に移ります。

ここでは、作成したフロントエンドアプリケーションのECSタスクをALBの

ターゲットグループに追加し、ALB経由でトラフィックが転送されるように設定します。

▼図4-5-75　フロントエンドアプリケーション用のターゲットグループを選択

❶[ターゲットグループ]を選択　　❷「sbcntr-tg-frontend」を選択

▼図4-5-76　ターゲットグループへタスクを登録

❶[ターゲット]タブを選択　　❷[編集]をクリック

▼図4-5-77　追加するタスクの情報を入力

❶[+]をクリック

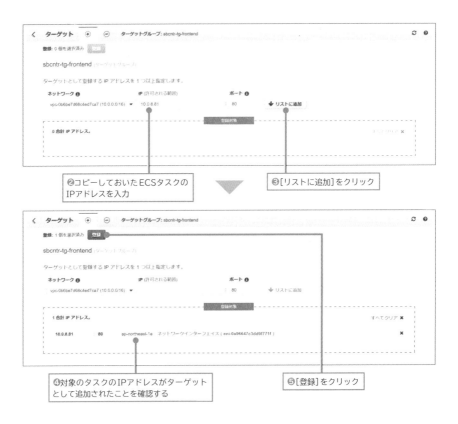

❷コピーしておいたECSタスクの
IPアドレスを入力

❸[リストに追加]をクリック

❹対象のタスクのIPアドレスがターゲット
として追加されたことを確認する

❺[登録]をクリック

　追加されたタスクは、最初はステータスが「initial」になっています。ステータ
スが「healthy」になればヘルスチェックに成功して、Healthyなターゲットとして
カウントされます。

▼図4-5-78　追加したタスクがトラフィックを受け付けできる状態を確認

「healthy」になれば成功

　タスクをALBへ関連付けした後、フロントエンドアプリケーションからALB
経由でHTTPリクエストを送信することで応答を確認します。ブラウザからフロ

ントエンドアプリケーション用のALBのDNSにアクセスします。

バックエンドアプリケーションのAPIレスポンスが取得できていない場合、「Hello worldの取得に失敗」と表示されます。手順①で確認したレスポンスの「data」に設定された値（例ではHello world）が表示されていれば成功です。

▼図4-5-79　フロントエンドアプリケーション用のALBのDNSを確認

❶「sbcntr-alb-ingress-frontend」を選択 ❷ALBのDNSを確認してコピーする

▼図4-5-80　フロントエンドからバックエンドの応答を確認

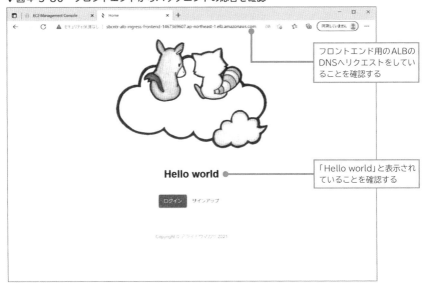

フロントエンド用のALBの
DNSへリクエストをしてい
ることを確認する

「Hello world」と表示され
ていることを確認する

　ローカル端末でコンテナアプリケーションを開発しているときは、「docker container exec -it［コンテナ名］/bin/sh」等のコマンドを利用することで、rootユーザーでコンテナ内にログインが可能です。コンテナが起動しなかった場合のデバッグの手段として有効ですね。

　一方、Fargateはマネージドなデータプレーンなので残念ながら「シンプルには」ログインすることができません。2021年2月までは、Fargateにログインする方法としてAWS Systems ManagerのSession Managerを利用する方法がありました。Session Managerを利用するためには、Systems Manger Agent（SSM Agnet）をFargate上で起動させる必要があります。

　追加のコンポーネントを入れずにデバッグする方法としては、一旦ECS/EC2で組み直してコンテナをデプロイするのも有効な手段の1つです。EC2自体はSSHログインできるので、そこから「docker container exec」を行いデバッグが可能になります。

　こちらはデータプレーンの仕組みとしてFargateとEC2は異なるため、厳密なFargate環境でのデバッグではないです。しかし、アプリケーションの切り分け手段の1つとして押さえておくことは大事であるため覚えておくとよいでしょう。

　そして、2021年3月にAmazon ECS Execによる、待望のAWS Fargate上のコンテナへのアクセスが公式発表されました*4-38。この仕組みでも前述した、Session Managerが利用されます。Fargateの1.4以降で利用可能となっており、ECSを触るユーザーを大きくわかせました。

---

*4-38　https://aws.amazon.com/jp/blogs/news/new-using-amazon-ecs-exec-access-your-containers-fargate-ec2/

4-6 データベースの構築

前節までで、クラウドネイティブなアプリケーションへの第一歩である、
ECS/Fargate上のコンテナアプリケーション稼働までたどり着きました。基礎編
である4章の最後として、データベースの構築に進んでいきます。サービスを提
供するにはデータの保持が欠かせません。4章でもデータベースをシステム上に
組み込んでいきます。

今回はコンテナアプリケーションから「Amazon Aurora」に接続する構成を組
んでみます。

▼図4-6-1　データベース部分の構成

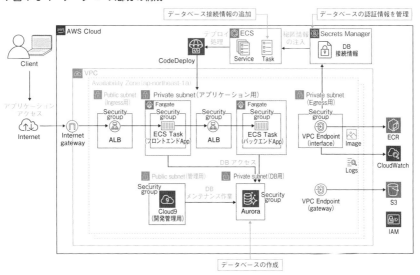

ところでアプリケーションからデータベースに接続するには認証情報が必要で
す。しかし、**ソースコード上に認証情報を直接ベタ書きすることはセキュリティ
観点から避けるべき**です。対処するためのテクニックとして、コンテナ内の環境
変数として定義し、ソースコードから環境変数を読み込んで接続する流れがよく
採用されます。

この環境変数経由で流し込む場合においても、特にパスワード等の秘匿すべき

情報は流し込み元でも安全に保管されなければ意味がありません。4章では「Secrets Manager」というサービスにDBの認証情報を格納し、セキュアに情報を流し込むこととします。

　事前準備として、Cloud9インスタンスからAuroraインスタンスに接続することでアプリケーションに必要なテーブルやデータを作成します。そして、フロントエンドアプリケーション、バックエンドアプリケーションのそれぞれから、データベースアクセスを含むアプリケーションの動作確認をします。

▽図4-6-2　データベース構築手順の詳細

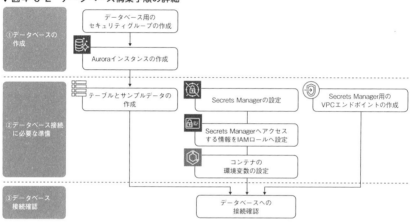

　本書ではTokyoリージョンにマルチAZ構成でAuroraクラスターを構築します。具体的には、書き込み可能なマスタインスタンスを一方のAZ上で稼働させ、読み込み専用のリードレプリカのインスタンスを他方のAZで稼働させます。

▷セキュリティグループの作成

　データベース用のセキュリティグループは、「ネットワークの構築」(195ページ)で作成済みとなります。ここでは「sbcntr-sg-db」を利用します。

▍▷ Auroraインスタンスのネットワーク作成

　Aurora DBクラスターをVPC内で動作させるためには、**VPC内で作成したサブネットをDBクラスター側から識別させるための関連付け**が必要となります。これは「サブネットグループ」と呼ばれ、RDSに関連するリソースとして作成が必要です。まずは、このサブネットグループから作成します。

　サブネットグループを作成するためには、サブネットグループIDの指定が必要です。VPCダッシュボードの左側ナビゲーションメニューで[**サブネット**]を選択し、次のサブネットのIDをメモしておきましょう。これらのサブネットは、「ネットワークの構築」(195ページ)で作成しています。

- sbcntr-subnet-private-db-1a
- sbcntr-subnet-private-db-1c

　それでは、AWS マネジメントコンソールの[**サービス**]タブより「RDS」を選択して、RDSダッシュボードに移りましょう。

▼図4-6-3　Aurora用のサブネットグループの作成

設定項目	設定値
名前	sbcntr-rds-subnet-group
説明	DB subnet group for Aurora

▼図4-6-4　サブネットグループの詳細

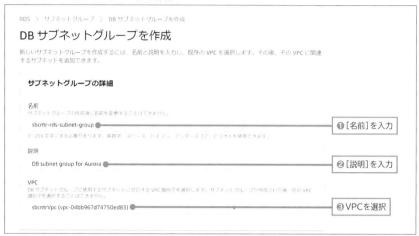

▼図4-6-5　サブネットを追加

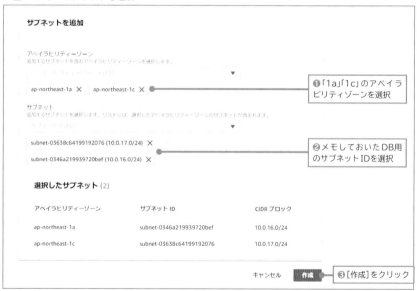

▼図4-6-6　Aurora用のサブネットグループの作成完了

Auroraインスタンスの作成

　この節のメインである**Auroraの構築**を行いましょう。Auroraでは大きく分けて次の設定を行います。

- データベースエンジンの選択
- 基本設定（クラスター名、認証情報）
- DBインスタンスの指定
- 可用性と耐久性
- 接続設定（ネットワークやセキュリティグループの指定）
- オプション設定（バックアップ、暗号化、モニタリング、ログ、メンテナンス運用等の設定）

　それでは、この流れに沿って構築を進めていきましょう。

▼図4-6-7　Auroraインスタンスの作成

❶［データベース］を選択　　❷［データベースの作成］をクリック

▼図4-6-8　データベースの各種設定

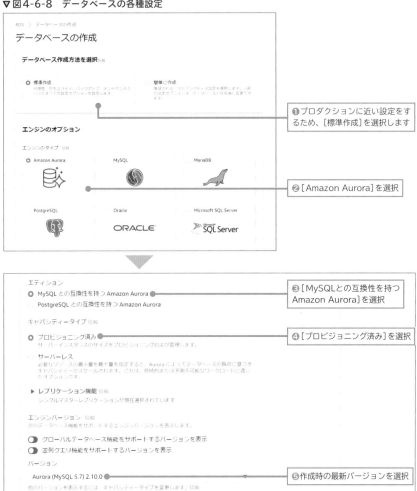

▼図4-6-9　Auroraインスタンスのテンプレートの設定

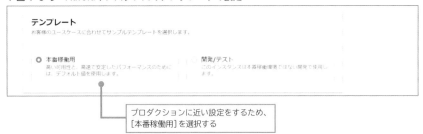

DBクラスターの名称は、本書で利用するものと判別できるようにしましょう。マスターユーザー名は初期設定時に利用します。実際にフロントエンドアプリケーションから利用するユーザーは別途生成します。自動生成のパスワードは、データベース作成後に確認します。

設定項目	設定値
DBクラスター識別子	sbcntr-db
マスターユーザー名	admin

▼図4-6-10　Auroraインスタンスの設定情報の入力

❶［DBクラスター識別子］を入力

❷［マスターユーザー名］を入力

❸［パスワードの自動生成］をチェック

▼図4-6-11　DBインスタンスサイズの選択

❶「t3.small」とするために、［バースト可能クラス］を選択する

❷「db.t3.small」を選択

▼図4-6-12　Auroraインスタンスの可用性設定

プロダクションに近い構成を意識した「可用性」の設定を選択する

［パブリックアクセス］は、インターネットからの各種アクセスをさせないために「なし」にします。

［既存のセキュリティグループ］は、CloudFormationで作成した「database」と名前の付くものを選択してください。「default」は解除します。

［データベースポート］は、MySQLのデフォルトの「3306」のままにします。

設定項目	設定値
サブネットグループ	sbcntr-rds-subnet-group
既存のVPCセキュリティグループ	database

▼図4-6-13　Auroraインスタンスのネットワーク設定

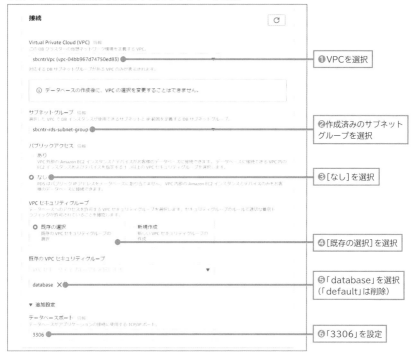

▼図4-6-14　Auroraインスタンスの認証設定

データベースの名称は次のように設定します。インスタンスの作成と同時に、この名前でデータベースが作成されます。

設定項目	設定値
最初のデータベース名	sbcntrapp

▼図4-6-15　追加設定：データベース

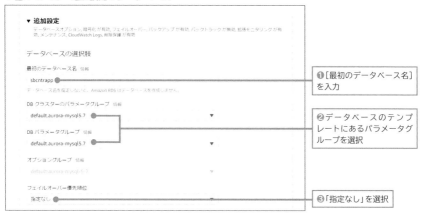

▼図4-6-16　追加設定：バックアップと暗号化

▼図4-6-17　追加設定：モニタリングやログ

メンテナンスの開始日は、平日稼働するシステムと仮定して、休日の夜（日曜日、2時から）に設定しています（世界標準時間であるため、9時間の時差があります）。

　[削除保護の有効化]をチェックして、操作ミスによる削除を防止します。

▼図4-6-18　追加設定：メンテナンス

次のようにデータベースが表示されますが、クラスターとインスタンスのステータスが「利用可能」になったら作成完了となります。

データベース接続に必要なパスワードはAWS側で自動生成するように指定しました。そのため、データベース一覧画面上部に次のような認証情報生成の案内が表示されます。[接続の詳細の表示]をクリックし、認証情報を確認してください。この認証情報は後ほどテーブル作成時に利用します。

「利用可能」になるまで少し時間がかかるので、適宜更新して確認してください。

▼図4-6-19　Auroraインスタンスへの認証情報の確認

▷データベース接続に必要な準備

ここからは**バックエンドアプリケーションから接続する際のデータベーステーブルとデータを作成**します。作成したAuroraに対して、Cloud9インスタンスからMySQLで接続し、作業を進めましょう。

まずは接続先のDBホスト名を確認します。種類が「ライターインスタンス」となっているエンドポイント名を、メモ帳等にコピーしておきましょう。次の例では、「sbcntr-db.cluster-cs70xrfnjpf0.ap-northeast-1.rds.amazonaws.com」が対象です。

▼図4-6-20　作成したAuroraクラスターのエンドポイント一覧

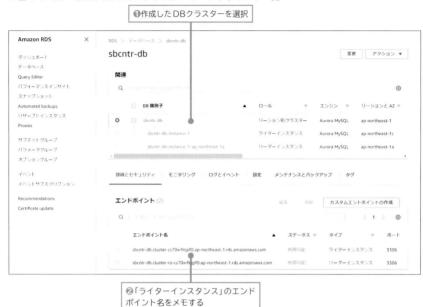

「DB用ユーザーの作成→テーブル作成→データ投入」の手順で進めていきます。

●DBユーザーの作成

それでは、Cloud9インスタンスからユーザーを登録しましょう。Cloud9のIDEで操作をしていきます。AWSマネジメントコンソールの[サービス]タブから「Cloud9」を選択して、Cloud9のIDEを開きます。

ターミナル上で次コマンドを実行して、Aurora上のMySQLにユーザーの作成をします。[Auroraクラスターの書き込みのエンドポイント]は先ほどメモしたエンドポイント名で置き換えます。[password]は図4-6-19（Auroraインスタンスへの認証情報の確認）で自動生成したパスワードに置き換えます。

◆MySQLのユーザー作成

```
$ cd /home/ec2-user/environment

$ mysql -h [Aurora クラスターの書き込みのエンドポイント] -u admin -p
Enter Password:[password]
Welcome to the MariaDB monitor.  Commands end with ; or \g.
Your MySQL connection id is 57
Server version: 5.7.12 MySQL Community Server (GPL)

Copyright (c) 2000, 2018, Oracle, MariaDB Corporation Ab and
others.

Type 'help;' or '\h' for help. Type '\c' to clear the current
input statement.

MySQL [(none)]> SELECT Host, User FROM mysql.user;
+-----------+-----------+
| Host      | User      |
+-----------+-----------+
| %         | admin     |
| localhost | mysql.sys |
| localhost | rdsadmin  |
+-----------+-----------+

MySQL [(none)]> CREATE USER sbcntruser@'%' IDENTIFIED BY
'sbcntrEncP';
Query OK, 0 rows affected (0.00 sec)

MySQL [(none)]> GRANT ALL ON sbcntrapp.* TO sbcntruser@'%' WITH
GRANT OPTION;
Query OK, 0 rows affected (0.03 sec)

MySQL [(none)]> CREATE USER migrate@'%' IDENTIFIED BY
'sbcntrMigrate';
Query OK, 0 rows affected (0.02 sec)

MySQL [(none)]> GRANT ALL ON sbcntrapp.* TO migrate@'%' WITH GRANT
OPTION;
Query OK, 0 rows affected (0.02 sec)

MySQL [(none)]> GRANT ALL ON `prisma_migrate_shadow_db%`.* TO
migrate@'%' WITH GRANT OPTION;
```

```
Query OK, 0 rows affected (0.01 sec)

MySQL [(none)]> SELECT Host, User FROM mysql.user;
+-----------+------------+
| Host      | User       |
+-----------+------------+
| %         | admin      |
| %         | migrate    |
| %         | sbcntruser |
| localhost | mysql.sys  |
| localhost | rdsadmin   |
+-----------+------------+
5 rows in set (0.00 sec)

MySQL [(none)]> exit
Bye
```

　以上で、アプリケーションユーザーである「sbcntruser」とデータ投入用ユーザーである「migrate」を作成できました。

●テーブルとデータの作成

　作成したユーザーでログインできることを確認しましょう。［Auroraクラスターの書き込みのエンドポイント］は先ほどメモしたエンドポイント名で置き換えます。各ユーザーのパスワード、ユーザーの定義の際に設定したものを入力します。

◆作成済みユーザーによるログインとテーブルが存在しないことを確認
```
$ mysql -h [Aurora クラスターの書き込みのエンドポイント ] -u sbcntruser -p
Enter password: sbcntrEncP
 ⋮

MySQL [(none)]> exit
Bye

$ mysql -h [Aurora クラスターの書き込みのエンドポイント ] -u migrate -p
Enter password: sbcntrMigrate
 ⋮

MySQL [(none)]> use sbcntrapp;
```

```
Database changed
MySQL [sbcntrapp]> show tables;
Empty set (0.00 sec)
MySQL [sbcntrapp]> exit
Bye
```

テーブルの作成とサンプルデータの投入をします。

今回は（筆者の趣味で）**MySQLへログインしてINSERTコマンドを直接実行するのではなく、Blitz.js（Prisma）のmigrateコマンドから実施**します。

sbcntr-frontendアプリケーションをデフォルトのmainブランチに切り替えて、migrationを実行します。［Auroraクラスターの書き込みのエンドポイント］は先ほどコピーしておいたエンドポイント名で置き換えてください。

chapter 04 コンテナを構築する（基礎編）

◆テーブル作成とデータ投入

```
$ cd /home/ec2-user/environment/sbcntr-frontend

$ git checkout main
Switched to branch 'main'
Your branch is up to date with 'origin/main'.

$ export DB_USERNAME=migrate
$ export DB_PASSWORD=sbcntrMigrate
$ export DB_HOST=[Aurora クラスターの書き込みのエンドポイント ]
$ export DB_NAME=sbcntrapp

# 執筆時点以降にツールの最新バージョンがリリースされている場合、
# Update available と表示されることがありますが無視してください
$ npm run migrate:dev

> sbcntr-frontend@1.0.0 migrate:dev /home/ec2-user/environment/
sbcntr-frontend
> npx blitz prisma migrate dev --preview-feature

You are using beta software - if you have any problems, please
open an issue here:
      https://github.com/blitz-js/blitz/issues/new/choose

Environment variables loaded from .env
Prisma schema loaded from db/schema.prisma
Datasource "db": MySQL database "sbcntrapp" at "sbcntr-db.
```

```
cluster-cifdxgi7mkOv.ap-northeast-1.rds.amazonaws.com:3306"

✓ Name of migration … // 「init」と入力してエンターキーを押下
The following migration(s) have been created and applied from new
schema changes:

migrations/
    └─ 20210505104111_init/
        └─ migration.sql

Your database is now in sync with your schema.

✓ Generated Prisma Client (2.19.0) to ./node_modules/@prisma/
client in 143ms

# 上記手順でテーブル作成までが完了
# 別コマンドでデータを投入する
$ npm run seed

> sbcntr-frontend@1.0.0 seed /home/ec2-user/environment/sbcntr-
frontend
> npx blitz db seed

You are using beta software - if you have any problems, please
open an issue here:
      https://github.com/blitz-js/blitz/issues/new/choose

Seeding database
✓ Loading seeds

> Seeding...
✓ Done seeding
```

　再度MySQLにログインし、テーブルが作成されてサンプルデータが投入され
ていることを確認しましょう。
　ログインユーザーは「sbcntruser」としてください。

◆テーブルとデータの確認

```
$ mysql -h [Aurora クラスターの書き込みのエンドポイント ] -u sbcntruser -p
 ⋮
MySQL [(none)]> use sbcntrapp;
```



```
      ⋮
Database changed
MySQL [sbcntrapp]> show tables;
+---------------------+
| Tables_in_sbcntrapp |
+---------------------+
| Item                |
| Notification        |
| Session             |
| User                |
| _prisma_migrations  |
+---------------------+
5 rows in set (0.00 sec)

MySQL [sbcntrapp]> select * from Notification;
+----+------------------------+------------------------+------
--+-----------------------------------------------------------
---+------------+--------+
| id | createdAt              | updatedAt              | title
| description
| category     | unread |
+----+------------------------+------------------------+------
--+-----------------------------------------------------------
---+------------+--------+
|  1 | 2021-05-09 14:29:53.989 | 2021-05-09 14:29:53:999 | 通知 1
| コンテナアプリケーションの作成の時間です。                    |
information |      0 |
|  2 | 2021-05-09 14:29:54.577 | 2021-05-09 14:29:54:624s | 通知 2
| コンテナアプリケーションの作成の時間です。                    |
information |      1 |
+----+------------------------+------------------------+------
--+-----------------------------------------------------------
---+------------+--------+
2 rows in set (0.00 sec)
```

以上で、テーブルとデータの作成が完了です。

▌▷ Secrets Managerの設定

　ここではコンテナアプリケーション（フロントエンドアプリケーション、バックエンドアプリケーション）からデータベースに接続するための認証情報を「Secrets Manager」に設定します。AWS マネジメントコンソールの[サービス]タブから「Secrets Manager」を選択します。

▼図4-6-21　Secrets Managerからシークレットを作成

[新しいシークレットを保存する]をクリック

　今回は、Auroraへ接続するためのシークレットであるため、シークレットの種類は「RDSデータベースの認証情報」を選択します。ユーザー名とパスワードは、次の値を設定します。なお、デフォルトではパスワードは非表示になっていますが、ここでは解説のために表示しています。

　暗号化キーは、独自のものではなく、AWSが生成するデフォルトで用意されている暗号キーを利用しています[*4-39]。

設定項目	設定値
ユーザー名	sbcntruser
パスワード	sbcntrEncP
暗号化キー	aws/secretsmanager

---

*4-39　暗号化キー選択時に「aws/secretsmanager」が表示されず、「DefaultEncryptionKey」が表示される場合は、「DefaultEncryptionKey」を選択してください。これによって「DefaultEncryptionKey」いう名前のKMSキーが作成されることはありません。次回以降、「aws/secretsmanager」を選択可能となります。

▼図4-6-22　シークレットタイプの選択

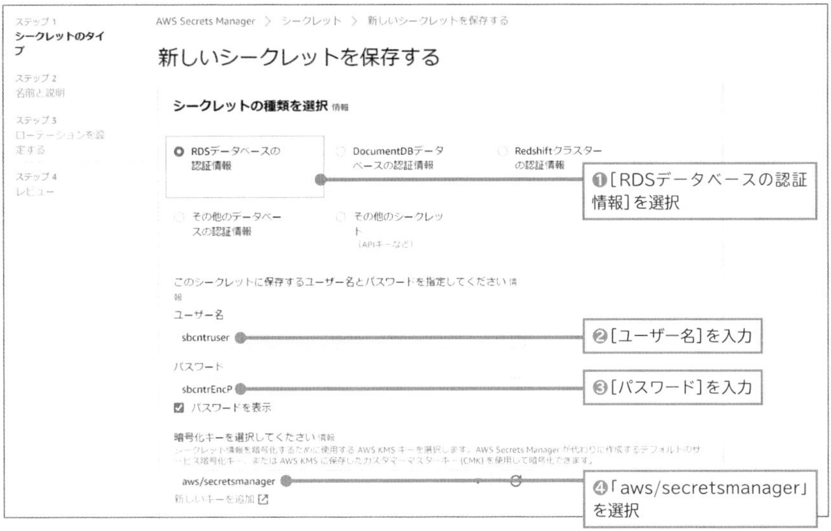

▼図4-6-23　RDS用のシークレットの対象DBインスタンスの選択

DBインスタンス	DBエンジン	状態	作成日
sbcntr-db	aurora-mysql	available	8/20/21

このシークレットがアクセスするRDSデータベースを選択してください 情報

キャンセル　　次

Auroraのインスタンスを選択

　シークレットの名前と説明を入力します。この画面のその他の項目は、設定せずに［次］をクリックして先へ進みます。

設定項目	設定値
シークレットの名前	sbcntr/mysql
オプションの説明	コンテナユーザー用sbcntr-dbアクセスのシークレット

▼図4-6-24 シークレットの名前と説明の設定

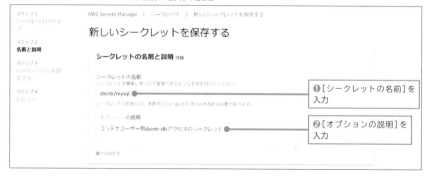

Secrets Managerのシークレットでは、自動ローテーションの設定が可能です。今回は、自動ローテーションはOFFにしておきます。ローテーションはLambdaで実行されますが、今回は自動ローテーションをOFFにしているので、Lambda関数名の設定は行わずに[次]をクリックして先に進みます。

▼図4-6-25 ローテーションの設定

「新しいシークレットを保存する」の画面で作成するシークレットの内容が確認できます。[保存]をクリックするとシークレットが作成されます。作成したシークレットのリンクから、シークレットのARNをメモ帳等にコピーしておいてください。後ほどECSのタスク定義の更新時に利用します。

▼図4-6-26 Secrets Managerからシークレットを作成完了

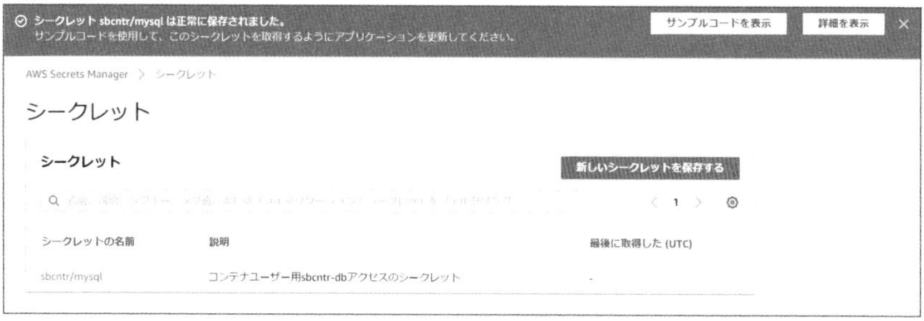

●Secrets Manager用のIAMロールの作成

設定したSecrets Managerをコンテナ上の環境変数として読み込ませるためには、タスクから次のリソースにアクセスする権限が必要です。

- secretsmanager:GetSecretValue
  Secrets Managerのシークレットを参照している場合に必要です。

ちなみに、ドキュメント上ではkms:Decryptも記載されています。これはカスタムKMSキーを利用する場合のみ必須です。今回はデフォルトキーを利用するため指定は不要です[*4-40]。

これらを含むポリシーを作成し、既存のタスク実行ロールである「ecsTaskExecutionRole」にポリシーを追加します。これまでの手順と同様にIAMダッシュボードから新しいポリシーを作成しましょう。

AWS マネジメントコンソールの[サービス]タブから「IAM」を選択し、IAMダッシュボードから[ポリシー]→[ポリシーを作成]を選択して作成します（作成手順は234ページを参照してください）。

ポリシー作成時に次のJSONをポリシーとして設定します。本書のサポートページ（https://isbn2.sbcr.jp/07654/）にて、該当のファイルを配布しています。

---

*4-40 https://docs.aws.amazon.com/ja_jp/AmazonECS/latest/developerguide/
specifying-sensitive-data-secrets.html

◆Secrets Manager用のIAMロールに紐付けるポリシー

```json
{
    "Version": "2012-10-17",
    "Statement": [
        {
            "Sid": "GetSecretForECS",
            "Effect": "Allow",
            "Action": [
                "secretsmanager:GetSecretValue"
            ],
            "Resource": ["*"]
        }
    ]
}
```

設定項目	設定値
ポリシー名	sbcntr-GettingSecretsPolicy

▼図4-6-27　Secrets Manager用のポリシーの作成完了

「sbcntr-GettingSecretsPolicy」
が追加されたことを確認する

　続けて、IAMダッシュボードの左側ナビゲーションメニューから[ロール]を
選択し、「ecsTaskExecutionRole」にポリシーをアタッチします。

▼図4-6-28　タスク実行ロールを選択

❶[ロール]を選択　　❷「ecsTaskExecutionRole」のリンクを選択

▼図4-6-29　タスク実行ロールへ新しいポリシーを追加

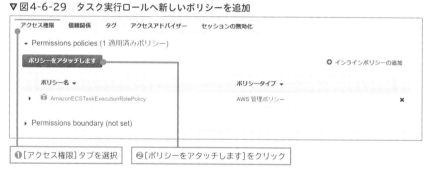

❶[アクセス権限]タブを選択　　❷[ポリシーをアタッチします]をクリック

▼図4-6-30　タスク実行ロールへSecrets Managerの権限を付与

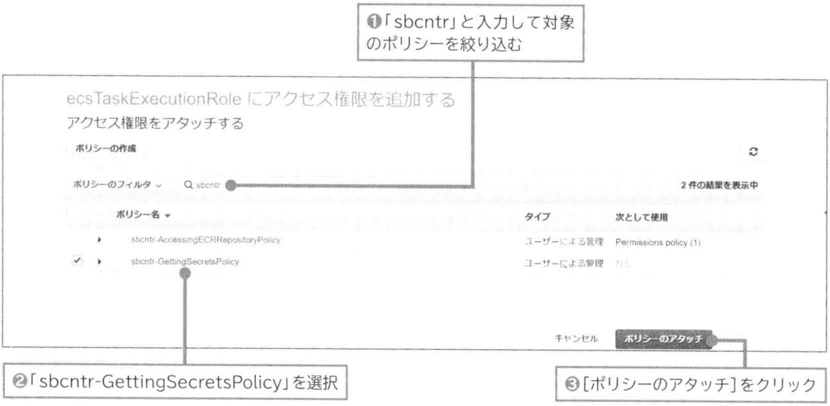

❶「sbcntr」と入力して対象のポリシーを絞り込む

ecsTaskExecutionRole にアクセス権限を追加する
アクセス権限をアタッチする

ポリシーの作成

ポリシーのフィルタ ∨　Q sbcntr　　　　　　　　　　　　2件の結果を表示中

	ポリシー名 ▼	タイプ	次として使用
▶	sbcntr-AccessingECRRepositoryPolicy	ユーザーによる管理	Permissions policy (1)
✓ ▶	sbcntr-GettingSecretsPolicy	ユーザーによる管理	なし

キャンセル　　ポリシーのアタッチ

❷「sbcntr-GettingSecretsPolicy」を選択　　❸[ポリシーのアタッチ]をクリック

● Secrets ManagerへのVPCエンドポイントの追加

Fargateのバージョン「1.4.0」から、タスクに対して設定されるENIを処理するトラフィックが一部変更されています[*4-41]。

「1.3.0」ではSecrets ManagerおよびSystems ManagerからシークレットをフェッチするためにFargate ENIが使用されていました。「1.4.0」では、タスクENIが使用されています[*4-42]。これによって、**ECSのタスクエージェントがSecrets Managerへ到達するためにインタフェース型VPCエンドポイントが必要**となります。

AWS マネジメントコンソールの[**サービス**]タブから「VPC」を選択し、VPCダッシュボードの左側ナビゲーションメニューから[**エンドポイント**]を選択して、[**エンドポイントの作成**]をクリックしてエンドポイントを作成します。

基本的に、今まで作成したインタフェース型エンドポイントと同様の手順で追加をしてください(作成手順は220ページを参照してください)。サービスの選択では、Secrets Managerのサービスを選択しましょう。

設定項目	設定値
サービスカテゴリ	AWSサービス
サービス名	com.amazonaws.ap-northeast-1.secretsmanager
サブネット	egress
セキュリティグループ	egress
ポリシー	フルアクセス
Name	sbcntr-vpce-secrets

---

*4-41 https://aws.amazon.com/jp/blogs/news/aws-fargate-launches-platform-version-1-4

*4-42 Fargate ENIはAWSが所有するENIであり、タスクENIはAWS利用者がVPC上で所有するENIです。Fargateバージョン「1.4.0」においてFargateタスクからSecrets ManagerおよびSystems ManagerのトラフィックがFargate ENIからタスクENIに変更されると、自分たちが所有しているVPCの内部を通ることになります。この変更により、VPCフローログ等を活用することで、AWS利用者側からトラフィックの内容を把握することが可能となりました。
一方、VPC内から通信リクエストが発出されるため、VPC外へのサービスであるSecrets ManagerおよびSystems Managerにアクセスするためには、VPCエンドポイント作成等の適切なネットワーク経路設定が必要となります。

▼図4-6-31 VPCエンドポイントのサービスとネットワークの選択

❶「secrets」と入力して対象 のサービスを絞り込む

❷「com.amazonaws.ap-northeast-1. secretsmanager」を選択

　作成完了後、VPCエンドポイントが使用可能となったことを確認してください。

▼図4-6-32 VPCエンドポイントの作成完了画面

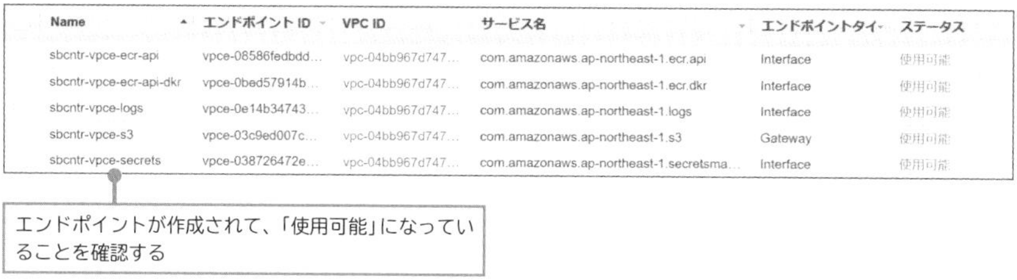

Name	エンドポイント ID	VPC ID	サービス名	エンドポイントタイ・	ステータス
sbcntr-vpce-ecr-api	vpce-08586fedbdd...	vpc-04bb967d747...	com.amazonaws.ap-northeast-1.ecr.api	Interface	使用可能
sbcntr-vpce-ecr-api-dkr	vpce-0bed57914b...	vpc-04bb967d747...	com.amazonaws.ap-northeast-1.ecr.dkr	Interface	使用可能
sbcntr-vpce-logs	vpce-0e14b34743...	vpc-04bb967d747...	com.amazonaws.ap-northeast-1.logs	Interface	使用可能
sbcntr-vpce-s3	vpce-03c9ed007c...	vpc-04bb967d747...	com.amazonaws.ap-northeast-1.s3	Gateway	使用可能
sbcntr-vpce-secrets	vpce-038726472e...	vpc-04bb967d747...	com.amazonaws.ap-northeast-1.secretsma...	Interface	使用可能

エンドポイントが作成されて、「使用可能」になってい ることを確認する

◎バックエンドアプリケーションへの認証情報の設定

　設定したSecrets Managerのコンテナ上の環境変数を読み込ませるためには、 ECSのタスク定義の更新を行います。

　AWS マネジメントコンソールの[サービス]タブから「Elastic Container Service」を選択し、ECSダッシュボードより実施します。

▼図4-6-33　タスク定義の更新

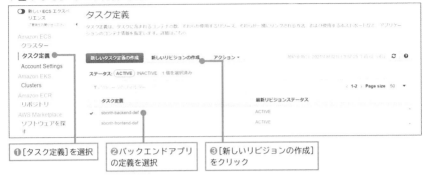

① [タスク定義] を選択　② バックエンドアプリ の定義を選択　③ [新しいリビジョンの作成] をクリック

　タスク定義内のコンテナ定義（app）を更新します。コンテナ定義画面で、環境変数を設定します。

▼図4-6-34　コンテナ定義画面を開く

コンテナ名をクリックして コンテナ定義画面を開く

　[環境変数] に次の表4-6-1の定義を追加し、Secrets Managerに追加したシークレットから値を取得します。[作成したシークレットのARN] は自身で作成したシークレットのARNと置き換えてください。値の最後に付けている「::」も忘れないようにしてください。

▼表4-6-1　バックエンドアプリケーションからDBへの認証情報の設定

Key	Value/ValueFrom	値
DB_HOST	ValueFrom	[作成したシークレットのARN]:host::
DB_NAME	ValueFrom	[作成したシークレットのARN]:dbname::
DB_USERNAME	ValueFrom	[作成したシークレットのARN]:username::
DB_PASSWORD	ValueFrom	[作成したシークレットのARN]:password::

▼図4-6-35　タスク定義内のコンテナ定義を更新

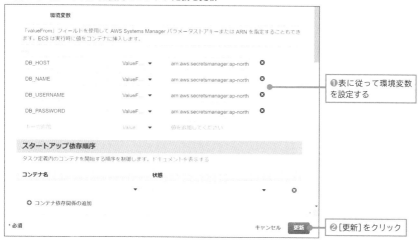

「タスク定義の新しいリビジョンの作成」画面に戻り、その他の項目は変更せ
ずに[作成]をクリックすると、「タスク定義の新しいリビジョンが作成された」
と表示されます。続いてデプロイするためには、サービスを更新して今作成した
リビジョンのタスクを指定する必要があります。引き続き同じ画面から[アク
ション]→[サービスの更新]を選択します。

▼図4-6-36　更新したタスク定義でECSサービスを更新

▼図4-6-37　更新したタスク定義でECSサービスを更新

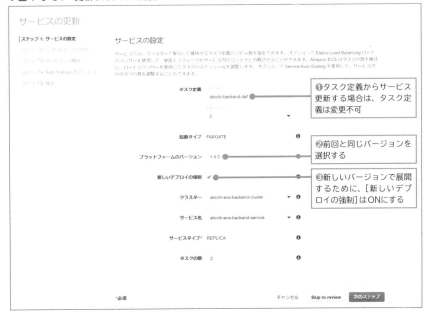

「デプロイメントの設定」画面では、[アプリケーション名]にECSで自動生成されたCodeDeployのアプリケーション、[デプロイメントグループ名]にECSで自動生成されたデプロイメントグループ、[デプロイメント設定]に作成と同時の設定が指定されていることを確認して先に進みます。

　「ネットワーク構成」画面では、[ヘルスチェックの猶予期間]が0となっていないこと、ロードバランシングの「リスナー -10080:HTTP」の[コンテナ]が「app:80:80」(Green側が切り替え後にプロダクションの80番ポートを向くこと)となっていることを確認して先に進みます。

　あとはデフォルトのまま画面を進めて、[サービスの更新]をクリックして更新します。

　「起動ステータス」画面にてサービスの更新状況が確認できます。

　[サービスの表示]をクリックして、ECSダッシュボード上で[デプロイメント]タブを選択するとBlue/Green デプロイメントによるタスクの切り替え状況が確認できます。今回は起動ステータス画面のデプロイIDのリンクから直接遷移し、CodeDeploy画面上でデプロイ状況の詳細を確認しましょう。

▼ 図4-6-38　ECSサービスの更新実行後の状態

リンクをクリック

▼ 図4-6-39　ECSサービス更新実行直後のCodeDeploy画面

❶更新したタスクのデプロイが実行中であることを確認する

❷更新前（Blue）側にトラフィックが向いている状態

　以前に、図4-5-64（デプロイグループの設定変更を実施）でデプロイメントグループの設定変更を実施し、新しいタスクへのルーティングに猶予時間を設けています。そのため、次の図4-6-40の段階では、まだポート80へのリクエストは古いタスクにルーティングされます。今回はすぐに［トラフィックの再ルーティ

ング] をクリックして再ルーティングを行いましょう。ポート80へのリクエスト
を新しいタスクへルーティングします。

　なお、ステップ3まで進まずにステップ1やステップ2で10分強止まってし
まっている場合、設定が誤っている可能性があります。その場合は、［デプロイ
を停止してロールバック］をクリックして設定を見直してみましょう（必ずロー
ルバックと付いているボタンをクリックしてください）。

▼図4-6-40　テストリスナーへの打鍵を実施可能な猶予時間

すぐに新しいタスクへ本番トラフィックを
流すために、［トラフィックの再ルーティ
ング］をクリックする

　次の図4-6-41のように、置換タスクセットへのトラフィックが100%となれば
リリース完了です。今回は戻し処理をしないため、古いタスクセットをすぐに終
了して問題ありません。

▽図4-6-41　CodeDeployによる Blue/Green デプロイメントが完了

新しいタスクが本番リスナーに結び付いて稼働している状態

新しいタスクが本番トラフィックを処理している状態

●データベースへのアクセス確認

　データベース構築が終わったところで、バックエンドアプリケーションがデータベースからデータを取得できるか確認してみましょう。

　今回はバックエンドが正しく機能するかどうかの確認にとどめます。「Cloud9インスタンス→内部ALB→バックエンドアプリケーション→Aurora」の経路で確認します。

▽図4-6-42　Auroraデータベースまでのアクセス経路

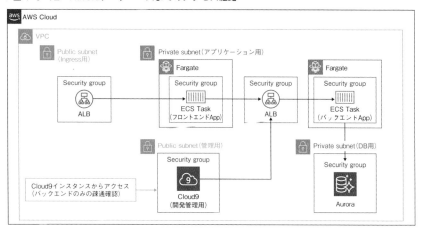

Cloud9インスタンスからアクセス（バックエンドのみの疎通確認）

04

コンテナを構築する（基礎編）

327

まずは、EC2ダッシュボードの左側ナビゲーションメニューから[ロードバランサー]を選択します。一覧から「sbcntr-alb-internal」を選択して[説明]タブ内のDNS名を確認し、コピーします。

次に、Cloud9ダッシュボードからIDEを開き、ターミナル上で次のコマンドを実行します。[ALBのDNS名]はコピーしたDNS名に置き換えます。

◆Cloud9インスタンスからのバックエンド疎通確認

```
$ curl http://[ALBのDNS名]:80/v1/Notifications?id=1
{"data":[{"id":1,"title":"通知1","description":"コンテナアプリケーションの作成の時間です。","category":"information","unread":false,"createdAt":"2021-05-09T14:29:53.989+09:00","updatedAt":"2021-05-09T23:30:03.782+09:00"}]}
```

レスポンス内容として、クエリパラメータに応じたidのJSONが応答されればアクセス成功です。

このidに紐付くデータはMigrationで投入したサンプルデータでした。よって、データベースに投入したデータが無事取得できました。

4-7 アプリケーション間の疎通確認

ここまで構築した構成の疎通確認を行います。

フロントエンドアプリケーションからバックエンドアプリケーションに接続し、バックエンドアプリケーションからデータベースの項目を取得していきます。

▷ DB接続するフロントエンドアプリケーションの登録と起動

現在、ECRに登録しているフロントエンド用のコンテナイメージは、データベース接続をしないアプリケーションのものです。Cloud9のIDEを開き、フロントエンドアプリケーションのデータベース接続が実装されたブランチのコンテナイメージをECRに登録しましょう。

◆フロントエンドアプリケーションのコンテナイメージの登録

```
$ cd /home/ec2-user/environment/sbcntr-frontend

$ AWS_ACCOUNT_ID=$(aws sts get-caller-identity --query 'Account'
--output text)

# データベース接続が実装されているデフォルトブランチ(main)へ移動
$ git checkout main
Switched to branch 'main'
Your branch is up to date with 'origin/main'.

# 切り替えたブランチのコードで Docker コンテナを生成
# ビルドコマンド実行中に赤文字の Warning が表示されます。
# 依存しているライブラリ側とのバージョン不整合で表示される
# 警告であり今回のハンズオンの動作に影響はないため、
# 気にせずとも問題ありません。
$ docker image build -t sbcntr-frontend .
Sending build context to Docker daemon  40.81MB
Step 1/21 : FROM node:14.16.0-alpine3.13 AS builder
 ⋮
Successfully built 7beefa5678a6
Successfully tagged sbcntr-frontend:latest
```

```
#  タグ付け。データベースアクセスありとわかるタグ（dbv1）を意図的に設定
$ docker image tag sbcntr-frontend:latest ${AWS_ACCOUNT_ID}.dkr.
ecr.ap-northeast-1.amazonaws.com/sbcntr-frontend:dbv1
$ aws ecr --region ap-northeast-1 get-login-password | docker
login --username AWS --password-stdin https://${AWS_ACCOUNT_ID}.
dkr.ecr.ap-northeast-1.amazonaws.com/sbcntr-frontend
  ⋮
Login Succeeded

#  ECR へコンテナイメージを登録
$ docker image push ${AWS_ACCOUNT_ID}.dkr.ecr.ap-northeast-1.
amazonaws.com/sbcntr-frontend:dbv1
```

　データベース接続を行うフロントエンドアプリケーションをECRに追加完了
しました。

　ECSタスクがこのアプリケーションを利用するためには、フロントエンド用の
タスク定義内において、イメージの切り替えとシークレット取得のための環境変
数の追加が必要です（「バックエンドアプリケーションへの認証情報の設定」（321
ページ）とほぼ同様の手順となります）。

　AWS マネジメントコンソールの [サービス] タブから「Elastic Container
Service」を選択し、ECSダッシュボードより実施します。左側ナビゲーションメ
ニューから [タスク定義] を選択し、「sbcntr-frontend-def」を選択したうえで [新
しいリビジョンの作成] をクリックします。

　修正するのは、appの コンテナ定義内のイメージと環境変数 です。イメージ
は、末尾のタグを「v1」から新たに設定した「dbv1」に変更します。環境変数は、
表に従って追加してください。[作成したシークレットのARN] は Secrets
Manager(sbcntr/mysql) のARNで置き換えてください。

▼図4-7-1　フロントエンドアプリケーションのタスク定義中のコンテナ定義の修正①

▽表4-7-1　フロントエンドアプリケーションからデータベースへの認証情報設定

Key	Value/ValueFrom	値
DB_HOST	ValueFrom	[作成したシークレットのARN]:host::
DB_NAME	ValueFrom	[作成したシークレットのARN]:dbname::
DB_USERNAME	ValueFrom	[作成したシークレットのARN]:username::
DB_PASSWORD	ValueFrom	[作成したシークレットのARN]:password::

▽図4-7-2　フロントエンドアプリケーションのタスク定義中のコンテナ定義の修正②

コンテナ定義の修正後、[作成]をクリックして新しいタスク定義を作成します。

次に、フロントエンドアプリケーション用のECSクラスター（sbcntr-frontend-cluster）から古いECSタスクを停止して、EC2ダッシュボードへ移動してALBのターゲットグループからタスクの登録を削除します。

▽図4-7-3　起動中のタスクを停止する

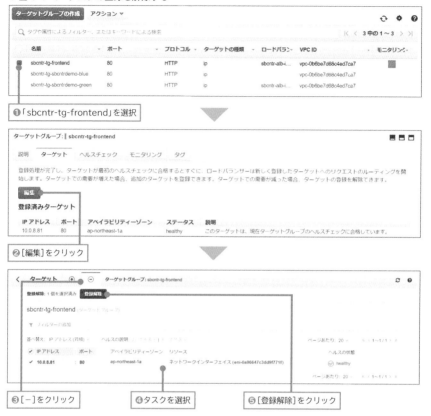

▼図4-7-4　タスクの登録を解除する

❶「sbcntr-tg-frontend」を選択

❷［編集］をクリック

❸［-］をクリック　　❹タスクを選択　　❺［登録解除］をクリック

　新しいECSタスクを起動させます。ECSタスクを起動し、「PROVISIONING」から「RUNNING」となることを確認してください（この手順については、289ページを参照してください）。なお、「RUNNING」とならない場合、環境変数に設定した認証情報のスペルミスやフロントエンドアプリケーションのECSタスク実行ロールにSecrets Managerの権限が足りていない可能性が高いです。

　無事、「RUNNING」となった後、対象タスクのリンクを押して、タスク詳細に遷移してプライベートIPを確認します。

　そして、EC2ダッシュボードに移動し、再度フロントエンド用のALBのターゲットグループ（sbcntr-tg-frontend）に、起動したECSタスクのプライベートIPを登録し直しましょう。登録したターゲットのステータスが「healthy」になれば準備完了です（この手順については、293ページを参照してください）。

▶ 疎通確認

　最後にフロントエンドアプリケーションからバックエンドアプリケーションに接続してみましょう。フロントエンド用のALB（sbcntr-alb-ingress-frontend）のDNSにブラウザからアクセスします。

　最初にアクセスした際にはサインアップを行ってください。ユーザー名はメールアドレスの形式で入力します。本来は、入力したメールアドレスに対してワンタイムパスワードや認証URLを送信して、メールアドレス有効性チェックをすることが多いです。今回はそういったチェックをせず、メールも送信しないため、実在しないメールアドレスでも問題ありません。

　画面右下の「＋」アイコンから新しいアイテムを追加します。なお、今回は画像ファイルの登録は実装していません。タイトルと説明のみを入力可能としています。

　サインアップまたはログイン後、アイテムの一覧がリスト表示されているはずです。新しいアイテムを追加後、追加したアイテムがアイテムリストに表示されていることが確認できればOKです。画面リロードや「ログアウト→ログイン」を行ってデータベースに登録されたことも確認しておきましょう。

▼図4-7-5　フロントエンドアプリケーションへのログイン

▼図4-7-6　トップ画面

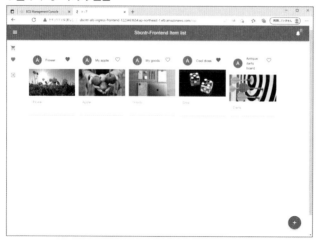

　以上で、フロントエンドアプリケーションとバックエンドアプリケーションを
ECSのFargate上で稼働させることができました。

まとめ

　4章ではコンテナアプリケーションを稼働させるための最低限の設定を組み込
み、オーケストレーションサービスであるECSをメインに構築しました。しか
し、現状の設定内容ではまだまだプロダクションレディといえません。
　次章では3章で述べた、各設計ポイントを加味した追加実装をしていき、プロ
ダクションレディな形の構成に仕上げていきます。

コンテナを構築する（実践編）

4章で構築したコンテナ構成は、アプリケーションを動かすための基本構成でした。これをよりプロダクションレディにするためには、3章で述べた設計ポイントを取り入れていく必要があります。5章では、4章で構築したコンテナ構成に、3章で述べた内容の一部を組み込んでいきます。

実践する必要があるかどうかはプロダクトによりますが、自身が構築するプロダクション環境に適用できるものは、ぜひチャレンジしてみてください。

5-1 ハンズオンで構築するAWS構成

　本章で作成するAWS構成は図5-1-1の通りです。また、ハンズオンで利用する
ファイルについては、本書のサポートページ（https://isbn2.sbcr.jp/07654/）や著
者のGitHub（https://github.com/uma-arai/sbcntr-resources）から利用可能です。
これらも活用しながら、順番にハンズオンを進めていきましょう。

▽図5-1-1　5章で構築するAWSアーキテクチャ構成図

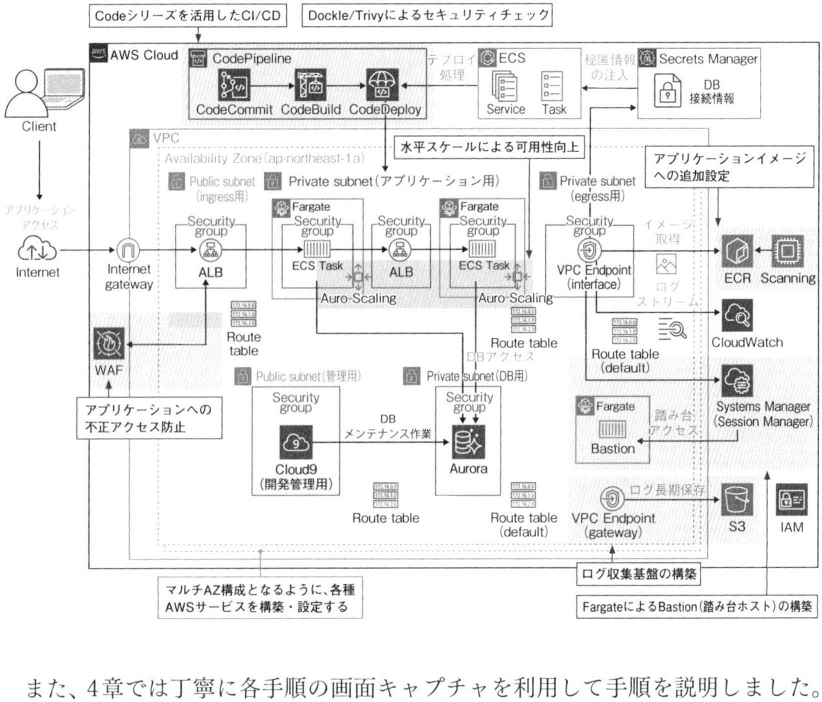

　また、4章では丁寧に各手順の画面キャプチャを利用して手順を説明しました。
しかし、5章では細かい画面キャプチャの手順を省略している箇所が多くありま
す。また、4章で作成済みのリソース等については、4章の手順を参照している
箇所もあります。適宜、過去の手順を遡ったり、自身のハンズオンをしている画
面から該当の箇所を探しながら進めていってください。

5-2 運用設計： Codeシリーズを使ったCI/CD

　3章の「運用設計」の項目で述べたCI/CD設計（103ページ）を意識して、アプリケーションのビルド、デプロイを自動化するパイプラインの設定を行います。

　4章ではアプリケーションのコード管理はしておらず、管理用のCloud9からコンテナのビルドとプッシュを実施しました。また、ECSダッシュボードから新しいコンテナイメージをデプロイしました。

　ここでは、アプリケーションをGitで管理し、**修正コードをコミットすることでコンテナのビルドとプッシュ、デプロイを自動で実施**するように設定します。4章で作成したアプリケーションは、フロントエンドとバックエンドの2つがありましたが、**今回はバックエンドアプリケーションのみを対象**とします。

　構成図は、次のようになります。

▼図5-2-1　Codeシリーズを使ったCI/CDの構成図

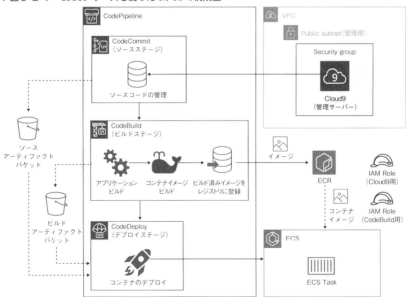

　3章では承認ステージについても述べましたが、今回は紙面の関係上、承認ステージの追加は割愛しています。自身の環境に適用する際は、ビジネス要件や体

制にも合わせて承認ステージを追加するようにしましょう。

▷ CodeCommitの作成

4章で使用したバックエンドアプリケーションのソースコードを「CodeCommit」で管理するようにします。CodeCommitのリポジトリ作成から、ソースコードのプッシュまでを実施しましょう。

● CodeCommitのリポジトリ作成

まず最初のステップとして、「バックエンドアプリケーションを格納するリポジトリ」を構築していきます。今回、リポジトリはCodeCommitを利用します。理由はシンプルに2つです。

- AWSから提供されているリポジトリサービスであり、AWSサービスと高い親和性がある
- プライベートリポジトリでありアクセストークン流出[*5-1]等が発生しにくい

それではCodeCommitのリポジトリを作成しましょう。

CodeCommitダッシュボードから[リポジトリを作成]をクリックして、新規にリポジトリを作成しましょう。

設定項目	設定値
リポジトリ名	sbcntr-backend
説明	Repository for sbcntr backend application

CodeCommitと接続するために、作成後の画面で[URLのクローン]から[HTTPSのクローン]を選択して、リポジトリのURLをコピーしておきましょう。

● Cloud9用IAMロールへのIAMポリシーの追加

4章でCloud9インスタンスのAMTCはオフにしており、IAMロールによる権限制御に切り替えています(240ページ)。そこで追加しているIAMロールヘアタッチしたIAMポリシーにはECRに対するアクセスしか付与していませんでし

---

*5-1　GitHubのパブリックリポジトリに対してAWSクレデンシャル情報を気づかずにアップロードしてしまい、不正利用された結果、高額な利用料が請求される事件。

た。

つまり、Cloud9インスタンスからCodeCommitへアクセスするための権限がありません。IAMダッシュボードから権限を追加していきましょう。

まずはIAMポリシーから作成します。JSON内の[aws_account_id]の部分については、自身のAWSアカウントIDで置き換えて実行してください。

● IAMダッシュボード→ [ポリシー] → [ポリシーを作成]

◆ Cloud9用のIAMロールに紐付けるCodeCommit用ポリシー

```
{
    "Version": "2012-10-17",
    "Statement": [
        {
            "Effect": "Allow",
            "Action": [
                "codecommit:BatchGet*",
                "codecommit:BatchDescribe*",
                "codecommit:Describe*",
                "codecommit:Get*",
                "codecommit:List*",
                "codecommit:Merge*",
                "codecommit:Put*",
                "codecommit:Post*",
                "codecommit:Update*",
                "codecommit:GitPull",
                "codecommit:GitPush"
            ],
            "Resource": "arn:aws:codecommit:ap-northeast-1:[aws_
account_id]:sbcntr-backend"
        }
    ]
}
```

ポリシーの名称は次のようにします。

設定項目	設定値
名前	sbcntr-AccessingCodeCommitPolicy

ポリシーの内容を確認し、作成を完了してください。**ポリシー作成後は、**

Cloud9のIAMロール「sbcntr-cloud9-role」へ作成したポリシーをアタッチします。

- IAMダッシュボード→[ロール]→「sbcntr-cloud9-role」を選択
  →[ポリシーをアタッチします]→作成したIAMポリシーを選択
  →[ポリシーのアタッチ]

以上で、権限周りの設定は完了です。

● Cloud9からコードプッシュ

Cloud9インスタンスのIDEを開きましょう。4章でのバックエンドアプリケーションはGitHubから取得したものです。リモートリポジトリの向き先がGitHubに向いているため、CodeCommitに変更して利用しましょう。

IDEの画面下部のターミナルから次のコマンドを実行していきます。[CodeCommitリポジトリのURL]は、先ほどコピーした自身のリポジトリのURLに置き換えてください。

◆CodeCommit リポジトリへ接続

```
$ cd /home/ec2-user/environment/sbcntr-backend

# 現在のリモートリポジトリの確認
$ git remote -v
origin  https://github.com/uma-arai/sbcntr-backend.git (fetch)
origin  https://github.com/uma-arai/sbcntr-backend.git (push)

# CodeCommit リポジトリへ切り替え
$ git remote set-url origin [CodeCommit リポジトリの URL]

$ git remote -v
origin  [CodeCommit リポジトリの URL] (fetch)
origin  [CodeCommit リポジトリの URL] (push)

# CodeCommit へコードを反映
$ git push
 ⋮
To [CodeCommit リポジトリの URL]
 * [new branch]      main -> main
```

▌▷ CodeBuildの作成

次に、リポジトリへプッシュされたアプリケーションをビルドするために、「CodeBuild」を作成します。**CodeBuildを利用してDockerビルドし、コンテナイメージを生成、生成したコンテナイメージをコンテナレジストリに登録** という流れです。

● ビルド仕様定義の作成

CodeCommitに登録済みであるアプリケーションの「ビルド仕様定義」を作成します。この書き方をすると、Dockerfileを作成するように聞こえますが、ここではDockerイメージのビルドではなく、Dockerビルドを含めたアプリケーションビルド処理全般の定義の作成になります。

ビルド仕様定義には「buildspec.yml」というYAML形式の定義ファイルが利用されます。定義ファイルの名称は変更できますが、その際は明示的にどの名称のファイルがビルド仕様定義ファイルかをCodeBuildに設定する必要があります。今回は素直に「buildspec.yml」としましょう。

buildspec.ymlはアプリケーションと同じディレクトリに作成します。具体的には「sbcntr-backend」ディレクトリ直下です。

それでは、Cloud9で次のようなbuildspec.ymlを作成します。

◆buildspec.yml

```
version: 0.2

env:
    variables:
        AWS_REGION_NAME: ap-northeast-1
        ECR_REPOSITORY_NAME: sbcntr-backend
        DOCKER_BUILDKIT: "1"

phases:
    install:
        runtime-versions:
            docker: 19

    pre_build:
        commands:
```

```
                - AWS_ACCOUNT_ID=$(aws sts get-caller-identity
--query 'Account' --output text)
                - aws ecr --region ap-northeast-1 get-login-password
| docker login --username AWS --password-stdin https://${AWS_
ACCOUNT_ID}.dkr.ecr.ap-northeast-1.amazonaws.com/sbcntr-backend
                - REPOSITORY_URI=${AWS_ACCOUNT_ID}.dkr.ecr.${AWS_
REGION_NAME}.amazonaws.com/${ECR_REPOSITORY_NAME}
            # タグ名に Git のコミットハッシュを利用
                - IMAGE_TAG=$(echo ${CODEBUILD_RESOLVED_SOURCE_
VERSION} | cut -c 1-7)
    build:
        commands:
                - docker image build -t ${REPOSITORY_URI}:${IMAGE_TAG} .
    post_build:
        commands:
                - docker image push ${REPOSITORY_URI}:${IMAGE_TAG}
```

　ビルド仕様定義ファイルでは、処理をフェーズに分けて記述します。今回の例
では、「install」「pre_build」「build」「post_build」と分けています。

installフェーズ

　ビルド環境でのパッケージのインストールにのみ使用されます。今回は
「runtime-versions」セクションを指定しています。これは、CodeBuildの特定の
ホスト環境でビルドをする際に必要です。

pre_buildフェーズ

　ビルド前の処理を実施します。「install」フェーズではライブラリやランタイム
のインストールをしましたが、「pre_build」ではECRへのログインや依存解決、
変数設定等を行います。今回はECRのログインと変数設定をしています。

buildフェーズ

　実際のビルド処理を定義します。CodeBuildでテストを処理したいときはテス
トコマンドを定義します。今回はコンテナイメージの作成なのでDockerビルド
をしています。

post_buildフェーズ

ビルド後の処理を実施します。ここで実施する内容は、出力アーティファクト（出力ファイル）の作成やECRへのイメージプッシュ、ビルド通知の送信等です。今回はECRへのイメージプッシュのみを実施しています。

それでは、ビルド仕様定義ファイルが完成したので、**CodeCommit**へプッシュしておきましょう。Cloud9のターミナルからプッシュまで実施してください。プッシュまで完了したら次の手順に進みましょう。

◆buildspec.ymlのプッシュ

```
$ git add buildspec.yml

$ git commit -m 'ci: add buildspec'
[main 700204a] ci: add buildspec
 ⋮

$ git push
 ⋮
To https://git-codecommit.ap-northeast-1.amazonaws.com/v1/repos/
sbcntr-backend
    700204a..af19433  main -> main
```

● 全体のビルドプロジェクトの作成

CodeBuildの画面からビルドプロジェクトを作成します。CodeBuildダッシュボードに移動して作業をしましょう。指定のない項目はデフォルトで進めてください。

• CodeBuildダッシュボード→ [ビルドプロジェクトを作成する]

設定項目	設定値
プロジェクト名	sbcntr-codebuild

▼図5-2-2 CodeBuildのプロジェクト設定

▼図5-2-3 CodeBuildのソース設定

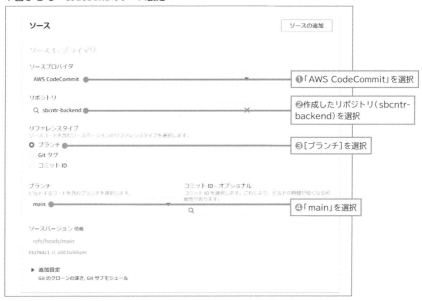

　CodeBuildに設定するIAMロールはこの画面から自動生成します。IAMロール名は次のように設定します。

設定項目	設定値
ロール名	sbcntr-codebuild-role

▼図5-2-4　CodeBuildの環境設定①

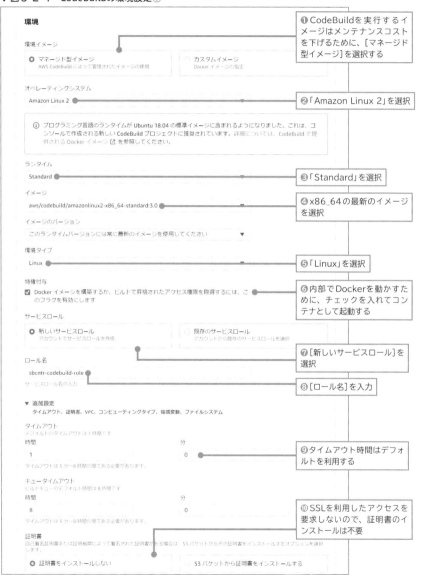

345

▼図5-2-5　CodeBuildの環境設定②

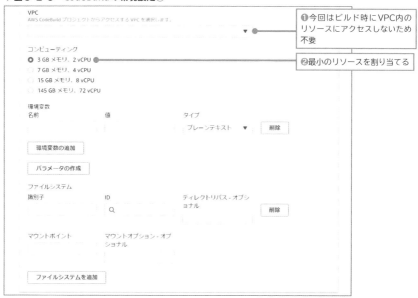

▼図5-2-6　CodeBuildのビルド仕様設定

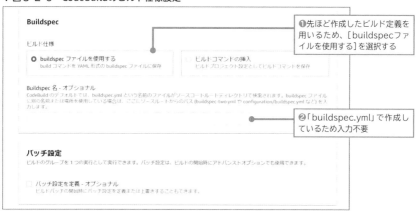

▼図5-2-7　CodeBuildのアーティファクト設定

❶ビルド定義の中でECRへ
プッシュを実行するため、
「アーティファクトなし」を選
択する

❷ビルドの高速化のため「ロー
カル」を選択して、キャッシュ
を利用する

❸時間のかかるDockerビ
ルドの時間短縮のために、
[DockerLayerCache]を
ONにする

▼図5-2-8　CodeBuildのログ設定

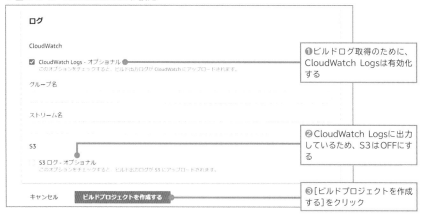

❶ビルドログ取得のために、
CloudWatch Logsは有効化
する

❷CloudWatch Logsに出力
しているため、S3はOFFにす
る

❸[ビルドプロジェクトを作成
する]をクリック

　CodeCommitと比較すると非常に長い手順でした。

　このままビルドを実行したいところですが、まだ設定の足りない部分があるた
め次に進みます。

●CodeBuildの権限追加

先ほどCodeBuildの定義をしていく中でCodeBuild用のIAMロールを作成しました。つまり、CodeBuildはIAMロールによって他のサービスへのアクセスが制御されています。

今回、CodeBuildのビルド定義の中でコンテナビルドとプッシュを行っています。プッシュ先はECRとなるため、**CodeBuildからECRへのアクセス権限**が必要となります。自動生成されたCodeBuildのIAMロールへアクセス権限を追加しましょう。

IAMポリシーの作成ですが、今回は4章で作成したIAMポリシー（sbcntr-AccessingECRRepositoryPolicy）を利用します（234ページ）。管理用のCloud9インスタンスに設定したIAMロールには、既にECRへのアクセス権限を付与するためのIAMポリシーが設定されています。このIAMポリシーをCodeBuildのIAMロールにも設定します。

IAMダッシュボードから自動生成されたCodeBuildのIAMロールを選択して、ポリシーの追加を行います。

設定項目	設定値
IAMポリシー名	sbcntr-AccessingECRRepositoryPolicy

▼図5-2-9　CodeBuild用のIAMロールへIAMポリシーをアタッチ

① 自動生成されたIAMロール「sbcntr-codebuild-role」を選択

② [ポリシーをアタッチします]をクリック

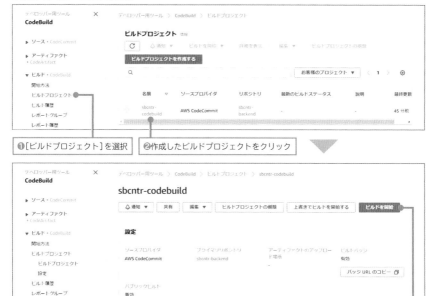

sbcntr-codebuild-role にアクセス権限を追加する

アクセス権限をアタッチする

ポリシーの作成

ポリシーのフィルタ ∨   Q sbcntr

3 件の結果を表示中

ポリシー名 ▲	タイプ	次として使用
▸ sbcntr-AccessingCodeCommitPolicy	ユーザーによる管理	Permissions policy (1)
✓ ▸ sbcntr-AccessingECRRepositoryPolicy	ユーザーによる管理	Permissions policy (1)
▸ sbcntr-GettingSecretsPolicy	ユーザーによる管理	Permissions policy (1)

❸「sbcntr-AccessingECRRepositoryPolicy」
をアタッチする

これでCodeBuildへの権限設定も完了です。

●CodeBuildの実行

それではCodeBuildを実行して、ECRへ新しいイメージをプッシュできること
を確認します。CodeBuildダッシュボードからビルドを実行しましょう。

▼図5-2-10　ビルドの実行

❶[ビルドプロジェクト]を選択 ❷作成したビルドプロジェクトをクリック

❸[ビルドを開始]をクリック

ビルドの実行後、ビルドが開始された旨を示す画面に移ります。ビルドログが下部に表示され、エラーが発生した場合はこのログを確認してトラブルシューティングを行います。エラーログに「Too Many Requests.」と表示される場合があります。この問題についての回避策は後述します。今回はこのエラーが出た際はビルドを再実行してください。

　また、ビルド定義ファイルに不要な文字が入っており正しくファイルを読み取れない場合、次のエラーが発生します。このエラーが発生した際は、プッシュしたビルド定義ファイルを見直しましょう。

◆不要な文字が入っている場合のエラー

```
Phase context status code: YAML_FILE_ERROR Message: wrong number
of container tags, expected 1
```

　ビルドが成功したことを確認できたら、ECRに新しいイメージがプッシュされたことを確認しましょう。ECRの対象リポジトリに新しいタグのイメージがあればOKです。buildspec.ymlをプッシュした際のコミットハッシュ（例えば「700204a..af19433 main->main」の「af19433」の部分）がタグ名として利用されています。

　以上で、CodeBuildの設定と確認は完了です。

●CodeBuildで起きる「Too Many Requests.」対策

　先ほどのCodeBuildを実行時に「Too Many Requests.」とエラー表示されるケースがあると触れました。これは、（正式名称ではないですが）CodeBuildの「IPガチャ」と呼ばれています。

　まず、本件の根本原因はコンテナイメージを取得しているDocker Hubのイメージ取得制限によるものです。2020年11月にDocker Hubから取得するイメージに次の制約[5-2]が課されました。

- 匿名ユーザーからのリクエストは6時間あたり100回まで
- 無料プランのDockerアカウントユーザーからのリクエストは6時間あたり200回まで
- ProプランやTeamプランのDockerアカウントは無制限

---

*5-2　https://www.docker.com/increase-rate-limits

匿名ユーザーとは、「docker login」コマンドを使わずにDockerを利用しているケースが該当します。また、**匿名ユーザーの単位はIPアドレスで計算されています**。ここが悩ましいポイントです。

例えば、社内ネットワークがプロキシを通した通信に制御されている場合、プロキシ配下には複数の端末はありますが外から見ると同一のグローバルIPからのアクセスになり、1ユーザーとしてカウントされます。

では、CodeBuildのケースを考えてみます。2022年4月現在、CodeBuildはVPC環境と非VPC環境で起動が可能です。VPC環境の場合は外への通信をするNATゲートウェイが外向けのグローバルIPとなります。**非VPC環境の場合、CodeBuildのグローバルIPはリージョンで共通の複数グローバルIPアドレスが利用され、かつこれらのアドレスが他のAWS利用者と共有**されます。

つまり、特定のグローバルIPアドレスを利用するCodeBuild環境において、6時間以内に100回「docker image pull」が実行された場合、本エラーが発生します。とりわけ非VPC環境において、CodeBuildに割り当てられたグローバルIPアドレスの内容次第では、運悪く「docker image pull」が失敗してしまうためIPガチャと呼ばれています。

IPガチャを避ける方法は3つあります。

- 1.Dockerアカウントを作成し、CodeBuild内で「docker login」を行うことで6時間あたりの回数制限を緩和する
- 2.ECRに「docker image pull」対象のイメージをあらかじめ登録して、ECRからイメージを取得する（Docker Hubへのイメージ取得は行わない）
- 3.VPC内でCodeBuildを起動することで、他のAWS利用者による回数消費を回避する

いずれも一長一短で、プロジェクトや組織の規模によって選択が変わります。組織が小さい場合は1の方法が管理コストも低く楽でしょう。組織が大きい場合は2の方法を選択し、少しガバナンスを意識した設定を入れた共通のベースイメージをECRに格納するのも手です。少し管理コストはかさみますが、今回は2の方法を施してみます。

まずは、ECRに共通のベースイメージ格納用のリポジトリを作成します。名称は「sbcntr-base」とします（ECRの作成手順は217ページを参照）。

次に、**Cloud9用のIAMロール「sbcntr-cloud9-role」にアタッチしたECRアクセス用IAMポリシー「sbcntr-AccessingECRRepositoryPolicy」に**、

「sbcntr-base」へのアクセス権限を追加します(234ページ)。「Resource」に以下の行を追加します。IAMポリシー JSON内の変更箇所は2箇所あります。

"arn:aws:ecr:ap-northeast-1:[aws_account_id]:repository/sbcntr-base"

　ECRの作成手順とIAMポリシーへの権限追加の手順は省略します。それぞれの手順を実施後、次のように管理用インスタンスであるCloud9から対象となるイメージを取得します。

◆共通のベースイメージ元となる対象イメージを取得

```
$ docker image pull golang:1.16.8-alpine3.13

$ docker image ls --format "table {{.ID}}\t{{.Repository}}\t{{.Tag}}"
IMAGE ID             REPOSITORY            TAG
⋮
59fe0488e74e         golang                1.16.8-alpine3.13
```

　今回はDocker Hubのイメージ取得制限を回避することを狙いとしているため、取得したベースイメージ自体には何も手を加えずに、ECRへ格納します。

◆取得したalpineイメージをECRへ格納

```
$ AWS_ACCOUNT_ID=$(aws sts get-caller-identity --query 'Account'
--output text)
$ aws ecr --region ap-northeast-1 get-login-password | docker
login --username AWS --password-stdin https://${AWS_ACCOUNT_ID}.
dkr.ecr.ap-northeast-1.amazonaws.com/sbcntr-base
⋮
Login Succeeded

$ docker image tag golang:1.16.8-alpine3.13 ${AWS_ACCOUNT_ID}.
dkr.ecr.ap-northeast-1.amazonaws.com/sbcntr-base:golang1.16.8-
alpine3.13

$ docker image push ${AWS_ACCOUNT_ID}.dkr.ecr.ap-northeast-1.
amazonaws.com/sbcntr-base:golang1.16.8-alpine3.13
⋮
golang1.16.8-alpine3.13: digest: sha256:8ccbf4f9a58a73bec7a0ae4c7
512500a5243f3c45cf918ba1a27baa1f86d5c49 size: 1365
```

「sbcntr-backend」のDockerfileで、Docker Hubからイメージを取得するFROM文をECRから取得する処理に置き換えましょう。[aws_account_id]は自身のAWSアカウントIDに置き換えてください。

差分は次の通りです。修正後、**CodeCommitにプッシュをしておきましょう。**

FROM golang:1.16.8-alpine3.13 AS build-env
　　↓
FROM [aws_account_id].dkr.ecr.ap-northeast-1.amazonaws.com/sbcntr-base:golang1.16.8-alpine3.13 AS build-env

以上で、CodeBuildで発生するToo Many Requests対策は完了です。CodeBuildを実行して、ビルド処理が完了することを確認しておきましょう。

▷ CodeDeployについて

CodeDeployの話に移ります。CodeDeployの設定には多くのコンポーネントが登場します。いざ作成に移りたいのですが、実はCodeDeployは4章のECS作成時点で自動生成されています。そのためここで新たに作成する箇所はありません。自動生成された内容が気になる方は、CodeDeployダッシュボードから追加されているアプリケーションやデプロイグループの設定を確認してください。

▷ CodePipelineの作成

最後に、**これまで作成したCodeシリーズを一連のCI/CDとして実行するために、「CodePipeline」から作成**します。CodePipelineでも多くのコンポーネントが登場します。

●アプリケーション仕様ファイル（appspec.yaml）の作成

まずは「アプリケーション仕様ファイル」を作成します。これは、CodePipelineでCodeDeployの設定時に求められます。

アプリケーション仕様ファイルとは各デプロイを管理するために利用する、アプリケーションの定義ファイルです[*5-3]。どのサービスをデプロイするか、ど

---

*5-3　https://docs.aws.amazon.com/ja_jp/codedeploy/latest/userguide/reference-appspec-file.html

の定義を基にどこのインフラへリリースするかを定義しています。これらの情報はデプロイ時に必須となる情報です。これらの情報をソースコードとして管理して、デプロイの都度パイプラインに情報を渡そうという意図になります。

では、アプリケーション定義「appspec.yaml」を作成しましょう。Cloud9インスタンスのIDEを開き、新規ファイルとしてappspec.yamlを追加して編集します。

◆ appspec.yamlを追加

```
$ cd /home/ec2-user/environment/sbcntr-backend

$ touch appspec.yaml
```

◆ appspec.yamlの定義

```
version: 1
Resources:
- TargetService:
    Type: AWS::ECS::Service
    Properties:
        TaskDefinition: <TASK_DEFINITION>
        LoadBalancerInfo:
            ContainerName: app
            ContainerPort: 80
```

ここでのポイントは「TaskDefinition」の値です。

TaskDefinitionはデプロイ対象とすべきタスク定義を指定するのですが、これはパイプライン実行時に自動で置き換えられます。そのため具体的なARN(対象のタスク定義のリビジョン)を指定するのではなく「<TASK_DEFINITION>」という文字列を指定するようにしています。詳細はドキュメント[5-4]を参照してください。

追加したアプリケーション定義ファイルはまだCodeCommitへプッシュしません。次のタスク定義ファイルと併せてプッシュします。

● タスク定義ファイル(taskdef.json)の作成

次に「タスク定義ファイル」を作成します。タスク定義は4章で構築したECS

*5-4　https://docs.aws.amazon.com/ja_jp/codepipeline/latest/userguide/tutorials-ecs-ecr-codedeploy.html

の定義を利用します。

タスク定義の取得

ECSダッシュボードに移動し、「sbcntr-backend-def」の最新のタスク定義を選択しましょう。

- ECSダッシュボード→［タスク定義］→「sbcntr-backend-def」を選択

JSONのコピー

［JSON］タブに表示されているJSONをコピーします。

ECSのサービス画面から確認できるタスク定義のJSONはかなり長いものになっているはずです。ただし、多くの項目が「null」になっています。nullの項目は設定不要です。また、「null」となっていない項目にも、タスク定義ファイルとしては不要な項目も多いです。次に進んで、タスク定義ファイルを作成しましょう。

「taskdef.json」の作成

Cloud9に移動し、「taskdef.json」というファイルを作成してください。

◆ taskdef.json を追加

```
$ cd /home/ec2-user/environment/sbcntr-backend

$ touch taskdef.json
```

先ほどコピーしておいたJSONを基に、次のようなタスク定義ファイルを作成します。［aws_account_id］は自身のAWSアカウントのIDで置き換えてください。［mysql_secret_alias］には、Secrets Managerで生成された「sbcntr/」で始まり、末尾の乱数まで含めたMySQL用のシークレットの名称を設定してください（315ページ）。

◇ taskdef.json

```json
{
  "executionRoleArn": "arn:aws:iam::[aws_account_id]:role/
ecsTaskExecutionRole",
  "containerDefinitions": [
    {
      "logConfiguration": {
        "logDriver": "awslogs",
        "options": {
          "awslogs-group": "/ecs/sbcntr-backend-def",
          "awslogs-region": "ap-northeast-1",
          "awslogs-stream-prefix": "ecs"
        }
      },
      "portMappings": [
        {
          "hostPort": 80,
          "protocol": "tcp",
          "containerPort": 80
        }
      ],
      "cpu": 256,
      "readonlyRootFilesystem":true,
      "secrets": [
        {
          "valueFrom": "arn:aws:secretsmanager:ap-northeast-
1:[aws_account_id]:secret:[mysql_secret_alias]:host::",
          "name": "DB_HOST"
        },
        {
          "valueFrom": "arn:aws:secretsmanager:ap-northeast-
1:[aws_account_id]:secret:[mysql_secret_alias]:dbname::",
          "name": "DB_NAME"
        },
        {
          "valueFrom": "arn:aws:secretsmanager:ap-northeast-
1:[aws_account_id]:secret:[mysql_secret_alias]:username::",
          "name": "DB_USERNAME"
        },
        {
          "valueFrom": "arn:aws:secretsmanager:ap-northeast-
1:[aws_account_id]:secret:[mysql_secret_alias]:password::",
```

```
      "name": "DB_PASSWORD"
    }
  ],
  "memoryReservation": 512,
  "image": "<IMAGE1_NAME>",
  "essential": true,
  "name": "app"
  }
],
"memory": "1024",
"taskRoleArn": null,
"compatibilities": [
  "EC2",
  "FARGATE"
],
"family": "sbcntr-backend-def",
"requiresCompatibilities": [
  "FARGATE"
],
"networkMode": "awsvpc",
"cpu": "512"
}
```

　ここではイメージ名を「<IMAGE1_NAME>」としています。この箇所はどういった文字で置き換えるのか疑問に感じたはずです。

　実はこの箇所は置き換えないのです。置き換えないというと語弊がありますね。**ここはCodePipeline内の処理によって自動で置き換わります。**CodeDeployが新しいイメージをデプロイする際、タスク定義のどこを置き換えればよいかを示すプレースホルダーの役割となっています。そのため、具体的なイメージの具体的なリソース名等は記載せず、「<IMAGE1_NAME>」とそのまま記載します＊5-5。

　また、タスク定義内にて"readonlyRootFilesystem"の値をnullからtrueに変更し、設定として追加しています。3章「「アプリケーションの脆弱性」への対策」(151ページ)にて取り上げましたが、ルートファイルシステムに対する書き込みを禁止するための設定です。今回のアプリケーションはルートファイルシステムへの書き込み要件はなく、本章でセキュリティ対策を強化する意味でも禁止設定を追加しています。

＊5-5　https://docs.aws.amazon.com/ja_jp/codepipeline/latest/userguide/tutorials-ecs-ecr-codedeploy.html#tutorials-ecs-ecr-codedeploy-taskdefinition

このJSONを「taskdef.json」として保存してください。そして、appspec.yaml
と taskdef.jsonをCodeCommitへプッシュしましょう。次に appspec.yamlと
taskdef.jsonのプッシュ例を示します（ここまで何度かプッシュを実施しているため、結果の表示は割愛します）。

以上でパイプライン実行に必要な定義ファイルの作成も完了です。

◆appspec.yamlとtaskdef.jsonのプッシュ

```
$ git add appspec.yaml taskdef.json
$ git commit -m 'ci: add appspec and task definition'
$ git push
```

●パイプライン定義の作成

最後に、CodePipelineダッシュボードからパイプライン定義を作成しましょう。

● CodePipelineダッシュボード→［パイプラインを作成する］

設定項目	設定値
パイプライン名	sbcntr-pipeline
ロール名	sbcntr-pipeline-role

▼図5-2-11　CodePipelineの一般設定

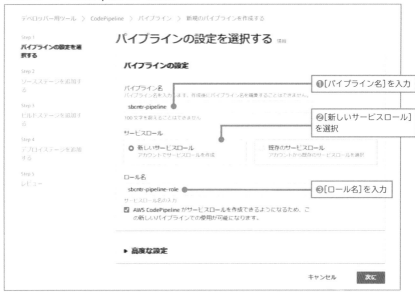

▼図5-2-12　CodePipelineのソースステージの設定

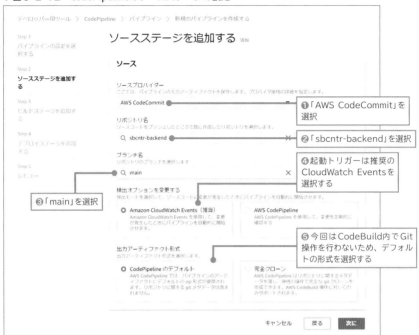

▼図5-2-13　CodePipelineのビルドステージの設定

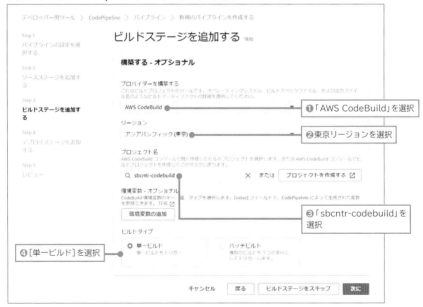

画面キャプチャの通りに各種項目を選択してください。[タスク定義のプレースホルダー文字]は次のように入力します。

設定項目	設定値
タスク定義のプレースホルダー文字	IMAGE1_NAME

▼ 図5-2-14　CodePipelineのデプロイステージの設定

確認画面で各種設定内容を確認します。確認後、[パイプラインを作成する]をクリックしましょう。以上で作成が完了です。作成が完了するとパイプラインの処理が自動で実行されます。

処理は進みますが、この状態ではデプロイステージでエラーが発生します。[詳細]をクリックしてエラー内容を確認しましょう。また、ビルドステージで

「Too Many Requests.」エラーが発生する場合は、350ページを参考にして対処するか、パイプラインを再実行してみてください。

▼図5-2-15　CodePipelineのデプロイステージでエラー

次のエラーが出力されています。このエラー原因を読み解くために、作成したCodePipelineを確認しましょう[5-6]。

Exception while trying to read the task definition artifact file from: BuildArtifact

▼図5-2-16　作成したCodePipeline

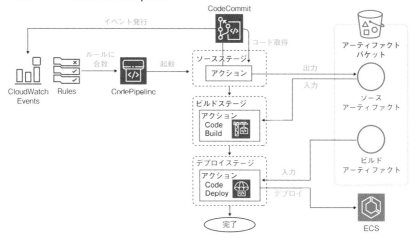

問題は2箇所あります。1つ目は、デプロイステージで入力扱いとされるのはビルドアーティファクトですが、ビルドアーティファクト内にECSタスク定義

[5-6]　実行時に「You are missing permissions to access input artifact: BuildArtifact」といったエラーメッセージが表示されるケースも確認されています。本書の手順においては、この場合も同様の方法で進めてください。

が存在しない点です。

　次に、ECSタスク定義がどこに含まれているか考えます。ECSタスク定義等は
ソースアーティファクトに保存されており、ビルドアーティファクトには含まれ
ておりません。そのため、デプロイアクションからソースアーティファクトを参
照するように修正します。

　それでは、パイプライン定義を修正しましょう。対象パイプラインの［編集］
から、デプロイステージの［ステージを編集する］を選択し、編集作業を進めて
いきます。指定以外の箇所は、変更なしで進めます。

- CodePipelineダッシュボード→「sbcntr-pipeline」を選択→［編集］
  →［ステージを編集する］

▼図5-2-17　CodePipeline定義の編集

Amazon ECS タスク定義
Amazon ECS タスク定義ファイルが保存されている入力アーティファクトを選択します。デフォルトのファイルパス以外の場合は、タスク定義ファイルのパスとファイル名を指定します。

SourceArtifact

❸「SourceArtifact」を選択

デフォルトのパスは taskdef.json です。

AWS CodeDeploy AppSpec ファイル
AWS CodeDeploy AppSpec ファイルが保存されている入力アーティファクトを選択します。デフォルトのファイルパス以外の場合は、AppSpec ファイルのパスとファイル名を指定します。

SourceArtifact

❹「SourceArtifact」を選択

タスク定義の動的な更新イメージ - オプショナル
プレースされたアーティファクトアーティファクトを参照するプレースホルダー、コンテナ名に使用するイメージを解決しタスク定義を更新します。複数のアーティファクトプレースホルダーを指定できます。

入力アーティファクトを持つイメージの詳細

BuildArtifact   ▼

タスク定義のプレースホルダー文字

IMAGE1_NAME   削除

追加

変数の名前空間 - オプショナル
このアクションから出力される変数の名前空間を選択します。この操作で設定が生成する変数を使用する場合は、名前空間を選択する必要があります。詳細

DeployVariables

❺[完了]をクリック

キャンセル   完了

編集内容の保存を忘れないようにしましょう。パイプラインの編集画面で[保存]をクリックします。

これで1つ目の問題が解決しました。2つ目の問題は、エラーメッセージからは読み取れないですが、ビルドアーティファクトに含まれるべき情報が不足している点です。

不足している情報を確認するために、ビルドステージで何を実施しているか考えてみましょう。

このステージではECRへイメージをプッシュしていました。また、イメージをプッシュする際に、イメージタグを付けています。新しくビルドされたイメージを使って、新しいECSタスクをデプロイすることが今回の目的です。つまり、ビルドステージで出力したい成果物は**プッシュしたイメージを指す情報**です。具体的に述べると、**ECRリポジトリのイメージのURL**です。

では、この情報をビルドアーティファクトとして出力しましょう。前回との差分を次に示します。前回の「buildspec.yml」の最終行以降に、新たな定義を追加しています。

◆buildspec.yml の修正箇所

```
$ git diff buildspec.yml
diff --git a/buildspec.yml b/buildspec.yml
index b9dacbc..5133990 100644
--- a/buildspec.yml
+++ b/buildspec.yml
@@ -23,3 +23,8 @@ phases:
    post_build:
        commands:
            - docker image push ${REPOSITORY_URI}:${IMAGE_TAG}
+            - printf '{"name":"%s","ImageURI":"%s"}' $ECR_
REPOSITORY_NAME $REPOSITORY_URI:$IMAGE_TAG > imageDetail.json
+
+artifacts:
+    files:
+        - imageDetail.json
```

「post_build」フェーズでビルドアーティファクトのJSONファイルを生成し、「artifacts」の「files」ステージで出力アーティファクトを指定しています。**必ず、JSONファイル名は「imageDetail.json」としてください。**

ファイルの修正が完了したら、**CodeCommitへ修正ファイルをプッシュ**してください。CodeCommitへのプッシュを契機にパイプラインが自動的に動きます。

◉CodePipelineの再デプロイ

CodeCommitへのプッシュをトリガーにCodePipelineが実施されています。結果を確認してみましょう。図5-2-18のような画面となっているはずです。

CodeDeploy側でテストリスナーへの猶予時間を設定しているため、明示的にCodeDeploy側でプロダクショントラフィックにルーティングをする必要があります。CodeDeployダッシュボードで状況を確認しましょう。

▼図5-2-18　CodePipelineのデプロイステージ進行中

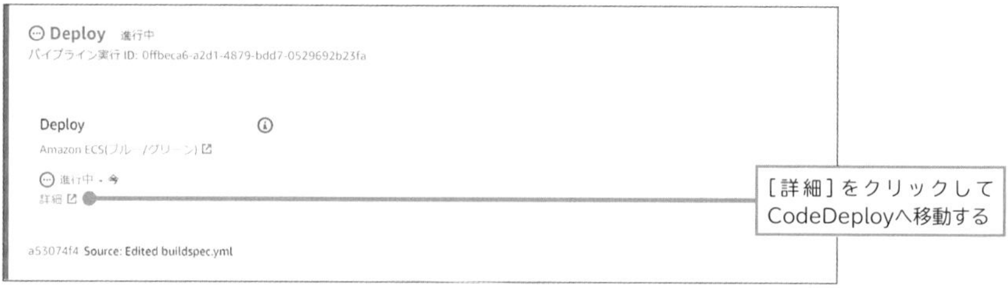

[詳細]をクリックして
CodeDeployへ移動する

ステップ1は筆者の環境では3分程度かかっていました。10分経過しても次に進まない場合は設定ミスの可能性が高いです。ミスをしやすい箇所は、タスク定義の「executionRoleArn」、「image」やアプリケーション仕様の「TaskDefinition」等、CodeDeployとECSの連携やECS側の設定であることが多いです。エラーログが見当たらない場合、ECSクラスター上に手動でタスクのみを起動する等も切り分けとして効果的です。しばらく待ってステップが進むことを確認して次に進みましょう。

▼図5-2-19　CodeDeployの処理の確認

❶「テストリスナー→新しいコンテナアプリケーション」へトラフィックが流れている状態

❷［トラフィックの再ルーティング］をクリック

　CodeDeployの処理が完了したら、CodePipelineダッシュボードへ戻り、パイプラインが正常終了（成功）していることを確認しましょう。

▌▶ アプリケーションの修正とパイプラインの起動確認

　最後にここまで構築したCI/CDパイプラインが正しく動作することを一気通貫で確認しましょう。

　Cloud9インスタンスのIDEを開き、バックエンドアプリケーションの応答電文に少し修正を加えて確認をします。また、テストリスナーに対する確認も併せて実施してみましょう。

　今回は「Hello world」のAPIを修正することとします。対象ファイルは「helloworld_handler.go」です。

◆パイプラインの変更適用を確認するためのバックエンド応答の変更内容の確認

```
$ cd /home/ec2-user/environment/sbcntr-backend

# Hello world を返す API を次のように修正
$ git diff
diff --git a/handler/helloworld_handler.go b/handler/helloworld_
handler.go
index 7ac6c13..0153e40 100644
--- a/handler/helloworld_handler.go
+++ b/handler/helloworld_handler.go
@@ -19,7 +19,7 @@ func NewHelloWorldHandler() *HelloWorldHandler {
 // SayHelloWorld ...
 func (handler *HelloWorldHandler) SayHelloWorld() echo.
HandlerFunc {
        body := &model.Hello{
-               Data: "Hello world",
+               Data: "Hello world for ci/cd pipeline",
        }
```

　修正後、CodeCommitに修正コードをプッシュします。

　コードがプッシュされた後、パイプラインの起動を確認しましょう。デプロイステージでは、CodeDeployの画面から「テストリスナー→プロダクションリスナー」への切り替え等が必要です。CodeDeployの画面へ移動しましょう（図5-2-19を参照）。

　ステップ3まで到達したことを確認してください。

　この状態で、テストリスナーがリクエストを受け付け可能となっています。Cloud9のIDEを起動し、テストリスナーへのAPIリクエストを実施します。テス

トリスナーからの応答内容を確認し、想定通りのAPIレスポンスであることを確認してみましょう。［バックエンドアプリケーション用ALBのDNS］は自身の環境の値（内部ALBのDNS）で置き換えてください。

◆テストリスナーへのリクエスト

```
# 80番ポートへのリクエストは変更前のレスポンスのまま
$ curl http://[バックエンドアプリケーション用ALBのDNS]/v1/helloworld
{"data":"Hello world"}

# 10080番ポートへのリクエストは変更後のレスポンス
$ curl http://[バックエンドアプリケーション用ALBのDNS]:10080/v1/
helloworld
{"data":"Hello world for ci/cd pipeline"}
```

このようにユーザーへ変更後のAPIレスポンスを公開する前に、内部用の環境からテストリスナーの応答を確認できます。

変更内容が問題ないことを確認し、図5-2-20の画面で［トラフィックの再ルーティング］をクリックし、置き換えタスクセットに処理が切り替わったことを確認しましょう。

▼図5-2-20　バックエンドのコード変更によるパイプライン起動

パイプラインの実行完了後、実際のフロントエンドアプリケーションから応答が変更されたことを確認しましょう。なお、今回のフロントエンドアプリケーションにはログイン機能を設けており、認証状態でログインページに飛んだ場合は「ログイン後ページ」にリダイレクトされます。

「Hello world」のAPI応答は「ログイン前トップページ」に表示しているため、リダイレクトされた場合はログアウト（左サイドバーの一番下のボタン）して「ログイン前トップページ」を表示しましょう。

▼図5-2-21　バックエンドのコード変更をフロントエンドアプリケーションから確認

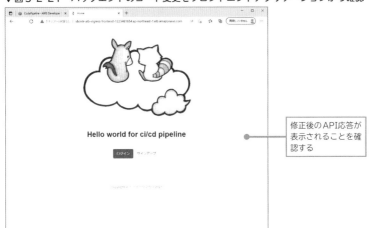

以上で、バックエンドアプリケーションに対するCI/CDの構築が完了です。

運用設計＆セキュリティ設計：アプリケーションイメージへの追加設定

　3章の運用設計で述べたイメージのメンテナンス運用、セキュリティ設計で述べたコンテナセキュリティを意識して、ECRに登録したアプリケーションのイメージへ追加の設定を行います。

　4章ではECRの設定は基本的にデフォルトのまま構築しました。5章ではまずシンプルにECRに標準的に備わる機能を追加します。

- **タグのイミュータビリティ設定**

　コンテナイメージの世代管理を表すタグについては重複登録を許可しないようにします。

- **ECRへのイメージプッシュ時のイメージスキャンの設定**

　コンテナイメージがプッシュされた際にセキュリティの脆弱性チェックを実行する設定も追加します。

- **ライフサイクルポリシーの追加**

　ECRは保存サイズに応じて料金が発生[5-7]するため、料金を適切に管理する意味でもライフサイクル定義を設定し、不要なコンテナを削除する運用設定を追加します。

▼図5-3-1　イメージへの追加設定の実施内容

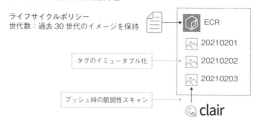

　本設定はAWS マネジメントコンソール上でシンプルに実現できます。ECRダッシュボードに移動して、順次設定を追加しましょう。

[5-7]　https://aws.amazon.com/jp/ecr/pricing/

▼図5-3-2　ECRリポジトリの編集

❶[Repositories]を選択　❷コンテナアプリ用のリポジトリ（sbcntr-backend）を選択　❸[編集]をクリック

▼図5-3-3　ECRリポジトリの追加設定

❶タグの重複登録を許可しないように、イミュータビリティを有効化する　❷プッシュ時の脆弱性スキャンを有効化する

[保存]をクリックして、編集内容を保存します。

続いて、ライフサイクルポリシーを追加します。

▼ 図5-3-4　ECRリポジトリのライフサイクルポリシーの設定①

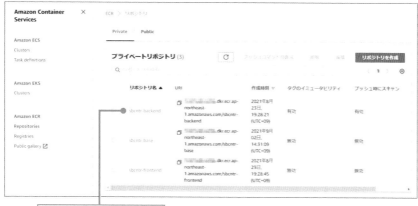

❶コンテナアプリ用のリポジトリ
（sbcntr-backend）をクリック

❷ [Lifecycle Policy] を選択

❸ [ルールの作成] をクリック

設定項目	設定値
ルールの優先順位	1
ルールの説明	古い世代のイメージを削除
一致条件	次の数値を超えるイメージ数、30

▼図5-3-5　ECRリポジトリのライフサイクルポリシーの設定②

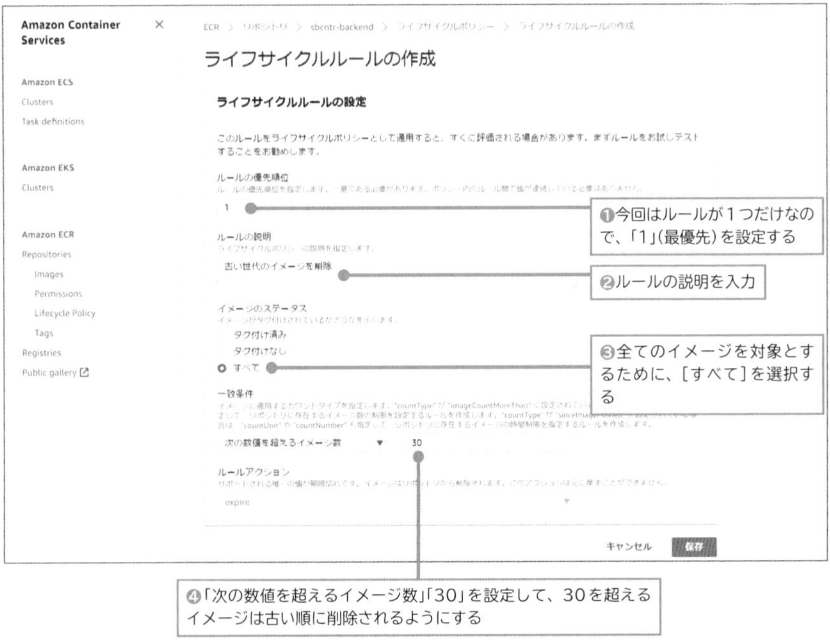

以上で追加設定は完了です。非常にシンプルな設定のみになります。ぜひ有効活用しましょう。

5-4 パフォーマンス設計： 水平スケールによる可用性向上

　3章のパフォーマンス設計では、ビジネスで求められるシステムへの需要を満たすために適切なパフォーマンス設計が重要であることを述べました（166ページ）。また、AWSでは利用者からの需要に応じて自動でリソースのスケールが可能なAuto Scalingを利用可能であることを解説しました（167ページ）。

　4章ではECSのタスクの数を固定値とし、スケールアウトの設定は行いませんでした。5章では**ECSサービスのAuto Scalingを有効化し、実際に負荷をかけてECSタスクがスケールアウトする**ことを確認します。

▽図5-4-1　水平スケールによる可用性向上の構成

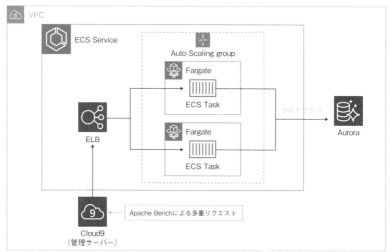

▷ ECSサービスへのAuto Scalingの設定追加

ECSダッシュボードよりサービス設定を更新していきます。

- ECSダッシュボード→［クラスター］→「sbcntr-ecs-backend-cluster」を選択

▼図5-4-2　Auto Scaling設定のためにECSサービスを更新開始

▼図5-4-3　Auto Scaling設定のためにECSサービスを更新

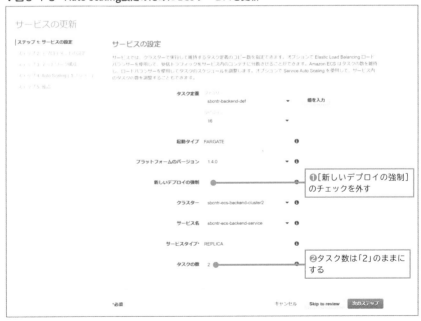

「デプロイメントの設定」「ネットワーク構成」は変更なしで先に進みます。

▼図5-4-4　Auto Scaling設定の追加

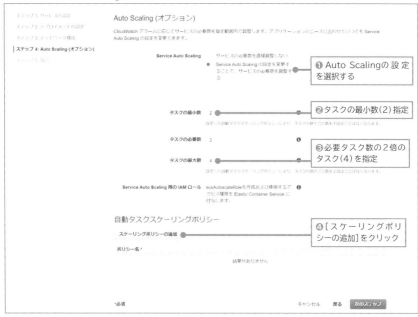

設定項目	設定値
ポリシー名	sbcntr-ecs-scalingPolicy
ECSサービスメトリクス	ECSServiceAverageCPUUtilization

[スケーリングポリシータイプ]は、対象のサービスのメトリクスをベースに
タスクをスケールイン/アウトさせるように「ターゲットの追跡」を設定します。

[ECSサービスメトリクス]は、CPUの平均値を対象メトリクスに指定します。
この画面から直近5日間のCPU使用率の推移を参考に、ターゲット値を算出も可
能です。

[ターゲット値]には、CPU負荷のしきい値を設定します。今回は80％を指定
しています。

▼図5-4-5 スケーリングポリシーの追加

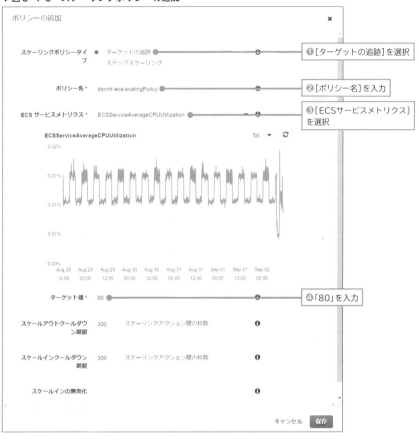

▼図5-4-6 スケーリングポリシーの確認

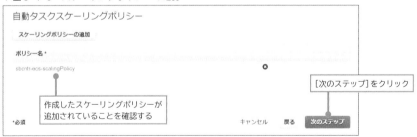

　設定を完了したらレビュー画面が表示されます。更新内容を確認してサービスを更新しましょう。

▌▷ Auto Scalingの挙動確認

サービスのエンドポイントへ負荷をかけて、Auto Scalingが実際に動作することを確認します。

スケールアウトが発生する程度の負荷をフロントエンドアプリケーションからかけることは少し困難です。今回は、負荷ツールとしてメジャーなApache HTTP server benchmarking tool（ab）コマンド＊5-8を利用します。

「ab」コマンドはLinuxに標準でインストールされていることが多いです。今回はCLIを実行する環境としてCloud9インスタンスを利用します。Cloud9インスタンスのOSであるAmazon Linux 2にも標準でインストールされています。

それでは、Cloud9インスタンスにログインし、IDE画面下部のターミナルから次のコマンドを実行しましょう。

アプリケーションへの負荷を高くするために、DBサーバーへのアクセスが発生するエンドポイントを選択しています。［ALBのDNS名］は自身で作成した内部向けALBのDNS名に置き換えましょう。コマンドの引数の詳細説明は割愛しますが、次のコマンドによって並列度20で100万リクエストを、対象のエンドポイントに発行します。

◆ abコマンドの実行

```
$ ab -n 1000000 -c 20 http://[ALBのDNS名]/v1/Items
This is ApacheBench, Version 2.3 <$Revision: 1879490 $>
Copyright 1996 Adam Twiss, Zeus Technology Ltd, http://www.
zeustech.net/
Licensed to The Apache Software Foundation, http://www.apache.
org/

Benchmarking xxxx.ap-northeast-1.elb.amazonaws.com (be patient)
```

コマンド実行後は気長に待ちましょう。100万のリクエストであるため、一定の時間がかかります。筆者のCloud9インスタンスでは、8分間程度コマンドが実行されていました。

コマンド実行によるCPU負荷を確認しましょう。コンテナのメトリクスはCloudWatchのContainer Insightsから確認できます。対象のECSクラスターを選

＊5-8　https://httpd.apache.org/docs/2.4/programs/ab.html

コンテナを構築する（実践編）

択してグラフを確認しましょう。負荷が高くなったことを確認します。

▼ 図5-4-7　CloudWatchでCPU使用率を確認

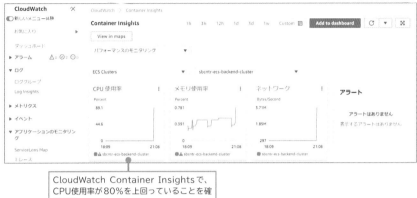

CloudWatch Container Insightsで、CPU使用率が80%を上回っていることを確認する

　また、ECSダッシュボードに移動し、ECSクラスターが起動しているタスク数が増加していることを確認してください。

▼ 図5-4-8　ECSでタスクの増加を確認

Auto Scalingにより、タスク数が通常（2）より増加していることを確認する

　うまくスケールせずに「ab」コマンドが終了した場合は、スケーリングポリシー設定の**CPU負荷ターゲット値を低くしたり**、並列数やリクエスト数を変更して再度コマンドを実行してください。

　また、スケールしたECSタスクは負荷が収まり安定化すると自動でスケールインをします。筆者の環境ではスケールインに20分ほど要していました。スケールアウトが確認できたら「ab」コマンドを停止して、気長に待ちましょう。

　以上で、ECSの水平スケールによる可用性向上が確認できました。

5-5 セキュリティ設計：アプリケーションへの不正アクセス防止

3章のセキュリティ設計で述べたネットワークセキュリティを意識して、**Application Load Balancer（ALB）へAWS WAFの設定**を行います。

4章ではALBへのアクセスは、ALBのDNSを知っていれば誰にでも可能としていました。また、メジャーな攻撃であるSQLインジェクションやクロスサイトスクリプティングへの対策はALBレイヤでは実施していませんでした。この場合、アプリケーションレイヤでこれらの攻撃への対処をしておく必要があります。5章ではALBへWAFを追加して、次の問題を対処します。

今回はCloudFrontを配置していないため、ALBにWAFを追加しました。本来は、攻撃者のより近くでブロックした方がよいという原則があるため、WAFはCloudFrontとの併用が推奨されていることを知っておきましょう。

- OWASPの出版物に記載されている高リスクの脆弱性や一般的な脆弱性への対策クロスサイトスクリプティングへの対策等
- 不正なIPアドレスや怪しいIPアドレスに対する対策
- 不正なパラメータに対する対策
- SQLインジェクションへの対策

▼図5-5-1　APIへの不正アクセス防止の実装内容

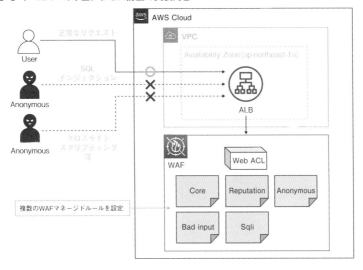

▐▷ AWS WAF

WAFはいわゆるWebアプリケーションファイアウォールです。AWSと冠していることからわかるように、フルマネージドなWebアプリケーションファイアウォールサービスとなります。

WAFでは複数のルールを組み合わせて、トラフィックがアプリケーションに到達する方法を制御できます。ルールには、SQLインジェクションやクロスサイトスクリプティング等の一般的な攻撃パターンをブロックするセキュリティルールがあります。また、定義した特定のトラフィックパターンを除外するルールも自由に作成ができます。

WAFとの組み合わせが可能な代表的なAWSサービスの1つがALBです。AWSのコンテンツデリバリサービスであるCloudFrontや、APIサービスであるAPI Gateway等にも直接アタッチできます。本書では、ALBに対してWAFを直接アタッチすることになります。

WAFは大きく分けて、「ルール」「ルールグループ」「ウェブACL」の3つの構成要素から成り立っています。

●ルール

リクエストの検査方法を定義します。

具体的には、特定のIPアドレスのみ許可するルール、特定のヘッダが付与されているGETリクエストのみ許可するルール等です。個別の検査方法をAND条件やOR条件等で許可・拒否を定義できます。

●ルールグループ

名前の通り、ルールを集約した定義です。ここでは検査するルールの優先順位を設定できます。

注意点として、ルールグループにはWCU（WAF Capacity Unit）[5-9]と呼ばれる、いわゆる追加可能なルールの上限値を設定する必要があります。

ルールグループごとのWCU上限は1500となっており、ルールの内容によってそれぞれ消費されるWCUが変動しますが、この値を超えないように設定する必

---

*5-9 https://docs.aws.amazon.com/ja_jp/waf/latest/developerguide/how-aws-waf-works.html

要があります。

また、この**WCUはルールグループ作成時にのみ値を指定可能であり、後から変更できない点**に注意してください。例えば、定義後にルールを追加・変更したいとなった場合にこのグループ内の合計WCUが上限値を超えてしまうと作成できず、別のルールグループ側で作成し直す必要があります。

●ウェブACL

ルールグループと適用するAWSリソースの紐付けの役割となります。

ウェブACLは複数のルールグループを紐付けできますが、WCUの上限は1500となっています。

ウェブACL作成時にGlobalか個別のRegionかを選択する必要があります。CloudFrontと紐付ける場合はGlobalを、ALBやAPI Gatewayと紐付ける場合はTokyo等のRegionを選択すると覚えておけばわかりやすいです。

これと合わせて、ウェブACLに紐付けるルールグループについてもGlobalとRegionの選択を誤らないように注意しましょう。例えば、**Global設定したルールグループをRegion設定したウェブACLに紐付けることはできません**。

●WAFの全体像

これまでの内容を整理すると、次の図のようになります。

▽図5-5-2　WAFの全体像

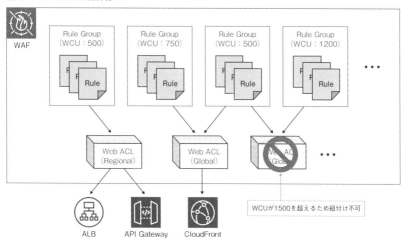

▌▷WAFの作成

WAFの仕組みを理解したところで構築へ進みましょう。ルール、ルールグループ、ウェブACLの追加設定を行っていきます。

◉利用するルールグループ/ルールの検討

今回は**独自のルールグループ/ルールを作成せずに、AWSが用意するマネージドルールグループ/ルールを利用**します。

利用するルールは、図5-5-3のようになります。

▽図5-5-3　今回作成するWAFルールの構成

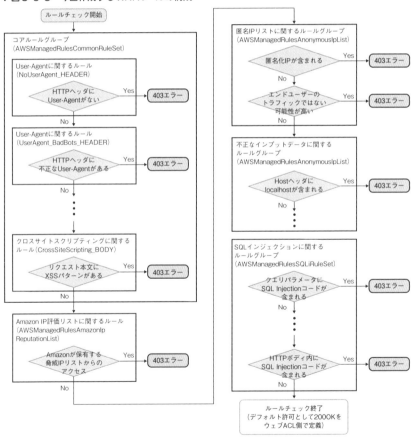

▽表5-5-1　今回利用するAWSマネージドルール

ルール	名称
Webアプリケーションに対する攻撃のコアルール	AWS-AWSManagedRulesCommonRuleSet
Amazon IP評価リストに関するルール	AWS-AWSManagedRulesAmazonIpReputationList
匿名IPリストに関するルール	AWS-AWSManagedRulesAnonymousIpList
不正なインプットデータに関するルール	AWS-AWSManagedRulesKnownBadInputsRuleSet
SQLインジェクションに関するルール	AWS-AWSManagedRulesSQLiRuleSet

　AWSマネージドルールの利用となるため、ルールグループやルールの作成はありません。

　続いて、ウェブACLの作成に進みましょう。

●ウェブACLの作成

　ウェブACLを作成して、AWSマネージドルールを設定します。加えて、**ウェブACLをWAFを設定するインターネット向けのALB**に紐付けます。バックエンド用の内部向けALBではない点に注意してください。

　AWS マネジメントコンソールの[**サービス**]タブから「WAF & Shield」を選択して、WAFダッシュボードから設定を行います。

▽図5-5-4　ウェブACLの作成開始

設定項目	設定値
Name	sbcntr-waf-webacl
CloudWatch metric name	sbcntr-waf-webacl

▼図5-5-5　ウェブACLの作成①

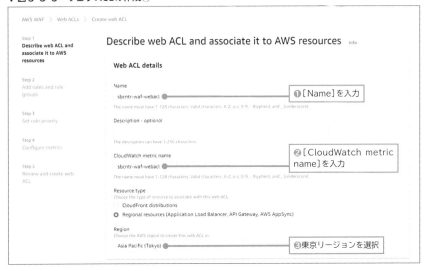

▼図5-5-6　ウェブACLの作成②

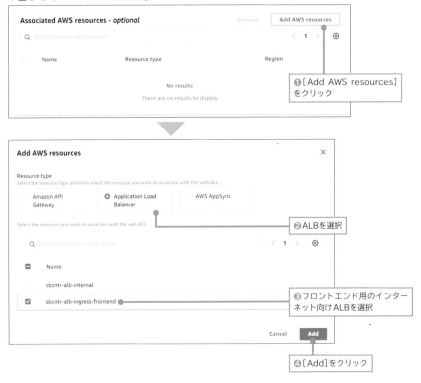

▼ 図5-5-7　ウェブACLの作成③

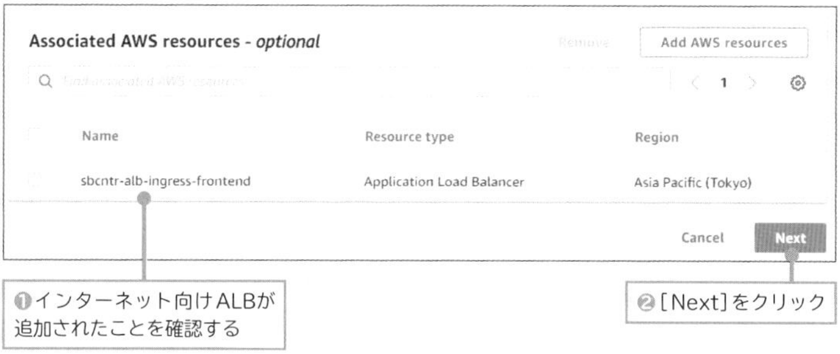

Associated AWS resources – *optional*

Name	Resource type	Region
sbcntr-alb-ingress-frontend	Application Load Balancer	Asia Pacific (Tokyo)

❶インターネット向けALBが
追加されたことを確認する

❷[Next]をクリック

コンテナを構築する（実践編）

▼ 図5-5-8　ウェブACLの作成④

AWS WAF ＞ Web ACLs ＞ Create web ACL

Step 1
Describe web ACL and
associate it to AWS
resources

Step 2
**Add rules and rule
groups**

Step 3
Set rule priority

Step 4
Configure metrics

Step 5
Review and create web

Add rules and rule groups

A rule defines attack patterns to look for in web requests and the action to take when a request matches the patterns. Rule groups
are reusable collections of rules. You can use managed rule groups offered by AWS and AWS Marketplace sellers. You can also write
your own rules and use your own rule groups.

Rules

If a request matches a rule, take the corresponding action. The rules are prioritized in order they appear.

Add rules ▲
Add managed rule groups
Add my own rules and rule groups

Name

Action

No rules.

You don't have any rules added.

[Add rules]→[Add managed rule groups]
を選択

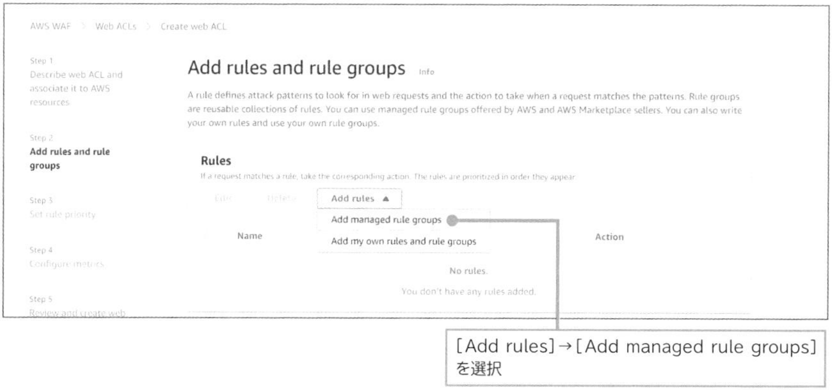

表5-5-2を参考に、対象のルールの［Add to web ACL］をONにします。

▼ 表5-5-2　設定するAWSマネージドルール

分類	対象マネージドルール
AWS managed rule groups	Amazon IP reputation list
AWS managed rule groups	Anonymous IP List
AWS managed rule groups	Core rule set
AWS managed rule groups	Known bad inputs
AWS managed rule groups	SQL database

▽図5-5-9　ウェブACLの作成⑤

▽図5-5-10　ウェブACLの作成⑥

ルールの適用順序を図5-5-11のように変更して次へ進みます。「CommonRuleSet→AmazonReputationList→AnonymousIpList→KnownBadInputsRuleSet→SQLiRuleSet」の順に並べます

▼図5-5-11　ウェブACLの作成⑦

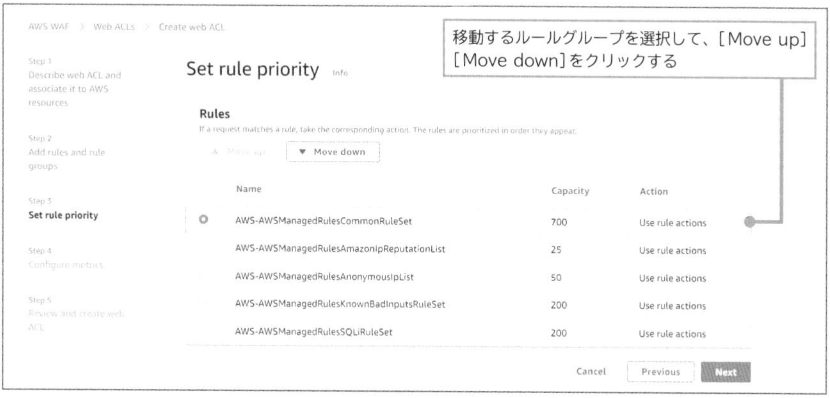

「Configure metrics」は変更せずにそのまま[Next]をクリックして、確認画面へ進みます。

確認画面にて表示された内容を確認します。問題なければ、[Create web ACL]をクリックしてウェブACLの作成を開始します。作成までに少し時間がかかりますが(2～3分程度)、気長に待ちましょう。作成完了の旨が表示されれば、ウェブACLを含めたWAFの作成は完了です。

WAF追加後の確認

実際に正しくWAFが設定されているか、フロントエンドアプリケーションからHTTPリクエストを送信することで応答を確認してみましょう。

検証するルールは次のルールとします。

- 通常のリクエストは正常応答をするか
- SQLインジェクションを正しくブロックするか
- クロスサイトスクリプティングを正しくブロックするか

「ALB(WAF)→フロントエンドアプリケーション→内部向けALB→バックエンドアプリケーション」の経路で確認します。

▼図5-5-12　WAF設定内容の検証

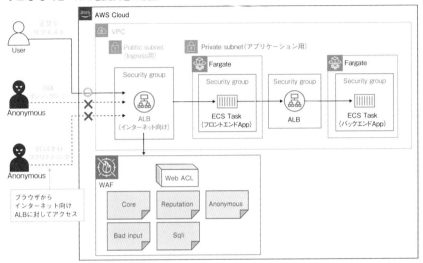

EC2ダッシュボードから「sbcntr-alb-ingress-frontend」のDNS名をコピーして、ブラウザからアクセスします。

●通常のリクエストは正常応答をするか

こちらは特に特殊なリクエストを実施しません。コピーしたDNS名を利用して、フロントエンドアプリケーションへリクエストを投げましょう。問題なく、トップページが表示されることを確認してください。

●SQLインジェクションを正しくブロックするか

次にブラウザリクエストをするURLに対して、SQLインジェクションを設定してリクエストを送信します。

URIパスやクエリ文字列、HTTPボディ内容から渡されたパラメータがサニタイズされずにそのままSQLとして埋め込まれているアプリケーションでは処理されます。そして、通常とは異なるDBコマンドを送信できてしまう攻撃の1つです。

例えば、WHERE句の条件として「user=」に続く内容がパラメータで渡される場合、単純な「foo」等ではなく、「'foo' or 'A'='A'」等を渡します。これにより、常に条件が真となるSQLを発行できます。

これに習い、実際にURIパスの一部にこの内容を指定してリクエストしてみましょう。[ALB_DNS名]は、先ほど利用したフロントエンド用のALBのDNS名としてください。

http://[ALB_DNS名]/"'hoge' or 'A'='A'"

▼図5-5-13　URIパスの一部としてSQLインジェクションを実行するリクエストを実施

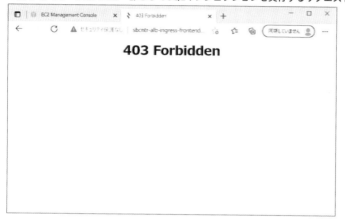

403 Forbiddenのページが返却されました。WAFによるルールが効いていそうです。クエリ文字列に同様のSQLインジェクションを含ませてリクエストしても同じ結果となります。

http://[ALB_DNS名]?id="'hoge' or 'A'='A'"

ちなみに、ブロックされたリクエストログはWAFのダッシュボード上でも確認できます。

●クロスサイトスクリプティングを正しくブロックするか

最後にクロスサイトスクリプティングのルールチェックを行いましょう。

クロスサイトスクリプティングはパラメータとしてJavaScript等のスクリプトを送り込み、HTML出力して情報を搾取する攻撃の1つです。一番簡単にチェッ

クする方法としては、「\<script\>alert(document.cookie)\</script\>」のようなスクリプトを各種パラメータとして指定することで確認できます。［ALB_DNS名］は、先ほど利用したALBのDNS名としてください。

http://[ALB_DNS名]/"\<script\>alert(document.cookie)\</script\>"

　SQLインジェクションと同様に403 Forbiddenとなり、WAFで防御されていることがわかります。クエリ文字列に同様のクロスサイトスクリプティングを含ませてリクエストしても同じ結果となります。

http://[ALB_DNS名]?name="\<script\>alert(document.cookie)\</script\>"

　いかがでしたでしょうか。今回は代表的なルールのみ確認しましたが、このようにセキュリティ面での設定についても正しく反映されているかどうかを意識しながら構築していきましょう。

5-6 運用設計＆セキュリティ設計： ログ収集基盤の構築

3章の運用設計で述べたモニタリング、セキュリティ設計で述べたネットワークセキュリティを意識して、ログ収集基盤を構築します。

4章ではアプリケーションログの保存先として、CloudWatch Logsを指定していました。5章では「CloudWatch LogsとFireLensの使い分けとログ運用デザイン」（95ページ）で述べたログ運用デザインを意識します。アプリケーションログの保存先としてCloudWatch Logsに加えて、S3を追加で指定しましょう。

- S3とCloudWatch Logsへ保存する際にFluent Bitを利用してログ転送を実施
- ECSタスク定義を更新し、FireLens用のコンテナを追加

構築する構成は図5-6-1となります。管理サーバーであるCloud9からイメージを登録する箇所は省略しています。

▽ **図5-6-1　ログ収集基盤ハンズオンの構成図**

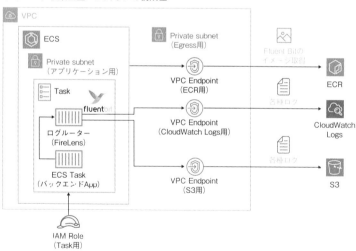

5-2節のCodeシリーズを使ったCI/CDを実施することにより、タスク定義のソースコードの更新＆プッシュによって更新後のアプリケーションの展開が可能になります。しかし、まずはAWS マネジメントコンソールで実施することによ

り、何をどこに追加したかイメージがつきやすいと考えました。そのため、ここではCI/CDを使わず、GUIから設定を追加します。

▐▷ ログ保管用のS3バケットの作成

アプリケーションログを格納するためのS3バケットを作成します。

S3ダッシュボードより、次のバケット名のS3バケットを作成してください。[aws_account_id]の部分については、自身のAWSアカウントIDで置き換えて実行してください。

AWSサービス間を除き、インターネットアクセスは発生しない(させたくない)ために、ブロックパブリックアクセスを有効化しておきましょう。保存されるログを秘匿化するために、[デフォルトの暗号化]の箇所で[サーバー側の暗号化]を有効にしてください。[暗号化キータイプ]はAWSが管理する「Amazon S3キー(SSE-S3)」を選択してください。

● S3ダッシュボード→[バケットを作成]

設定項目	設定値
バケット名	sbcntr-[aws_account_id]

▼図5-6-2　S3バケットの作成

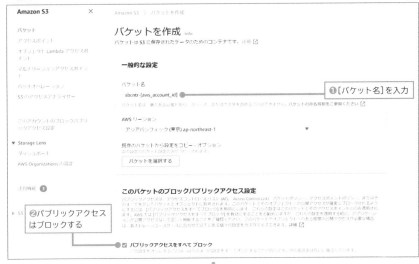

③[サーバー側の暗号化]
を有効にする

④「Amazon S3キー
（SSE-S3）」を選択

⑤[バケットを作成]をクリック

▶ FireLens用コンテナのベースイメージの作成

デフォルトのFluent Bitの定義ファイルではCloudWatch LogsとS3の双方にログをルーティングできません。そのため、カスタムのFluent Bit定義ファイルを作成し、そしてAWSから提供されているFluent Bitコンテナをベースイメージとして作成したコンテナイメージをログルータとして扱う必要があります。

まずは、Cloud9のIDEからログルーターコンテナに渡す定義ファイルを作成します。次に、定義ファイルを組み込んだ新しいコンテナイメージを作成しましょう。最後に、ベースイメージを格納しているECRリポジトリに、作成したコンテナイメージをプッシュします。

●Fluent Bitのカスタム定義ファイルを作成

Cloud9のIDEを起動しましょう。次に画面下部のターミナルより、作業ディレクトリと各種ファイルを生成します。

◆カスタム定義作成の準備

```
$ cd /home/ec2-user/environment

$ mkdir base-logrouter && cd $_
$ touch fluent-bit-custom.conf myparsers.conf stream_processor.
conf Dockerfile
```

393

各種ファイルの定義を行います。

　まず、ログの各種レコードのパーサ定義をするプラグインファイル（myparsers.conf）を作成します[*5-10]。

　AWSが提供しているFluent Bitコンテナには、あらかじめJSON用のパーサファイルが組み込まれています。しかし、key項目であるtimeのフォーマットが今回作成するサンプルアプリケーションのログと一致しないため、カスタムのパーサファイルを作成します。このパーサ定義では、「json」という名称の、JSON形式のパーサを定義しています。

◆myparsers.conf

```
[PARSER]
    Name json
    Format json
```

　次に、Fluent Bitへ流すストリームデータの定義ファイル（stream_processor.conf）を作成します[*5-11]。

　FireLensで集めるログには「*-firelens-*」のタグが付きます。こちらでは標準出力されたログに対してタグを付与したログストリームを作成しています。例えばステータスコードが200以上で、かつパスが「/healthcheck」ではないリクエストを含む場合に「access-log」というタグを付与という処理を定義しています。

◆stream_processor.conf

```
[STREAM_TASK]
    Name access
    Exec CREATE STREAM access WITH (tag='access-log') AS SELECT *
FROM TAG:'*-firelens-*' WHERE status >= 200 AND uri <> '/
healthcheck';

[STREAM_TASK]
    Name error
    Exec CREATE STREAM error WITH (tag='error-log') AS SELECT *
FROM TAG:'*-firelens-*' WHERE status >= 400 and status < 600;
```

---

*5-10　https://docs.fluentbit.io/manual/pipeline/filters/parser

*5-11　https://docs.fluentbit.io/manual/stream-processing/overview

パーサ定義、ストリーム定義を利用したFluent Bitのカスタム定義（fluent-bit-custom.conf）を作成します。

　アカウントIDやリージョン名等の変数についてはコンテナ起動時に指定をします。イメージ作成時点ではそのままで問題ありません。ストリーム定義で付与したタグの文字列マッチをさせて、対象のログを転送する設定をしています。

◇ fluent-bit-custom.conf

```
[SERVICE]
    Parsers_File /fluent-bit/myparsers.conf
    Streams_File /fluent-bit/stream_processor.conf

[FILTER]
    Name parser
    Match *-firelens-*
    Key_Name log
    Parser json
    Reserve_Data true

[OUTPUT]
    Name    cloudwatch
    Match   access-log
    region ${AWS_REGION}
    log_group_name ${LOG_GROUP_NAME}
    log_stream_prefix from-fluentbit/
    auto_create_group true

[OUTPUT]
    Name    cloudwatch
    Match   error-log
    region ${AWS_REGION}
    log_group_name ${LOG_GROUP_NAME}
    log_stream_prefix from-fluentbit/
    auto_create_group true

[OUTPUT]
    Name s3
    Match   access-log
    region ${AWS_REGION}
    bucket ${LOG_BUCKET_NAME}
    total_file_size 1M
    upload_timeout 1m
```

最後に、これらの定義を埋め込んだ新しいFluent Bitコンテナを作成するための Dockerfileを作成します。

◇Dockerfile

```
FROM amazon/aws-for-fluent-bit:2.16.1

COPY ./fluent-bit-custom.conf /fluent-bit/custom.conf
COPY ./myparsers.conf /fluent-bit/myparsers.conf
COPY ./stream_processor.conf /fluent-bit/stream_processor.conf

RUN ln -sf /usr/share/zoneinfo/Asia/Tokyo /etc/localtime
```

●ログルーター用のイメージの作成

　ECRリポジトリは「CodeBuildで起きる「Too Many Requests.」対策」(350ペー ジ)で作成した「sbcntr-base」を利用します。「sbcntr-base」の作成を実施してい ない方は、新規で「sbcntr-base」リポジトリを作成しましょう。その後、Cloud9 へ渡しているIAMロールの権限を修正してください。

　それでは、次のコマンドを実行してイメージの作成を行います。

◇ログルーター用のイメージの作成

```
$ cd /home/ec2-user/environment/base-logrouter

$ AWS_ACCOUNT_ID=$(aws sts get-caller-identity --query 'Account'
--output text)

$ docker image build -t sbcntr-log-router .
 ⋮
Digest: sha256:91e12d2db5ae309fdcf1b241b0edfc99a624185a5d1a908bd12
b700c4f7c34b7
 ⋮
Successfully built e0b7135acc81
Successfully tagged sbcntr-log-router:latest

# ECR へ Docker ログイン
$ aws ecr --region ap-northeast-1 get-login-password | docker
login --username AWS --password-stdin https://${AWS_ACCOUNT_ID}.
dkr.ecr.ap-northeast-1.amazonaws.com/sbcntr-base
 ⋮
Login Succeeded
```

```
# タグ付与とイメージプッシュ
$ docker image tag sbcntr-log-router:latest ${AWS_ACCOUNT_ID}.
dkr.ecr.ap-northeast-1.amazonaws.com/sbcntr-base:log-router
$ docker image push ${AWS_ACCOUNT_ID}.dkr.ecr.ap-northeast-1.
amazonaws.com/sbcntr-base:log-router
The push refers to repository [123456789012.dkr.ecr.ap-
northeast-1.amazonaws.com/sbcntr-base]
 ⋮
log-router: digest: sha256:124237bcccb78a38cd9c432767f745865bb48a
30a343b7d39226ee05319bba2b size: 4694
```

ECRのsbcntr-baseリポジトリを確認し、「log-router」タグのイメージが格納されていればOKです。

▶ ECSタスクへログルーターコンテナを追加

次に、バックエンドアプリケーションのタスク定義へ、サイドカーコンテナを追加します。

● S3へログ転送をするタスクロールの作成

今回はログルーターであるFireLensから直接、S3とCloudWatch Logsに対してもログを出力します。そのため、FireLensから両サービスへアクセスするための権限が必要です。

具体的には、ECSタスクに対してS3とCloudWatch Logsへアクセス可能なIAMロールをタスクロールとして設定することになります。

IAMダッシュボードから、IAMロールを作成します。まず、次のポリシーを作成しましょう。JSON内の [bucket_name] の部分は作成したS3バケット名で書き換えてください。

• IAMダッシュボード→ [ポリシー] → [ポリシーを作成]

ポリシー名は次のようにします。

設定項目	設定値
名前	sbcntr-AccessingLogDestination

◆タスクロールに設定するIAM ポリシー

```json
{
    "Version": "2012-10-17",
    "Statement": [
        {
            "Effect": "Allow",
            "Action": [
                "s3:AbortMultipartUpload",
                "s3:GetBucketLocation",
                "s3:GetObject",
                "s3:ListBucket",
                "s3:ListBucketMultipartUploads",
                "s3:PutObject"
            ],
            "Resource": [
                "arn:aws:s3:::[bucket_name]",
                "arn:aws:s3:::[bucket_name]/*"
            ]
        },
        {
            "Effect": "Allow",
            "Action": [
                "kms:Decrypt",
                "kms:GenerateDataKey"
            ],
            "Resource": [
                "*"
            ]
        },
        {
            "Effect": "Allow",
            "Action": [
                "logs:CreateLogGroup",
                "logs:CreateLogStream",
                "logs:DescribeLogGroups",
                "logs:DescribeLogStreams",
                "logs:PutLogEvents"
            ],
            "Resource": [
                "*"
            ]
        }
    ]
}
```

次に、作成したポリシー（sbcntr-AccessingLogDestination）をアタッチする
IAMロールを作成して、IAMポリシーを紐付けます。

ユースケースの選択の画面では、AWSサービスは「ECSタスク」を選択します。
ポリシー選択の画面では、紐付けるIAMポリシーを間違えないように気をつけ
てください。

- IAMダッシュボード→［ロール］→［ロールを作成］

設定項目	設定値
ロール名	sbcntr-ecsTaskRole

▼図5-6-3　IAMロールの作成

以上でタスクロールの作成は完了です。

FireLens用コンテナのログググループ作成

アプリケーションログとFireLens用コンテナのログを混在させないために、専用のロググループをCloudWatch Logsに作成します。

CloudWatchダッシュボードへ移動して作業を進めましょう。

• CloudWatchダッシュボード→[ロググループ]→[ロググループを作成]

設定項目	設定値
ロググループ名	/aws/ecs/sbcntr-firelens-container
保持期間の設定	2週間（14日）

▼図5-6-4　FireLens用のロググループの作成

一覧に作成したロググループが表示されていれば完了です。

FireLens用コンテナの追加

ECSダッシュボードに移動し、タスク定義にコンテナを追加しましょう。

• ECSダッシュボード→[タスク定義]→「sbcntr-backend-def」を選択
　→[新しいリビジョンの作成]

設定項目	設定値
タスクロール	sbcntr-ecsTaskRole

▼図5-6-5　タスクロールを設定

画面下部までスクロールし、FireLensを設定します。

[イメージ]のテキストには、先ほど作成したログコンテナイメージを指定します。[aws_account_id]は自身のAWSアカウントIDを設定してください。

設定項目	設定値
イメージ	[aws_account_id].dkr.ecr.ap-northeast-1.amazonaws.com/sbcntr-base:log-router

▼図5-6-6　FireLensを有効化

既存のコンテナのログ設定を変更します。コンテナ定義から既存のコンテナを選択しましょう。

▼図5-6-7　アプリケーションコンテナのコンテナ定義の変更

[ログ設定]を次のように変更します。ログオプションは特に何も指定しません。また、「Name」キーはコンテナの定義画面を一度更新しなければ削除できません。「awsfirelens」の選択後にコンテナ定義画面を一度閉じてから、再度コンテナ定義画面を開き、「Name」キーを削除してください。

項目名	設定値
Auto-configure CloudWatch Logs	チェックしない
ログドライバー	awsfirelens

▼図5-6-8　アプリケーションコンテナのログ定義

次に新しく追加されたコンテナを選択してください。

▼図5-6-9　ログコンテナのコンテナ定義の変更

[メモリ制限(MiB)]は「128」、[CPUユニット数]は「64」を設定します。

次にFluent Bitにカスタム定義へ埋め込む環境変数を設定します。[環境変数]を次のように設定してください。[aws_account_id]は自身のAWSアカウントIDを設定してください。[bucket_name]の部分は作成したS3バケット名で書き換えてください。

▼表5-6-1　設定する環境変数

Key	Value/ValueFrom	値
APP_ID	Value	backend-def
AWS_ACCOUNT_ID	Value	[aws_account_id]
AWS_REGION	Value	ap-northeast-1
LOG_BUCKET_NAME	Value	[bucket_name]
LOG_GROUP_NAME	Value	/aws/ecs/sbcntr-backend-def

　[ログ設定]を次のように変更し、[更新]をクリックしてコンテナの定義画面を閉じます。「awslogs-group」には、作成したCloudWatch Logsのロググループを設定しています。

項目名	設定値
Auto-configure CloudWatch Logs	チェックしない
ログドライバー	awslogs
ログオプション（Key: awslogs-group）	/aws/ecs/sbcntr-firelens-container
ログオプション（Key: awslogs-region）	ap-northeast-1
ログオプション（Key: awslogs-stream-prefix）	firelens

▼図5-6-10　ログコンテナのログ設定

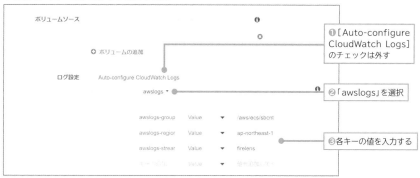

　最後にコンテナ定義の箇所から設定できない項目について、JSONへ定義を直接設定します。

　[ボリューム]の下にある、[JSONによる設定]をクリックします。「containerDefinitions」配下の「name」プロパティが「log_router」となっているブロックに次の設定を追加します。この定義により、作成したコンテナイメージに

配置したFluent Bitのカスタム定義をFargateに読み込ませることができます*5-12。

◇Fluent Bitのカスタム定義の読み込み

```
"firelensConfiguration": {
    "type": "fluentbit",
    "options": {
        "config-file-type": "file",
        "config-file-value": "/fluent-bit/custom.conf"
    }
}
```

▼図5-6-11　FireLensに関するFluent Bitのカスタム定義を追加

コンテナ定義の更新が完了したので、画面下部の[作成]をクリックしてください。これでFireLensコンテナが追加されたタスク定義の更新が完了しました。

続いて更新したリビジョンのタスク定義を選択して、ECSサービスを更新しましょう。[新しいデプロイの強制]にチェックを入れることを忘れずに更新してください。

● 作成したリビジョンを選択→[アクション]→[サービスの更新]

---

*5-12　https://docs.aws.amazon.com/ja_jp/AmazonECS/latest/developerguide/firelens-taskdef.html

▼図5-6-12　更新したタスク定義でサービスを更新

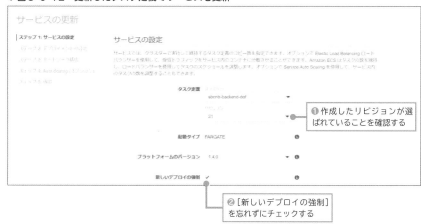

CodeDeployの画面から、ステップ3までデプロイが進行していることを確認します。その後、置き換えタスクセットにトラフィックをルーティングすることを忘れないように実施してください。

▷ログ出力先の確認

最後にFireLens用コンテナのログが正しくCloudWatchとS3に格納されたことを確認しましょう。Cloud9からバックエンドアプリケーションへ何度かリクエストを出します。

フロントエンドアプリケーションのトップページを更新しても同様のことが実施できます。次の例は「curl」コマンドでバックエンドアプリケーションへ直接リクエストを出しています。［ALBのDNS名］は自身の内部向けのALB（sbcntr-alb-internal）のDNS名に置き換えてください。

◆バックエンドアプリケーションへ何度かリクエスト

```
$ curl http://[ALBのDNS名]/v1/helloworld
{"data":"Hello world for ci/cd pipeline"}

# 2、3回リクエストを出しておきましょう
$ curl …
```

先ほど作成したCloudWatch Logsの「/aws/ecs/sbcntr-firelens-container」を確認します。エラーが出ておらず、「stream processor started」と表示されていることを確認してください。

▼図5-6-13 FireLensがログ収集を開始したことを確認

❶FireLensのロググループを選択する

❷「started」で絞り込み

❸配信ストリームプロセスの開始を確認する

次にCloudWatchにアプリケーションのログデータが出力されていることを確認しましょう。

ログルーターのコンテナ定義の環境変数へ設定した、「/aws/ecs/sbcntr-backend-def」ロググループに出力されています。「from-fluentbit/access-log」ログストリームを開き、ログが出力されていることを確認できればOKです。

◆CloudWatchに出力されているアクセスログ（一部省略）

```
{
    "container_ id": "cb1de2d926b740c89d4788747e4ce4ee-527074092",
    "container_name": "app",
    "ecs_cluster": "sbcntr-ecs-backend-cluster",
    "ecs_task_arn": "arn:aws:ecs:ap-northeast-1:123456789012:task/
sbcntr-ecs-backend-cluster/cb1de2d926b740c89d4788747e4ce4ee",
    "ecs_task_definition": "sbcntr-backend-def:2",
    "method": "GET",
    "source": "stdout",
    "status": 200,
    "uri": "/v1/helloworld",
}
```

次にS3にログデータが格納されていることを確認しましょう。ログルーターのコンテナ定義の環境変数へ設定したS3バケットを開きます。

S3バケットのディレクトリ構成は時間ごとに分割された形式で構造化されています。2021年6月1日11時40分台のアクセスの場合、「{バケット名}/fluent-bit-logs/access-log/2021/06/01/11/40/{ランダムなファイル名}」となります。

構造化されたディレクトリを探索し、Cloud9からリクエストした時間と近いファイルをダウンロードします。次のようなコンテナアプリケーションからのログが記録されていれば確認完了です。

◇ S3に格納されているログデータ（一部省略）

```
{"date":"2021-07-15T11:42:32.702190Z","id":"","time":"2021-07-
15T11:42:32Z","host":"sbcntr-alb-ingress-1214886395.ap-
northeast-1.elb.amazonaws.com","method":"GET","uri":"/v1/hellowor
ld","status":200,"container_id":"cb1de2d926b740c89d4788747e4ce4
ee-527074092","container_name":"app","source":"stdout","ecs_
cluster":"sbcntr-ecs-backend-cluster","ecs_task_
arn":"arn:aws:ecs:ap-northeast-1:123456789012:task/sbcntr-ecs-
backend-cluster/cb1de2d926b740c89d4788747e4ce4ee","ecs_task_
definition":"sbcntr-backend-def:2"}
```

今回はタスク定義の画面から、直接Fluent Bitのサイドカーコンテナの定義を設定しました。余裕がある方は、これをCodeCommit側のコード（taskdef.json）にも追加してみましょう。

以上で、FireLensを導入したログ収集基盤を構築できました。

ログの特性と利用用途、既存のシステム要件等と照らし合わせつつ、Fluent Bitを設定して実運用に活かしましょう。

3章のセキュリティ設計では、「Bastion設計」という表題でECS/Fargateによる
Bastionの設計内容を紹介しました（119ページ）。4章ではBastionとしてではない
ですが、管理サーバーとして立てたCloud9インスタンスがBastionの役割を果た
していました。Cloud9の実体はEC2インスタンスであるため、いわゆる従来の
Bastionと変わらない仕組みでした。

5章では「ECS/Fargate＋セッションマネージャーによるBastion」という、
従来と異なる新しいBastionを構築をしましょう。以降、「ECS/Fargate＋セッ
ションマネージャーによるBastion」は「Fargate Bastion」と呼称しています。こ
ちらは公式の名称ではなく、本書におけるアーキテクチャのイメージアップのた
めです。この点は注意してください。

▼図5-7-1　**Fargate Bastionの構築**

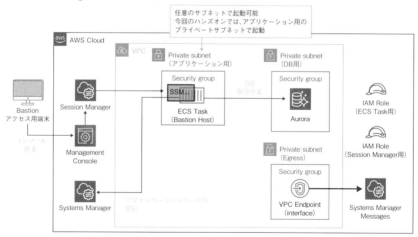

▷ Fargate Bastionで利用するコンテナイメージの登録

ECRは、「CodeBuildで起きる「Too Many Requests.」対策」（350ページ）で作成
した「sbcntr-base」を利用します。「sbcntr-base」の作成を実施していない方は、
新規で「sbcntr-base」リポジトリを作成し、Cloud9へ渡しているIAMロールの権

限を修正してください。

　次にFargate Bastionに利用するコンテナをECRにプッシュします。Cloud9から次のGitHub上のFargate Bastionに関するディレクトリからDockerfileとコマンドファイルを取得し、コンテナイメージを作成します。

https://github.com/uma-arai/sbcntr-resources.git

◆Fargate Bastionで利用するコンテナイメージの作成

```
$ cd /home/ec2-user/environment

$ git clone https://github.com/uma-arai/sbcntr-resources.git
$ cd sbcntr-resources/fargate-bastion
$ ls
Dockerfile run.sh

# Dockerfile の内容確認
$ cat Dockerfile
FROM amazonlinux:2
RUN yum install -y sudo jq awscli shadow-utils htop lsof telnet
bind-utils yum-utils && \
    yum install -y https://s3.ap-northeast-1.amazonaws.com/
amazon-ssm-ap-northeast-1/latest/linux_amd64/amazon-ssm-agent.rpm
&& \
    yum install -y yum localinstall https://dev.mysql.com/get/
mysql80-community-release-el7-3.noarch.rpm && \
    yum-config-manager --disable mysql80-community && \
    yum-config-manager --enable mysql57-community && \
    yum install -y mysql-community-client && \
    adduser ssm-user && echo "ssm-user ALL=(ALL) NOPASSWD:ALL" >
/etc/sudoers.d/ssm-agent-users && \
    mv /etc/amazon/ssm/amazon-ssm-agent.json.template /etc/
amazon/ssm/amazon-ssm-agent.json && \
    mv /etc/amazon/ssm/seelog.xml.template /etc/amazon/ssm/
seelog.xml
COPY run.sh /run.sh
CMD ["sh", "/run.sh"]

$ docker image build -t fargate-bastion .
Sending build context to Docker daemon   72.7kB
  ⋮
Successfully tagged fargate-bastion:latest
```

コンテナ起動時に動作するシェルは次の通りです。

◇run.sh

```
#/bin/sh

# Preparation
SSM_SERVICE_ROLE_NAME="sbcntr-SSMServiceRole"
SSM_ACTIVATION_FILE="code.json"
AWS_REGION="ap-northeast-1"

# Create Activation Code on Systems Manager
aws ssm create-activation \
--description "Activation Code for Fargate Bastion" \
--default-instance-name bastion \
--iam-role ${SSM_SERVICE_ROLE_NAME} \
--registration-limit 1 \
--tags Key=Type,Value=Bastion \
--region ${AWS_REGION} | tee ${SSM_ACTIVATION_FILE}

SSM_ACTIVATION_ID=`cat ${SSM_ACTIVATION_FILE} | jq -r .
ActivationId`
SSM_ACTIVATION_CODE=`cat ${SSM_ACTIVATION_FILE} | jq -r .
ActivationCode`
rm -f ${SSM_ACTIVATION_FILE}

# Activate SSM Agent on Fargate Task
amazon-ssm-agent -register -code "${SSM_ACTIVATION_CODE}" -id
"${SSM_ACTIVATION_ID}" -region ${AWS_REGION}

# Delete Activation Code
aws ssm delete-activation --activation-id ${SSM_ACTIVATION_ID}

# Execute SSM Agent
amazon-ssm-agent
```

コンテナイメージへのタグ付け、ECRへのログインとECRへのプッシュを実行します。

◆ECRへFargate Bastionのコンテナイメージを登録

```
$ cd /home/ec2-user/environment/sbcntr-resources/fargate-bastion

$ AWS_ACCOUNT_ID=$(aws sts get-caller-identity --query 'Account'
--output text)

# ECR へ Docker ログイン
$ aws ecr --region ap-northeast-1 get-login-password | docker
login --username AWS --password-stdin https://${AWS_ACCOUNT_ID}.
dkr.ecr.ap-northeast-1.amazonaws.com/sbcntr-base
⋮
Login Succeeded

# タグ付与とイメージプッシュ
$ docker image tag fargate-bastion:latest ${AWS_ACCOUNT_ID}.dkr.
ecr.ap-northeast-1.amazonaws.com/sbcntr-base:bastion
$ docker image push ${AWS_ACCOUNT_ID}.dkr.ecr.ap-northeast-1.
amazonaws.com/sbcntr-base:bastion
⋮
bastion: digest: sha256:88877cfff56a3dd2ee2232bf4ca02db7323aaab19
68ec9c5fcb0a7ef583d7c49 size: 949
```

ECRを開き、sbcntr-baseリポジトリにbastionイメージタグが追加されたことを確認しておきましょう。

▷ 各種IAMの設定

次にIAMロールの設定に入ります。

ECS/FargateによるBastionの設計内容をrun.shの内容から推察可能ですが、セッションマネージャーからECSタスクに接続するためには、アクティベーションコードとIDを払い出し、内部のSSMエージェントに対して登録が必要になります。今回はECSタスク内でアクティベーションコードを発行するため、ECSタスクからSystems Managerを操作するための権限を付与する必要があります。

アクティベーションコードを発行するためには**aws ssm create-activation**コマンドを実行します。このコマンドの引数としてSystems Manager用のサービスロールを指定する必要があります[5-13]。

*5-13　https://docs.aws.amazon.com/cli/latest/reference/ssm/create-activation.html

よって、ここでは次の2つのIAMロール、ポリシーを作成します。

- ECSタスクが利用するIAMロールとIAMポリシー
- ECSタスクがアクティベーションコード発行時にSystems Managerへ渡す
  IAMロール

●ECSタスクが利用するIAMロールとIAMポリシー

それでは順に作成していきましょう。

まずはIAMポリシーの作成からです。次のポリシーを作成しましょう。ECS
タスクがSystems Managerへ権限を渡すための「iam:PassRole」と、ECSタスク内
でアクティベーションを発行するための権限を設定しています。

- IAMダッシュボード→ [ポリシー] → [ポリシーを作成]

設定項目	設定値
名前	sbcntr-SsmPassrolePolicy

◆ ECSタスクのタスクロールに紐付けるIAMポリシー

```
{
    "Version": "2012-10-17",
    "Statement": [
        {
            "Effect": "Allow",
            "Action": "iam:PassRole",
            "Resource": "*",
            "Condition": {
                "StringEquals": {"iam:PassedToService": "ssm.
amazonaws.com"}
            }
        },
        {
            "Effect": "Allow",
            "Action": [
                "ssm:DeleteActivation",
                "ssm:RemoveTagsFromResource",
                "ssm:AddTagsToResource",
                "ssm:CreateActivation"
            ],
```

```
            "Resource": "*"
        }
    ]
}
```

ポリシーの内容を確認し、作成を完了してください。

作成したポリシーをタスクロール「sbcntr-ecsTaskRole」へアタッチします。IAMロールへのポリシーアタッチが完了したら次へ進みましょう。

• IAMダッシュボード→ [ロール] →「sbcntr-ecsTaskRole」を選択
  → [ポリシーをアタッチします] → [sbcntr-SsmPassrolePolicy] を選択
  → [ポリシーのアタッチ]

▼図5-7-2　ポリシーをタスクロールへアタッチ

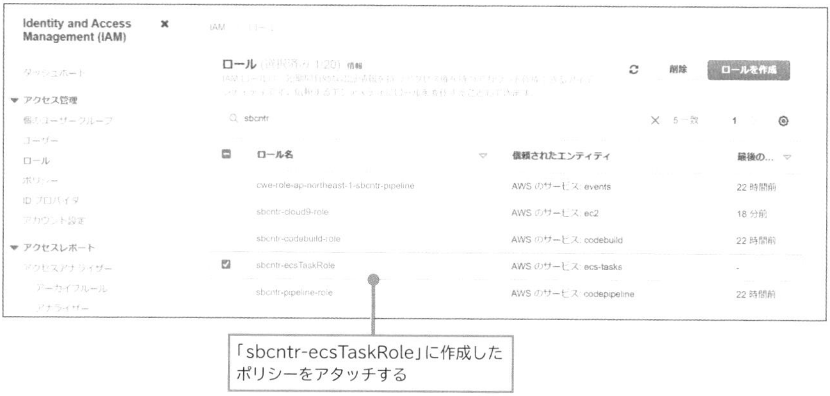

「sbcntr-ecsTaskRole」に作成した
ポリシーをアタッチする

● ECSタスクがSystems Managerへ渡すIAMロール

最後に、Systems Managerが実行時に利用するIAMロールを作成します。

ユースケースの選択で選ぶAWSサービスは「Systems Manager」です。ポリシー選択の画面では、AWS管理ポリシーである「AmazonSSMManagedInstanceCore」をアタッチします。

ロール名の設定画面では注意が必要です。このIAMロールについては必ずこの名称としてください。理由として、Fargate Bastionのコンテナイメージで起動するShellで指定しているIAMロールの名称を「sbcntr-SSMServiceRole」としているためです。

- IAMダッシュボード→ [ロール] → [ロールを作成]

設定項目	設定値
名前	sbcntr-SSMServiceRole

▽図5-7-3　Systems Managerが利用するIAMロールの作成

「Systems Manager」を選択

▷ Systems ManagerへのVPCエンドポイントの作成

Systems Managerには2つのVPCエンドポイントがあります。

1つ目はSystems Manager関連のサービス、例えばアクティベーション作成APIと接続するためのエンドポイントです。

2つ目は、セッションマネージャーの接続を確立するためのエンドポイントです。今回のFargate Bastionで利用するサービスはセッションマネージャーです。Systems Managerのセッションマネージャーの仕組みとして、AWS内のサービスでセッションチャネルを作成して接続を確立します。セッションチャネルは通常のSystems Managerのエンドポイントとは別に、「ssmmessages」エンドポイント

として用意されています。

　今回Systems Managerと通信するために必要となるVPCエンドポイントは、両方です。基本的に今まで作成したインタフェース型エンドポイントと同様の手順で追加してください。相違箇所は、**VPCエンドポイントのサービスとネットワークの選択**です。まずは、「messages」と付くSystems Managerのサービスを選択しましょう。

• VPCダッシュボード→［エンドポイント］→［エンドポイントの作成］

設定項目	設定値
サービス名	com.amazonaws.ap-northeast-1.ssmmessages
サブネット	egress
セキュリティグループ	egress
Name	sbcntr-vpce-ssm-messages

　続いて、同様の手順で「com.amazonaws.ap-northeast-1.ssm」のVPCエンドポイントも作成しておきましょう。

設定項目	設定値
サービス名	com.amazonaws.ap-northeast-1.ssm
サブネット	egress
セキュリティグループ	egress
Name	sbcntr-vpce-ssm

　ステータスが「使用可能」となったことを確認して次の手順に進みましょう。

▷ Systems Managerのインスタンスティアの変更

　Session Managerで自前のインスタンスに接続するためには、インスタンスティアを変更する必要があります[*5-14]。そのため、アドバンスドインスタンスティアへ設定を変更します。Systems Managerダッシュボードへ移動し、設定を変更しましょう。

*5-14　https://docs.aws.amazon.com/ja_jp/systems-manager/latest/userguide/systems-manager-managedinstances-advanced.html

▼図5-7-4　インスタンスティアをアドバンスドに変更①

❶[フリートマネージャー]を選択
❷[開始方法]をクリック

▼図5-7-5　インスタンスティアをアドバンスドに変更②

❶[設定]をクリック
❷[アカウント設定の変更]をクリック

▼図5-7-6　インスタンスティアをアドバンスドに変更③

❶高度なインスタンスに変更することに同意する
❷[設定の変更]をクリック

アドバンスドティア（高度なインスタンス枠）を利用するように設定変更されたことを伝えるメッセージが表示されます。

Fargate Bastion用のタスク定義の作成

これまで4章、5章でタスク定義を作成してきました。それらのタスク定義は各アプリケーション用のタスク定義です。Fargate BastionコンテナをECSタスクとして起動するために新たなタスク定義が必要となります。

それでは、ECSダッシュボードから新しいタスク定義を作成しましょう。

● ECSダッシュボード→［タスク定義］→［新しいタスク定義の作成］→［Fargate］

設定項目	設定値
タスク定義名	bastion
タスクロール	sbcntr-ecsTaskRole

▽図5-7-7　Fargate Bastionのタスク定義の作成①

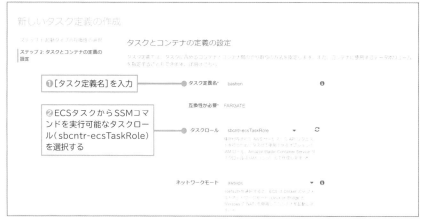

設定項目	設定値
タスク実行ロール	ecsTaskExecutionRole
タスクメモリ	0.5GB
タスクCPUメモリ	0.25 vCPU

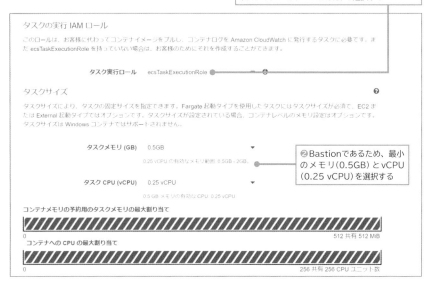

ECSタスク上で起動するコンテナ定義も追加します。[aws_account_id]は自身のAWSアカウントIDの値を設定します。

設定項目	設定値
コンテナ名	bastion
イメージ	[aws_account_id].dkr.ecr.ap-northeast-1.amazonaws.com/sbcntr-base:bastion
メモリ制限	128
CPUユニット数	256

▼図5-7-9　Fargate Bastionのタスク定義の作成③

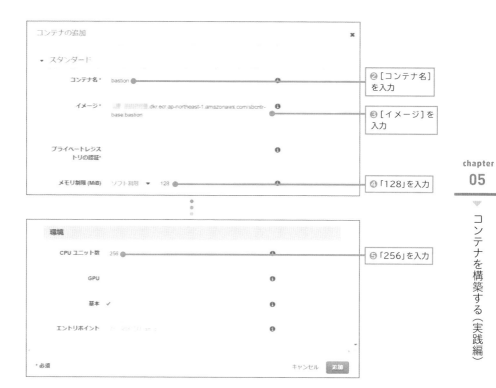

タスク定義にコンテナが追加されたことを確認した後、タスク定義を作成します。

▼図5-7-10　コンテナの追加を確認

以上で、Fargate Bastion用のタスク定義の作成は完了です。

▌▷ Fargate Bastionの起動

　それではFargate BastionコンテナをECSタスクとして起動し、セッションマ
ネージャーからログインをしましょう。事前にRDSのダッシュボードから作成
済みのAuroraクラスターのリーダーインスタンスのエンドポイントをコピー
し、メモ帳等に書きとどめてください。

　今回はBastionでありノードのスケーリングは不要です。ECSサービスを作成
せずにECSクラスター上へタスクを単体で立ち上げます。4章で何度かフロント
エンドアプリケーションをECSタスクで立ち上げているので、同様の手順でフ
ロントエンドのクラスターで起動しましょう(273ページ)。

　ネットワーク周りの設定も同様の手順で行えば大丈夫ですが、次の表に再掲し
ます。

● ECSダッシュボード→［タスク定義］→「bastion」を選択
　→「bastion:1」を選択→［アクション］→［タスクの実行］

▽表5-7-1　Fargate Bastion用ECSタスクのネットワーク設定

対象	設定値
起動タイプ	Fargate
プラットフォームのバージョン	1.4.0
クラスター	sbcntr-frontend-cluster
タスクの数	1
VPC	今回作成したVPCを選択
サブネット	containerを選択
セキュリティグループ	containerを選択
パブリックIPの割り当て	DISABLEDを選択

　ECSタスクを起動後、「RUNNING」となるまで待ちましょう。

　ECSタスクの正常起動を確認後、Systems Managerのダッシュボードに移動
し、起動したFargate Bastionタスクを選択してセッションを確立しましょう。

▽図5-7-11　セッションマネージャーから Fargate Bastion へ接続①

❶[セッションマネージャー]を選択

❷[セッションを開始する]をクリック

▽図5-7-12　セッションマネージャーから Fargate Bastion へ接続②

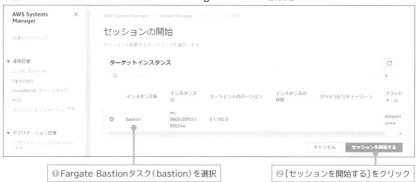

❶Fargate Bastionタスク（bastion）を選択

❷[セッションを開始する]をクリック

▽図5-7-13　セッションマネージャーから Fargate Bastion へ接続③

❶セッションが確立されたことを確認

```
セッション ID: sbcntr-user2-011a3367ada9a7f1c     インスタンス ID: mi-0603c03f35193b24a            終了
sh-4.2$ uname -a
Linux ip-10-0-8-107.ap-northeast-1.compute.internal 4.14.238-182.422.amzn2.x86_64 #1 SMP Tue Jul 20 20:35:54 UTC 2021
sh-4.2$ []
```

❷シェルからコマンド（uname -a）が
実行可能なことを確認する

Bastionはデータベースの保守作業等で使われることがあります。Fargate Bastionからデータベースへ接続できることを確認しておきましょう。

権限の強いmigrateユーザーでログインし、テーブルのデータを閲覧できることを確認します。migrateユーザーについては309ページを確認してください。［Auroraクラスターのエンドポイント］は事前にメモしておいた、自身のAuroraクラスターのリーダーインスタンスのエンドポイント名に置き換えてください。

◆テーブルのデータの確認

```
$ mysql -h [Auroraクラスターのエンドポイント] -u migrate -p
Enter password:
Welcome to the MySQL monitor.  Commands end with ; or \g.
 ⋮
mysql> use sbcntrapp;

mysql> select id,title from Notification where id='1';
+----+---------+
| id | title   |
+----+---------+
|  1 | 通知1   |
+----+---------+
1 row in set (0.00 sec)
```

以上で、Fargate BastionをECSタスクとして起動し、データベースへログインしてデータの確認ができました。

Bastionは利用時以外で起動しておく必要はありません。作業完了後はセッションマネージャーのセッションを終了し、ECSタスクを終了しておきましょう。

5-8 セキュリティ設計：Trivy/Dockle によるセキュリティチェック

4章ではコンテナセキュリティチェックを特に実施していませんでした。5章では既にECRに備わるClairによるイメージスキャンを有効にしました。ここではさらにセキュリティチェックを強固にする目的でツールを組み込みます。具体的にはコンテナイメージスキャンツールとしての「Trivy」とベストプラクティスチェックツールとしての「Dockle」をビルドスクリプトに組み込みます。

今回はシンプルにデザインと導入を進める目的で、ビルドフェーズ内に各処理を定義してスキャンする方針とします。つまり、CodeBuildの動作仕様を定義するビルド定義（buildspec.yml）を用意し、その中でスキャンを行います。ここでは、5-2節のCI/CDの構築の際に用意した「buildspec.yml」を利用します。

また、Trivyで脆弱性が検出された場合、対象や対応状況を管理することが考えられます。セキュリティイベントの統合マネージドサービスであるSecurity HubにJSON形式で結果を出力できます。これをASFF[*5-15]と呼ばれる標準的な検出結果形式に各脆弱性情報を整形して、SDKからSecurityHubにインポートすることで集約管理が可能です。

今回はインシデント管理にフォーカスを当てた内容ではないため、Security Hubは扱いません。かわりにビルドステージで生成されるビルドアーティファクトを利用して、脆弱性の出力結果をS3へ保存する形とします。

[*5-15] https://docs.aws.amazon.com/ja_jp/securityhub/latest/userguide/securityhub-findings-format.html

▽**図5-8-1　Trivy、Dockleをプッシュ時に実行する構成**

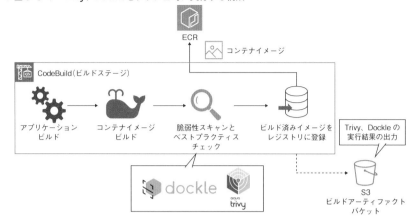

具体的に定義する「buildspec.yml」を確認しましょう。GitHub（https://github.com/uma-arai/sbcntr-resources/blob/main/scan/buildspec.yml）からも取得可能です[*5-16]。

◇TrivyとDockleを組み込んだ「buildspec.yml」

```
version: 0.2

env:
    variables:
        AWS_REGION_NAME: ap-northeast-1
        ECR_REPOSITORY_NAME: sbcntr-backend
        DOCKER_BUILDKIT: "1"

phases:
    install:
        runtime-versions:
            docker: 19
    pre_build:
        commands:
            - AWS_ACCOUNT_ID=$(aws sts get-caller-identity
--query 'Account' --output text)
```

[*5-16]　通常、TrivyとDockleは常に最新バージョンを利用することが推奨されています。しかし、今回はハンズオンが正しく動くことを意識し、TrivyとDockleのバージョンを固定しています。この場合、発見できる脆弱性情報が古くなる可能性があります。自身のシステムに活用する際には最新バージョンのTrivyとDockleの取得を意識してください。

```
                - aws ecr --region ap-northeast-1 get-login-password
| docker login --username AWS --password-stdin https://${AWS_
ACCOUNT_ID}.dkr.ecr.ap-northeast-1.amazonaws.com/sbcntr-backend
                - REPOSITORY_URI=${AWS_ACCOUNT_ID}.dkr.ecr.${AWS_
REGION_NAME}.amazonaws.com/${ECR_REPOSITORY_NAME}
                # タグ名にGitのコミットハッシュを利用
                - IMAGE_TAG=$(echo ${CODEBUILD_RESOLVED_SOURCE_
VERSION} | cut -c 1-7)
                # 事前準備：trivyをインストール
                # コメントにあるcurlコマンドを利用して最新バージョンの取得も可能
                #- TRIVY_VERSION=$(curl -sS https://api.github.com/
repos/aquasecurity/trivy/releases/latest | grep '"tag_name":' |
sed -E 's/.*"v([^"]+)".*/\1/')
                - TRIVY_VERSION=0.19.2
                - rpm -ivh https://github.com/aquasecurity/trivy/
releases/download/v${TRIVY_VERSION}/trivy_${TRIVY_VERSION}_Linux-
64bit.rpm
                # 事前準備：dockleをインストール
                # コメントにある curl コマンドを利用して最新バージョンの取得も可能
                #- DOCKLE_VERSION=$(curl -sS https://api.github.com/
repos/goodwithtech/dockle/releases/latest | grep '"tag_name":' |
sed -E 's/.*"v([^"]+)".*/\1/')
                - DOCKLE_VERSION=0.3.15
                - rpm -ivh https://github.com/goodwithtech/dockle/
releases/download/v${DOCKLE_VERSION}/dockle_${DOCKLE_VERSION}_
Linux-64bit.rpm
    build:
        commands:
                - docker image build -t ${REPOSITORY_URI}:${IMAGE_TAG} .
    post_build:
        commands:
                # trivy によるイメージスキャン（結果格納用）
                - trivy --no-progress -f json -o trivy_results.json
--exit-code 0 ${REPOSITORY_URI}:${IMAGE_TAG}
                # trivy によるイメージスキャン（CRITICAL レベルの脆弱性がある場合は
ビルドを強制終了）
                - trivy --no-progress --exit-code 1 --severity
CRITICAL ${REPOSITORY_URI}:${IMAGE_TAG}
                - exit `echo $?`
                # dockle によるイメージチェック（FATAL レベルの脆弱性がある場合はビ
ルドを強制終了）
                - dockle --format json -o dockle_results.json --exit-
```

```
code 1 --exit-level "FATAL" ${REPOSITORY_URI}:${IMAGE_TAG}
          - exit `echo $?`
          # コンテナイメージを ECR へプッシュ
          - docker image push ${REPOSITORY_URI}:${IMAGE_TAG}
          # イメージ URL を記録した JSON を作成
          - printf '{"name":"%s","ImageURI":"%s"}' $ECR_
REPOSITORY_NAME $REPOSITORY_URI:$IMAGE_TAG > imageDetail.json

artifacts:
    files:
        - imageDetail.json
        - trivy_results.json
        - dockle_results.json
```

　この buildspec.yml では、Trivy によるイメージスキャンを 2 回実行しています。1 回目の処理は、SEVERITY（深刻度）によらず全ての脆弱性情報を記録するために実行しています。

　2 回目の Trivy の実行は、CRITICAL な対象があればビルドを中止して修正を優先する目的としています。そのため、CRITICAL レベルに絞って再度実行してリターンコードによって処理を継続するかを判断しています。なお、1 回目の Trivy 実行時に内部で脆弱性情報がキャッシュされているため、2 回目のスキャン自体は高速に完了します。

　その後、Dockle によるイメージチェックを実施しています。こちらも Trivy 同様、FATAL レベルの脆弱性がある場合はビルドを中止して修正を優先する方針としました。

　チェックが完了すると、イメージを ECR へプッシュし、ビルドアーティファクトとして Trivy の結果と Dockle の結果を S3 に保存しています。

　実際に buildspec.yml を編集し、CodeCommit へプッシュすることでビルドを実行して結果を確認しましょう。自身の環境で Cloud9 インスタンスから buildspec. yml を修正、プッシュまでを実行し、CI/CD パイプラインの実行状況を見てみましょう（365 ページ）。

　すると、CodeBuild でエラーが発生しているはずです。エラーログを見ると、「trivy」の実行時に深刻度が CRITICAL な脆弱性を検知したことでエラーとなっていることがわかります。

◆CodeBuild の実行エラーログの一部

```
[Container] 2021/08/05 16:42:49 Running command trivy --no-
progress --exit-code 1 --severity CRITICAL ${REPOSITORY_
URI}:${IMAGE_TAG}
2021-08-05T16:42:49.307Z     INFO     Detected OS: debian
2021-08-05T16:42:49.307Z     INFO     Detecting Debian
vulnerabilities...
2021-08-05T16:42:49.309Z     INFO     Number of language-specific
files: 1
2021-08-05T16:42:49.309Z     INFO     Detecting gobinary
vulnerabilities...

123456789012.dkr.ecr.ap-northeast-1.amazonaws.com/sbcntr-
backend:66b5305 (debian 10.10)
=================================================================
====================
Total: 2 (CRITICAL: 2)

+---------+-----------------+----------+------------------+----
-----------+--------------------------------------+
| LIBRARY | VULNERABILITY ID | SEVERITY | INSTALLED VERSION |
FIXED VERSION |                 TITLE                |
+---------+-----------------+----------+------------------+----
-----------+--------------------------------------+
| libc6   | CVE-2021-33574   | CRITICAL | 2.28-10          |
| glibc: mq_notify does                |
|         |                  |          |                  |
| not handle separately                |
|         |                  |          |                  |
| allocated thread attributes          |
|         |                  |          |                  |
| -->avd.aquasec.com/nvd/cve-2021-33574 |
+         +-----------------+          +                  +----
-----------+--------------------------------------+
|         | CVE-2021-35942   |          |                  |
| glibc: Arbitrary read in wordexp()    |
|         |                  |          |                  |
| -->avd.aquasec.com/nvd/cve-2021-35942 |
+---------+-----------------+----------+------------------+----
-----------+--------------------------------------+

main (gobinary)
```

```
===============
Total: 0 (CRITICAL: 0)

[Container] 2021/08/05 16:42:49 Command did not exit successfully
trivy --no-progress --exit-code 1 --severity CRITICAL
${REPOSITORY_URI}:${IMAGE_TAG} exit status 1
[Container] 2021/08/05 16:42:49 Phase complete: POST_BUILD State:
FAILED
[Container] 2021/08/05 16:42:49 Phase context status code:
COMMAND_EXECUTION_ERROR Message: Error while executing command:
trivy --no-progress --exit-code 1 --severity CRITICAL
${REPOSITORY_URI}:${IMAGE_TAG}. Reason: exit status 1
```

　実は、今回コンテナイメージのベースイメージとして利用した「distroless」の
Debian GNU/Linuxイメージに深刻な脆弱性が含まれていました。

　バックエンドアプリケーションで利用するベースイメージをalpineに変更し、
編集したDockerfileをプッシュしてみましょう。今回は、「CodeBuildで起きる
「Too Many Requests.」対策」(350ページ)を実施済みでECRにベースイメージ作
成済みの方も含めて、Docker Hubからalpineを取得するようにしてください。

　2021年9月時点の最新の3.14を指定しています。このバージョンでエラーが
出る場合はDocker Hubのサイト(https://hub.docker.com/_/alpine)を参考に新し
いベースイメージに更新することも検討ください。

◆更新後のDockerfileの差分

```
$ cd /home/ec2-user/environment/sbcntr-backend

$ git diff
 ### If use TLS connection in container, add ca-certificates
following command.
 ### > RUN apk add --no-cache ca-certificates
-FROM gcr.io/distroless/base-debian10
+FROM alpine:3.14
 COPY --from=build-env /app/main /
```

　2021年9月時点では、この対応であればCRITICALな脆弱性は検出されずに処
理が完了できることを確認しています。しかし、セキュリティ情報は日々アップ
デートされています。また、紙面ではCRITICALは2件ですが、ハンズオン時点
ではさらに増えている可能性があります。エラーが検出された際は、脆弱性の内

容を見て対応後、ハンズオンを進めてください。

ビルド完了後、S3に格納されたアーティファクトを確認します。S3ダッシュボードに移動し、対象のビルドアーティファクトを取得しましょう。

▼図5-8-2　S3からアーティファクトが格納されているバケットを選択

❶[バケット]を選択　❷「codepipeline」と名の付くバケットを選択

▼図5-8-3　アーティファクトが格納されている場所へ移動①

❶[オブジェクト]タブを選択

❷本書で作成したパイプラインのオブジェクトを選択

▼図5-8-4　アーティファクトが格納されている場所へ移動②

ビルドアーティファクトを選択

▼図5-8-5　アーティファクトが格納されている場所へ移動③

最新のアーティファクトを選択

▼図5-8-6　アーティファクトの取得

[オブジェクトアクション]→[名前をつけてダウンロード]を
選択して、アーティファクトを取得する

取得したアーティファクトを解凍して、まずはTrivyの結果を見てみます。「trivy_results.json」を開き、「"Severity"」で検索をしてみると数件ヒットします。ターミナルからコマンドで確認した結果は次のようになっていました。

◇Trivyの実行結果の検閲

```
$ cat trivy_results.json | grep '"Severity"'
        "Severity": "HIGH",
        "Severity": "HIGH",
        "Severity": "MEDIUM",
        "Severity": "MEDIUM",
        "Severity": "MEDIUM",
        "Severity": "LOW",
        "Severity": "HIGH",
        "Severity": "HIGH",
        "Severity": "MEDIUM",
        "Severity": "MEDIUM",
```

　「CRITICAL」の脆弱性はないですが、「HIGH」「MEDIUM」の脆弱性が検出されたことを確認できました。

　同様にDockleの結果も見てみます。Dockleの結果は「dockle_results.json」に格納されています。ターミナルからコマンドで確認した結果が次のようになっていました。こちらはJSONの冒頭に「summary」項目があります。

◇Dockleの実行結果の検閲

```
$ head dockle_results.json
{
  "image": "123456789012.dkr.ecr.ap-northeast-1.amazonaws.com/
sbcntr-backend:5725f68",
  "summary": {
    "fatal": 0,
    "warn": 1,
    "info": 2,
    "skip": 0,
    "pass": 13
  },
  "details": [
```

　こちらも「fatal」な項目はないですが、「warn」や「info」レベルの箇所が見受けられました。

このように、TrivyとDockleをコンテナビルド時に実行することでよりセキュアなコンテナ運用を実現できます。

　なお、プロダクション運用のためにはさらに踏み込んだ検討が必要になります。例えば、この方式はCI/CD実行時のみにセキュリティチェックがされる状態ですが、脆弱性情報はCI/CDの間隔とは別の時間軸で更新され続けています。これに対処するため、定期的なツール実行を検討することも重要です。

　他にも各環境（開発環境やプロダクション環境等）において検出された脆弱性レベルをどのように扱うかも重要です。自身のプロダクトやビジネスの特性に合わせて検討してみてください。

--- まとめ ---

　5章では、4章で作成したコンテナアプリケーションに対して、3章で学んだ設計エッセンスの一部を取り込んだ構築と設定追加を実施しました。

　運用設計、セキュリティ設計、パフォーマンス設計、という幅広い題材なのでボリュームも多かったと感じる方もいるでしょう。とはいえ、これで3章の全ての設計ポイントを網羅したわけではありません。

　しかし、5章を経ることでかなりプロダクションレディな形の構成に仕上がってきています。ここで体験したプロダクションレディなコンテナ設計の取り入れ方を、自身が携わるプロダクトやシステムに対して実施してみてください。

索 引

著者プロフィール

新井雅也

はじめに、第1章、第3章を担当

主に金融業界のお客様に対するビジネス提案やシステム設計、開発、運用を担当。UI/UXデザインやスマホApp、サーバサイドApp等のフルスタックな守備範囲を持ちつつ、クラウドアーキテクチャ設計と開発が得意。業務以外においても登壇や寄稿、AWSコミュニティ運営など幅広く活動中。最近の趣味はビザールプランツ集めとそのお世話。

AWS Container Hero ／ 2021 APN Ambassador ／ 2021 APN ALL AWS Certifications Engineer ／ 2020-2021 APN AWS Top Engineer

馬勝淳史

第2章、第4章、第5章、サンプルアプリを担当

フロントエンドApp＆バックエンドを実装するシステムエンジニア。金融セグメントの顧客へのビジネス提案、PoCのためのプロトタイプ開発、UI/UX検討等にも従事。著書に『Voice User Interface設計』等あり。テレワークが増えたことでコーヒーにこだわっており毎月新しく出るスタバのコーヒー豆を楽しみにしている。

2020-2021 APN AWS Top Engineer

佐々木拓郎

監修

SI企業にて、クラウドを中心としたシステム構築のコンサルティングや開発運用に従事。最近は、直接的な技術論ではなくCCoE等の組織設計の比率が高い。新幹線でワインを飲むのが趣味だったが、出張で新幹線に乗ることがなくなったので、あらたな趣味を模索中。

2019-2021 APN Ambassador ／ 2021 APN ALL AWS Certifications Engineer ／ 2019-2021 APN AWS Top Engineer

謝辞

▼

　本書は、たいへん多くの方々からのご協力により成り立っています。本ページにて、少しだけ著者からの感謝の気持ちを述べさせてください。

　1〜3章においては、株式会社カミナシ 原トリさん（@toricls）、フォージビジョン株式会社 山口正徳さん（@kinunori, AWS Samurai）、クラスメソッド 濱田孝治さん（@hamako9999, APN Ambassador 2020）、アイスリーデザイン 久保星哉さん（@seiyakubo, JAWS-UG コンテナ支部コアメンバー）、野村総合研究所 佐古伸晃さん（@sakon310）にレビューのご協力をいただきました。

　業務で多忙ながらも、プロフェッショナルとしての深い専門性、コンテナやセキュリティに対する幅広いナレッジを基に、本書のために多くの指摘やアドバイスをいただきました。いただいたご指摘は全て本書の根幹をなしており、読者の皆さまへの価値に繋がっているものと確信しております。本当にありがとうございました。

　また、4〜5章のハンズオンに関しては、野村総合研究所の高橋宏圭さん、保坂将平さん、川瀬雄也さん、加藤遊馬さんにレビューのご協力をいただきました。実際に自分たちのAWSアカウント上に構築いただき、幅広いご指摘や細かなミス、読者視点における数多くの改善ポイントを提供いただきました。皆さまからのたくさんの指摘により、本書は確実によりよいものになりました。

　著者らの新しい挑戦に対して、直属の上司である野村総合研究所 矢野整さん、宇澤禎一さん、山本周子さん、中島弘治さんは常に温かいエールを送ってくれる心強い存在です。業務外のことにも積極的にチャレンジを促してくれる皆さまの存在は、執筆に対する強力なモチベーションとなりました。

　本書の編集を担当いただいたSBクリエイティブ株式会社の福井康夫さんには多大なるサポートをいただきました。執筆が思うように進まないこともありましたが、内容の方向性から本書執筆のスケジュールに至るまで、筆者

らのわがままやこだわりに対して粘り強くお付き合いいただき、本当にありがとうございました。

　さらに、企画から製本まで1年以上に渡る長い間、家族には負担をかけっぱなしでしたが、いつも温かく応援してくれました。家族の応援がなければ、本書を書き上げることは到底できなかったと思います。著者らの大きな励みになりました。

　最後に、本書に最後までお付き合いくださった読者の皆さま、本当にありがとうございます。筆者らがこうしてAWSとコンテナに関する設計・構築の内容をお届けできるのも、本書に興味を持っていただいた読者の皆さまがあってこそのものです。本書が、読者のみなさまのAWSコンテナに対するスキルアップやビジネスの成長に役立つことを心より願っています。

2021年9月
著者を代表して
新井雅也

■本書サポートページ

https://isbn2.sbcr.jp/07654/

- 本書をお読みいただいたご感想を上記URLからお寄せください。
- 上記URLに正誤情報、サンプルダウンロード等、本書の関連情報を掲載しておりますので、併せてご利用ください。
- 本書の内容の実行については、全て自己責任のもとで行ってください。内容の実行により発生した、直接・間接的被害について、著者およびSBクリエイティブ株式会社、製品メーカー、購入された書店、ショップはその責を負いません。

AWSコンテナ設計・構築[本格]入門

2021年10月26日　初版第1刷発行
2022年 5 月17日　初版第4刷発行

著者 ………………………株式会社野村総合研究所　新井雅也、馬勝淳史
監修 ………………………NRIネットコム株式会社　佐々木拓郎
発行者 ……………………小川 淳
発行所 ……………………SBクリエイティブ株式会社
　　　　　　　　　　　　〒106-0032 東京都港区六本木2-4-5
　　　　　　　　　　　　https://www.sbcr.jp/
印　刷 ……………………株式会社シナノ
カバーデザイン …………米倉英弘(株式会社 細山田デザイン事務所)
本文デザイン・組版 ………クニメディア株式会社

Printed in Japan ISBN978-4-8156-0765-4